绿色建筑
设计及运行关键技术

张宝刚　刘　鸣　编著

化学工业出版社

·北京·

本书基于绿色建筑全寿命周期的角度，从节地与室外环境、节能与能源利用、节水与水资源利用、节材与材料资源利用、室内环境质量、运营管理六个方面阐述绿色建筑设计及运营阶段需要解决的关键技术，并相应地给出关键技术的实例，为设计师提供基础理论与实际案例。为了配合《绿色建筑评价标准》（GB/T 50378—2014）的实施，本书按照该标准中每个条目提到的关键技术进行理论与实例讲解，涉及规划与设计方法、模拟分析、关键技术分析等内容。

　　本书涉及专业广泛，包括建筑节能、给排水、建筑设备、建筑设计、城市规划、景观设计等；面向对象广泛，适合上述专业的研究人员、设计人员、政府职能人员、企事业单位阅读使用。

图书在版编目（CIP）数据

绿色建筑设计及运行关键技术/张宝刚，刘鸣编著.
北京：化学工业出版社，2018.2（2023.1重印）
ISBN 978-7-122-31272-3

Ⅰ.①绿…　Ⅱ.①张…②刘…　Ⅲ.①生态建筑-建筑设计-研究　Ⅳ.①TU201.5

中国版本图书馆 CIP 数据核字（2017）第 330452 号

责任编辑：王　斌　　　　　　　　　文字编辑：汲永臻
责任校对：王素芹　　　　　　　　　装帧设计：关　飞

出版发行：化学工业出版社（北京市东城区青年湖南街 13 号　邮政编码 100011）
印　　装：三河市延风印装有限公司
787mm×1092mm　1/16　印张 16½　字数 420 千字　2023 年 1 月北京第 1 版第 2 次印刷

购书咨询：010-64518888　　　　　　售后服务：010-64518899
网　　址：http：//www.cip.com.cn
凡购买本书，如有缺损质量问题，本社销售中心负责调换。

定　　价：84.00 元

前　言

　　绿色建筑是指在全寿命周期内最大限度地节能、节地、节水、节材，保护环境和减少污染，为人们提供健康、适用和高效的使用空间，与自然和谐共生的建筑。

　　国家发改委、住房和城乡建设部《绿色建筑行动方案》提出大力促进城镇绿色建筑发展：直辖市、计划单列市及省会城市的保障性住房以及单体建筑面积超过2万平方米的机场、车站、宾馆、饭店、商场、写字楼等大型公共建筑，自2014年起全面执行绿色建筑标准。

　　为配合《绿色建筑评价标准》（GB/T 50378—2014）的实施，本书按照标准中每个条目提到的关键技术编排理论与实例讲解。

　　本书主要从节地与室外环境、节能与能源利用、节水与水资源利用、节材与材料资源利用、室内环境质量、运营管理六个方面阐述绿色建筑设计及运营阶段需要解决的关键技术问题，并相应地给出关键技术的实例，为设计师提供基础理论与实际案例。

　　本书内容包括9个章节：第1章绪论，介绍建筑节能以及如何合理利用气候参数进行绿色建筑设计；第2章能源利用技术，主要介绍通风与供热、供冷关键技术；第3章土地组织与环境控制，从场地组织与室外环境控制方面提出关键设计方法与技术评价指标；第4章建筑水资源利用，主要讲述雨水、中水以及如何节水的相关关键技术与评价指标；第5章建筑结构体系与建筑材料使用，介绍结构与材料选择优化设计与技术；第6章室内环境质量，从建筑声光热环境进行室内环境质量的评价与分析；第7章绿色建筑运营管理，全面介绍绿色建筑的成本、管理与运行问题；第8章预制装配式建筑，对土建装修一体化以及预制构件进行阐述；第9章增量成本效益及生态效率分析，对绿色建筑进行了增量效益分析并且通过构建模型阐述了生态效益的计算法则。

　　本书涉及专业广泛，包括建筑节能、给排水、建筑设备、建筑设计、城市规划、景观设计等，涉及上述专业的研究人员、设计人员、政府职能人员、企事业单位均可参考使用。

　　参与本书编写的人员：第1章由大连理工大学刘鸣、葛小榕、何治能负责编写；第2章由大连理工大学张宝刚、刘鸣、王天旭负责编写；第3章由大连都市发展设计有限公司姚强、黄海晨负责编写；第4章由大连市排水设计院有限责任公司王颖、王晓丹、潘睿负责编写；第5章由大连理工大学刘鸣、吕琳、李维珊、谷红磊负责编写；第6章由大连理工大学刘鸣，大连市建筑设计研究院有限公司郝岩峰、张志刚、车国平、曲波负责编写；第7章由大连理工大学张宝刚、郝文刚、陈庆周负责编写；第8章由中海文旅设计研究（大连）股份有限公司孙智敏、李铁军负责编写；第9章由大连理工大学刘鸣、孙畅、任静薇负责编写；全书由大连理工大学张宝刚、刘鸣负责统稿。

　　本书难免有不妥之处，敬请专家、读者指正。

编著者

前 言

目 录

第1章 绪 论 / 1

1.1 绿色能源 ……………………………………………………………………… 1
　　1.1.1 可再生能源介绍 ………………………………………………………… 1
　　1.1.2 清洁能源介绍 …………………………………………………………… 7
1.2 建筑气候设计 ………………………………………………………………… 9
　　1.2.1 气候设计 ………………………………………………………………… 9
　　1.2.2 建筑设计中的气候分析方法 ………………………………………… 10
　　1.2.3 建筑气候设计因素 …………………………………………………… 12

第2章 能源利用技术 / 17

2.1 供暖、通风与空调 …………………………………………………………… 17
　　2.1.1 自然通风 ………………………………………………………………… 17
　　2.1.2 排风热回收 …………………………………………………………… 24
2.2 能源综合利用 ………………………………………………………………… 29
　　2.2.1 蓄冷空调 ………………………………………………………………… 29
　　2.2.2 热泵系统 ………………………………………………………………… 35
　　2.2.3 分布式能源系统 ……………………………………………………… 49
　　2.2.4 免费供冷技术 ………………………………………………………… 54

第3章 土地组织与环境控制 / 57

3.1 土地节约与组织 ……………………………………………………………… 57
　　3.1.1 场地的交通组织布局 ………………………………………………… 57
　　3.1.2 地下空间的利用 ……………………………………………………… 70
3.2 室外环境的控制 ……………………………………………………………… 83
　　3.2.1 场地内噪声防治 ……………………………………………………… 83
　　3.2.2 绿化布局 ……………………………………………………………… 91
　　3.2.3 透水地面及场地内水径流的布置 ………………………………… 116

第4章 建筑水资源利用 / 123

4.1 非传统水源利用 ———————————————————— 123
    4.1.1 雨水资源利用 ———————————————— 124
    4.1.2 中水回用技术 ———————————————— 136
    4.1.3 海水利用技术 ———————————————— 141
4.2 节水其他措施 ———————————————————— 141
    4.2.1 合理设计热水和开水供应系统 —————————— 141
    4.2.2 设置用水计量水表 ————————————— 142
    4.2.3 管道系统和洁具 —————————————— 142
    4.2.4 合理利用市政管网余压 ——————————— 144
    4.2.5 真空卫生排水节水系统 ——————————— 144

第5章 建筑结构体系与建筑材料使用 / 146

5.1 资源消耗和环境影响小建筑结构体系 ————————— 146
    5.1.1 建筑结构体系概述 ————————————— 146
    5.1.2 资源消耗和环境影响小的建筑结构体系 —————— 149
    5.1.3 建筑结构体系设计原理 ——————————— 154
    5.1.4 新型绿色建筑结构体系在设计中的应用 —————— 159
5.2 可循环建筑材料的使用 ——————————————— 161
    5.2.1 建筑材料概述 ———————————————— 161
    5.2.2 传统建筑材料的再生 ———————————— 163
    5.2.3 新型可循环建筑材料 ———————————— 166
    5.2.4 旧建筑材料再利用的设计手法 ————————— 166
    5.2.5 新型建筑材料在建筑设计中的应用 ——————— 169

第6章 室内环境质量 / 171

6.1 室内空气品质 ———————————————————— 171
    6.1.1 室内空气品质的概念 ———————————— 171
    6.1.2 室内空气污染物的种类及成因 ————————— 172
    6.1.3 影响室内空气品质的污染源和污染途径 —————— 173
    6.1.4 室内空气污染物综合控制技术 ————————— 173
6.2 室内热环境 ————————————————————— 175
    6.2.1 室内热环境建筑类型分类 —————————— 175
    6.2.2 室内热环境评价方法 ———————————— 175
6.3 室内声环境 ————————————————————— 176
    6.3.1 室内声环境的评价标准 ——————————— 176
    6.3.2 建筑吸声材料 ———————————————— 179

6.3.3 建筑隔声材料 ———————————————————————— 182

6.4 室内光环境 ———————————————————————————— 184

 6.4.1 可调节遮阳系统 ——————————————————————— 184

 6.4.2 室内光环境分析模型 ————————————————————— 202

 6.4.3 光线之源 ———————————————————————————— 202

 6.4.4 控制光线 ———————————————————————————— 203

 6.4.5 遮阳实例 ———————————————————————————— 207

6.5 室内风环境 ———————————————————————————— 207

 6.5.1 通风评价指标 ————————————————————————— 207

 6.5.2 通风评价方法 ————————————————————————— 208

 6.5.3 目前的通风设计规范和标准 ——————————————————— 210

 6.5.4 室内自然通风影响因素 ————————————————————— 210

第 7 章　绿色建筑运营管理 / 221

7.1 绿色建筑运营管理概念 ——————————————————————— 221

7.2 人工设施运营管理的分析 —————————————————————— 221

7.3 绿色建筑的运营管理分析 —————————————————————— 223

7.4 绿色建筑的运行成本分析 —————————————————————— 223

7.5 提高绿色建筑运营水平的对策 ———————————————————— 224

7.6 绿色建筑技术管理定义 ——————————————————————— 225

7.7 绿色建筑运营管理技术措施 ————————————————————— 225

 7.7.1 智能化系统 —————————————————————————— 225

 7.7.2 分户、分类计量 ———————————————————————— 226

 7.7.3 管道维修 ———————————————————————————— 226

 7.7.4 空调清洗 ———————————————————————————— 226

 7.7.5 设备检测与管理 ———————————————————————— 227

 7.7.6 物业档案记录 ————————————————————————— 227

第 8 章　预制装配式建筑 / 228

8.1 土建与装修工程一体化设计施工 ——————————————————— 228

 8.1.1 预制装配式建筑类型 ————————————————————— 228

 8.1.2 预制构件设计精细化 ————————————————————— 230

8.2 预制装配式建筑的优势 ——————————————————————— 235

 8.2.1 设计多样化 —————————————————————————— 235

 8.2.2 功能现代化 —————————————————————————— 235

 8.2.3 制造工厂化 —————————————————————————— 236

 8.2.4 施工装配化 —————————————————————————— 236

 8.2.5 时间最优化 —————————————————————————— 237

 8.2.6 技术可持续化 ————————————————————————— 237

第9章 增量成本效益及生态效率分析 / 239

9.1 绿色建筑全寿命周期增量成本的测算 ························· 239
    9.1.1 测算原则、步骤和方法 ····························· 239
    9.1.2 准备阶段 ·· 241
    9.1.3 施工阶段 ·· 242
    9.1.4 运营使用 ·· 244
    9.1.5 拆除回收 ·· 244
9.2 绿色建筑全寿命周期增量效益分析 ······················· 245
    9.2.1 构成分析 ·· 245
    9.2.2 计算规则 ·· 246
    9.2.3 经济效益 ·· 247
    9.2.4 环境效益 ·· 250
    9.2.5 社会效益 ·· 251
9.3 绿色建筑全寿命周期增量成本效益的生态效益分析 ········· 252
    9.3.1 方法选择 ·· 252
    9.3.2 模型构建 ·· 252
    9.3.3 计算规则 ·· 253
    9.3.4 结果讨论 ·· 253

参考文献 / 255

第1章
绪 论

1.1 绿色能源

1.1.1 可再生能源介绍

1.1.1.1 太阳能

太阳是一个巨大的能源，其总辐射能量约为 3.75×10^{20} MW。虽然太阳辐射到地球大气层的能量仅为总辐射能的 22 亿分之一，但却高达 1.73×10^{11} MW，相当于每秒 5×10^6 t 标准煤燃烧产生的热量。我国太阳能资源非常丰富，各地太阳年辐射总量在 3340 ～ 8400MJ/m² 。

太阳能有光电和光热两种利用形式。

(1) 太阳能光电

太阳能板利用光电转换单元将光能转换为电能并向用电负荷供电，太阳能电池板产生的直流电通过逆变器转变为交流电，然后向用电负荷供电，同时多余的电量又通过控制器向蓄电池组充电，如图 1-1、图 1-2 所示。太阳能发电可应用于单户或大型公共建筑。过去，光电技术费用较高，然而 2012 年 10 月 26 日，国家电网发布了《关于做好分布式光伏发电并网服务工作的意见》。自 2012 年 11 月 1 日起，国内分布式光伏发电项目可享受全程免费的并网服务。该服务的适用范围包括位于用户附近、所发电能就地利用、余量上网、以 10kV 及以下电压等级接入电网且单个并网点总装机容量不超过 6MW 的情况。

以德国的 Helitrope 为例，如图 1-3 所示，该项目的最大特点为房子自身可以绕中轴随太阳旋转 360°，采用太阳能光电系统，在正常的太阳日下，该住宅自身每天能产生 120kW·h 的电能，而维持住宅运行每天所需的能耗仅为 20kW·h，这远远低于住宅所产生的能源。Schlierberg 的能源过剩住宅（图 1-4）距 Helitrope 不远，该建筑中太阳能光电系统的模块铺满朝南的每一寸屋顶，住宅每年能制造 5700kW·h 的能

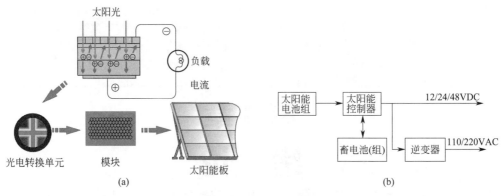

图 1-1 太阳能光电利用原理

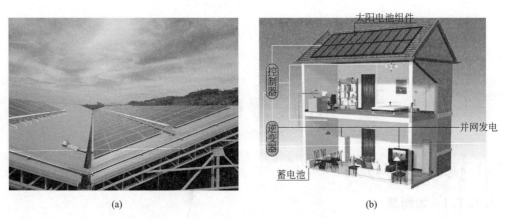

图 1-2 太阳能光电利用系统

源，远远超出了住宅自身的能耗。尽管太阳能光电系统造价很高，但从长远看，它的经济效益是可观的。在一个 4 口之家，一年的基本能耗，包括基本的供暖、热水和用电为 3400kW·h，而用太阳能光电系统每年制造 5700kW·h 的能源，这样，每年就有 2300kW·h 的过剩能源。

图 1-3 Helitrope

图 1-4 Schlierberg

（2）太阳能光热技术

太阳能光热技术分为太阳能热水（如图 1-5 所示）和太阳能供暖，其中太阳能供暖也可分为主动式和被动式。太阳能光热技术利用集热器充分收集太阳能加热循环管路中的水进而进入用户用水口，集热器包括不同的结构形式。目前集热器包括平板型太阳集热器（如图

1-6 所示)、真空管太阳集热器 (如图 1-7 所示) 等。

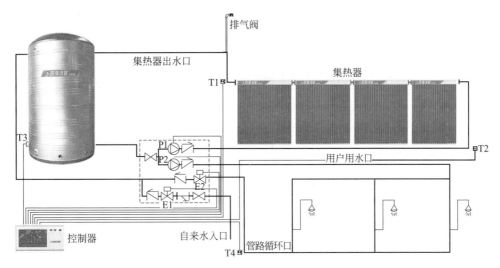

图 1-5 太阳能热水系统

采用太阳能热水器可节约煤、电等能源，并能相应减少以上商品所带来的直接或间接的 CO_2 排放量，通过计算可得，集热器面积为 $8960m^2$，其年减排量达到 $13000t\ CO_2$，该数据充分反映了利用太阳能所带来的生态效益。

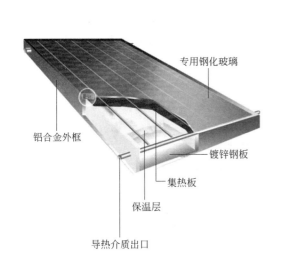

图 1-6 平板型太阳集热器

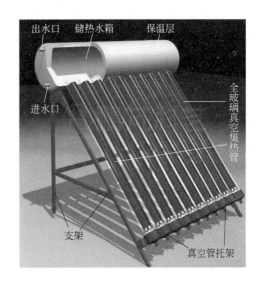

图 1-7 真空管太阳集热器

利用太阳能供暖的主要形式包括主动式和被动式。被动式太阳房常见类型：直接受益式 [图 1-8(a)，图 1-8(b)]；集热蓄热墙式 [图 1-8(c)，图 1-8(d)]；附加阳光间式 [图1-8(e)，图 1-8(f)]；屋顶集热蓄热式 [图 1-8(g)]；热虹吸式 [图 1-8(h)]。

① 直接受益式 直接受益式是被动式太阳房中最简单也是最常用的一种。它是利用南窗直接接受太阳能辐射。太阳辐射通过窗户直接射到室内地面、墙壁及其他物体上，使它们表面温度升高，通过自然对流换热，用部分能量加热室内空气，另一部分能量则储存在地面、墙壁等物体内部，使室内温度维持在一定水平（如图 1-9 所示）。

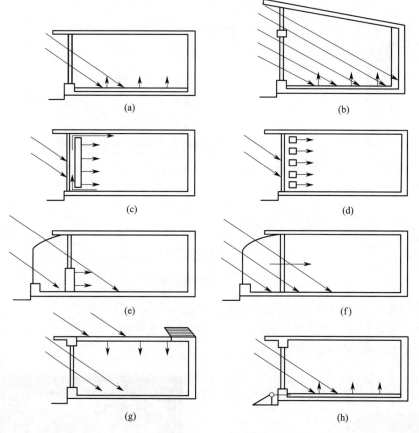

图 1-8　被动式太阳房常见类型

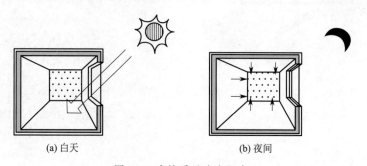

(a) 白天　　　　　　　　　　(b) 夜间

图 1-9　直接受益式太阳房

为了使采暖房间在冬季有较高的室内平均温度和较小的气温波动，采用这种方法时，房屋南向安装较大面积的玻璃窗，同时要求门窗密封性能较好并配有保温窗帘。另外，外窗结构选用具有较大热阻、蓄热性能较好的材料，方便收集太阳能并减少热损失。

② 集热蓄热墙式　集热蓄热墙式被动太阳房是利用南向垂直集热蓄热墙吸收透过玻璃的太阳辐射热，并通过传导、对流及辐射等方式，将热量传入室内。集热蓄热墙通常是由蓄热性能好的混凝土、砖、土坯等装置构成。墙的外表面一般有一层黑色或某种暗颜色材料，以便有效地吸收太阳光。集热蓄热墙的形式有很多，有实体式、花格式、水墙式以及相变材料集热蓄热墙式等（如图 1-10 所示）。

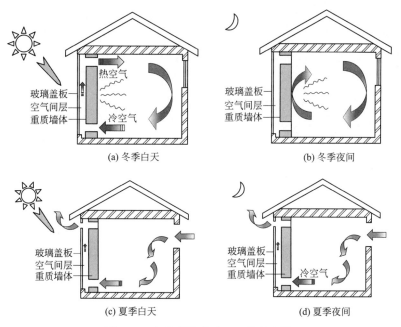

(a) 冬季白天　　　　　　　　(b) 冬季夜间

(c) 夏季白天　　　　　　　　(d) 夏季夜间

图 1-10　集热蓄热墙式——特朗布墙

有的蓄热墙体上、下两侧分别开有通风孔。集热蓄热墙通过两种途径将太阳辐射热传入室内：其一是通过墙体热传导，热量从墙体外表面传入墙体内表面，然后通过墙体内表面与室内空气的对流换热把热量传给室内空气；其二是由被加热后的夹层空气通过和房间空气之间的对流，把热量传给房间。两种途径都可以达到采暖的目的。

③ 附加阳光间式　附加阳光间式被动太阳房是直接受益式和集热墙式太阳房技术的混合变形。其建筑的基本结构是将阳光间附建在房间南侧，因此称为"附加阳光间式被动太阳房"。它由两部分组成，即阳光间和主体房间，中间隔墙为蓄热墙。白天，太阳辐射透过阳光间的玻璃，一部分直接透过隔墙上的门窗开口进入主体房间，另一部分照射到墙上存储起来以热传导和对流换热的方式将热量传递到相邻的房间；晚上，关闭门窗或者孔洞、拉上窗帘后，热量传递方式就仅有热传导。附加阳光间如图 1-11 所示。

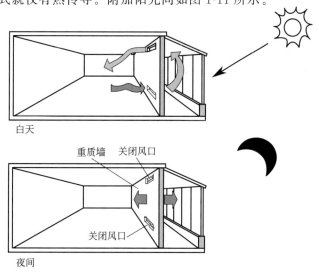

图 1-11　附加阳光间

主动式太阳能系统是靠常能（泵、鼓风机）运行的系统，由集热器、蓄热器、收集回路、分配回路组成，通过平板集热器，以水为介质收集太阳热。吸热升温的水，储存于地下水柜内，柜外围以石块，通过石块将空气加热后送至室内，用以供暖。如将蓄热器埋于地层深处，把夏季过剩的热能储存起来，则可供其他季节使用，如图 1-12 所示。

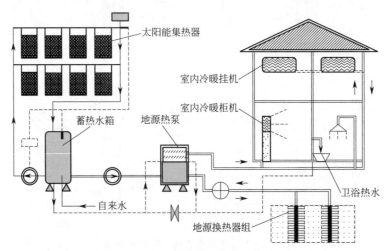

图 1-12　太阳能与地源热泵结合采暖系统

太阳能溴锂真空超导系统是利用太阳能为热源，以溴锂真空超导暖气片、溴锂超导空调为散热体，其工作原理是太阳能集热管把水加热，热水进入超导暖气片内激发超导暖气片内的超导介质气化，以声速传递热能，3～5min 即可将整个系统加热到 80℃ 以上（温度可自控），同时可提供生活热水，节省能源，使用寿命可长达 50 年，如图 1-13 所示。

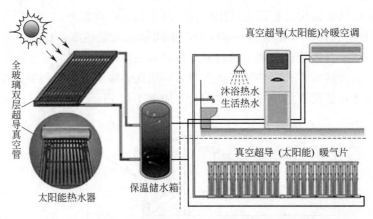

图 1-13　真空超导（太阳能）采暖、冷暖空调、生活热水系统

1.1.1.2 风能

风能（Wind Energy）是因空气流做功而提供给人类的一种可利用的能源，属于可再生能源（可再生能源包括水能、生物能等）。风能资源取决于风能密度和可利用的风能年累积小时数。风能密度是单位迎风面积可获得的风的功率，与风速的三次方和空气密度成正比关系。

大连地区地处第三类风功率密度，风能密度在 $100～150W/m^2$，大于等于 3m/s 和 6m/s 的风速全年累积时数分别为 5000～7000h 和 3000h。以辽宁地区风资源最差的明阳为例，若在当地沿海使用支架高 10m、直径 10m 的小型风力机作为工农业生产的动力，假设每台风力机对风能的利用率为 0.3，则每台风力机产生的电量将为 $16658.3(kW \cdot h)/a$。因此在辽宁地区利用风能的潜力是巨大的。

1.1.2 清洁能源介绍

东北农村地区的生物质能资源丰富，它直接或间接地来源于绿色植物的光合作用，可转化为常规的固态、液态和气态燃料，取之不尽、用之不竭，是一种可再生能源，同时也是唯一一种可再生的碳源。

生物质材料的主要来源如图 1-14 所示。

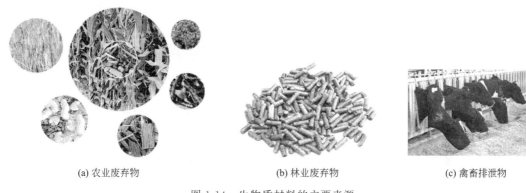

(a) 农业废弃物　　　　　　　　(b) 林业废弃物　　　　　　　　(c) 禽畜排泄物

图 1-14　生物质材料的主要来源

生物质能利用技术包括：直接燃烧技术（如图 1-15 所示）、气化技术、热解技术、厌氧发酵沼气技术等。

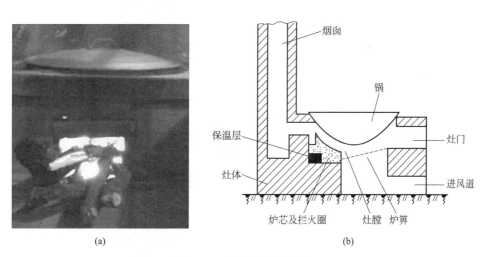

(a)　　　　　　　　　　　　　　　(b)

图 1-15　生物质能直接燃烧

生物质气化技术清洁、效率高，可同时为炊事、生活热水和供暖提供燃料和热量，如图 1-16 所示。

生物质热解技术是在反应器中完全缺氧或只提供有限的氧以使气化过程不至于大量发生的条件下进行的热化学反应（如图 1-17 所示），热解产生的生物油和木炭作为商品能源出售。生物油的用途如图 1-18 所示。

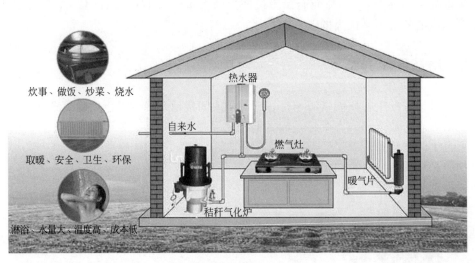

图 1-16　生物质气化技术

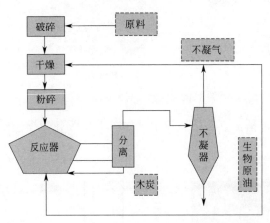

图 1-17　生物质热解流程

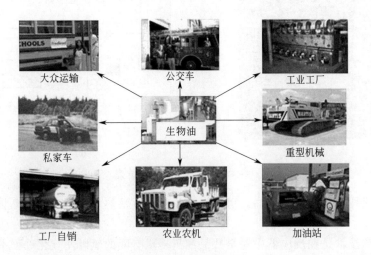

图 1-18　生物油的用途

生物质能与沼气技术是相辅相成的，利用生物质能、养殖废物等进行厌氧发酵产生沼气，沼气中产生的沼液也可为植物提供肥料，形成循环系统，如图1-19所示。

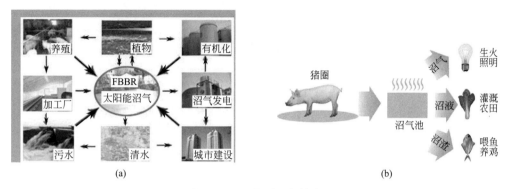

图 1-19　生物质沼气技术

1.2　建筑气候设计

1.2.1　气候设计

气候是天气现象的长期平均状态，或者说，气候是某一地区的大气物理性能相当长时期内的统计平均。它是太阳辐射、大气环流和地理环境等几方面因素相互作用的结果。

1.2.1.1　气候设计基本原理

从古至今，创造舒适的室内气候环境始终是建筑的基本目的之一。从某种意义上讲，建筑生物气候设计的历史就是人类尝试如何维持一个合适的室内小气候去取悦人体的历史。世界上大部分地区的室外环境都未能达到人类对热舒适度的要求，人类试图将室外气候环境与人类对热舒适的差距缩小所采取的手段称为"气候调控"。调控手段又可分为主动式的调控手段和被动式的调控手段。主动式的调控手段是人类利用环境设备来创造舒适宜人的室内环境；被动式的调控手段是通过建筑自身调节来创造人类满意的居住使用场所。本着经济、绿色、节能、环保的理念，被动式的建筑自身调控方法将是本节的主要研究范畴。气候设计的目的是在不降低舒适度的前提下降低能耗，通过资源的合理利用和对当地气候的合理分析，降低不利因素的影响，减少设备的使用。

1.2.1.2　被动式气候设计基本原理

由于材料生产技术水平还处于发展阶段，施工工艺还有待提高，创造舒适的室内环境还需要环境设备的调控方法，但是被动式的一些技术策略能够在一定气候状况下提高室内的舒适度。被动式建筑设计就是通过规划、设计，利用材料的物理性能、环境等来顺应自然界的阳光、风、气温、湿度等的变化来改善和创造舒适的生活居住环境，减少对常规能源的使用。被动式的气候设计方法需要了解建筑室外环境与人体需要的舒适环境之间的关系，即确定两者的偏差程度，这是气候设计的首要问题。气候设计包括三个方面的问题，首先是对所研究地区的气候环境分析；然后是居住者对热舒适度的要求；最后是通过设计建筑所能达到的能耗标准。其中涉及气候学、环境学、建筑学、生理学等多方面的问题。

1.2.2　建筑设计中的气候分析方法

建筑气候分析方法是指在设计过程中，建筑师对建筑所处的室外气候做定性及简单定量分析，从而指导建筑师提出相应设计对策，正确利用太阳辐射和大气环流、地热能等气候资源。

在 20 世纪 50 年代，由美国的 Olgyay（1953）兄弟最早提出气候设计的概念和方法，并提出"生物气候图"。其后，这种气候分析方法得到很多建筑师与工程师的关注，并将这种分析方法不断完善发展。到 1969 年，Givoni 结合温湿度图发展了 Olgyay 的"气候设计"方法，将气候、人体热舒适和建筑设计被动式方法结合在一张图表上（以下简称 Givoni 法），对设计的指导更为直观方便。其基本原理方法与 Olgyay 的"生物气候图"很接近，都是以利用自然能源和恰当的建筑设计策略为手段，以获得室内热舒适为目的，减少建筑对人工能源的依赖和需求。只有在建筑手段难以达到人体舒适所需时，才考虑采用人工设备。因此，将这两个方法和其他由这两种方法衍生的气候设计方法一起，统称作气候设计方法。下文将对现有的几种气候设计方法做简要介绍。

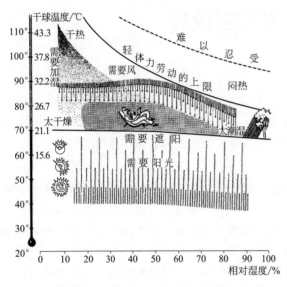

图 1-20　Olgyay 生物-气候分析图

1.2.2.1　Olgyay 方法

Olgyay 提出了依照人体热舒适要求和室外气候条件进行建筑设计的系统方法，并将这种分析方法用图表的形式表现出来，他将其称为"生物-气候分析图"（Bio-climatic chart），见图 1-20。

图中表明了人体的热舒适区域（阴影区域）与空气温度、平均辐射温度、风速、太阳辐射四个环境变量之间的关系。横坐标表示相对湿度，纵坐标表示干球温度。热舒适区域指在静风情况下，平均辐射温度和空气温度相等时，静坐或行走时，穿平常衣服的办公人员的舒适温度。

Olgyay 方法的局限性：Olgyay 首次将建筑室外环境分析同人体舒适度与建筑设计方法结合起来，尽管有些学者认为该方法存在较大的推断性，但是该方法对于建筑设计向科学化、技术化发展，具有非常重要的意义。

Olgyay 生物气候图分析法最大的局限性在于：它对于人体热舒适区域的确定是以室外气候条件分析为基础的，不是以建筑内部预期的条件为基础。然而不同的建筑构造方法和细部设计的差异都会对建筑室内外气候条件的关系产生影响。因而 Olgyay 方法只适用于室内外气候状况差别不大的建筑，这种状况只有轻质围护结构采用自然通风的建筑才适用，即主要适用于湿热气候区。对于干热气候区和室内外温差较大的建筑，该方法具有一定的局限性。对于建筑自身具有较大热源和湿源的建筑，该方法也显得无能为力。

1.2.2.2 Givoni 方法

Givoni 发展了 Olgyay 的生物气候图方法，将气候、人体热舒适性和建筑设计策略与工程设计上常用的温湿图表结合，提出一种称为"建筑气候设计分析图"的方法。建筑气候设计分析图（图1-21）中还标示出不同设计策略适用的环境条件。

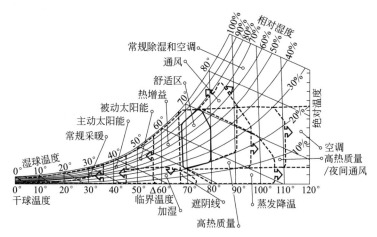

图 1-21　Givoni 生物气候图

Givoni 方法也有一定的适用范围，如室内外热源较少的建筑，建筑外表面围护结构热阻较少的情况和建筑外表面以浅色处理的建筑等。

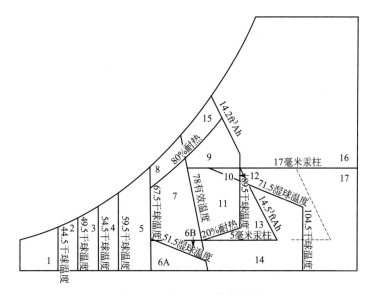

图 1-22　Waston 生物气候图

1.2.2.3 Waston 方法

Waston（1983）建筑气候分析方法与 Givoni 建筑气候设计分析图的基本原理相同，只是在考虑气候控制手段时，将主动式的设备调控手段和通过建筑设计策略实现的被动式调节手段表示在一张分析图（图1-22）上，便于使用者分析、比较和决策。Waston 的气候分析图将焓湿图划分为 17 个区域，每一个区代表一种对气候控制较为有利的方法，见表 1-1。

表 1-1　Wason 气候控制区和调控手段

1 区	太阳能设计或传统采暖	6a 区	舒适通风-高热质-蒸发冷却
2,2a,2b,2c 区	被动式太阳能采暖	7 区	舒适通风
3a 区	机械增湿	8 区	高热质
3b 区	增湿、机械蒸发冷却	8a 区	除湿-空调降温
4 区	机械除湿	9 区	高热质-机械蒸发冷却
5 区	热舒适区	10a 区	机械蒸发冷却
6 区	舒适通风-高热	10 区	空调降温

1.2.2.4　Mahoney 列表法

Mahoney 列表法是由 O. Koenigsberger 等（1971）对热带地区建筑发展研究时提出的一种建筑气候设计方法。下文将采用 Mahoney 列表法对大连及阜新地区气候进行分析，得出该地区具体适用哪些设计策略。

1.2.2.5　J. Evans "热舒适三角法"

J. Evans "热舒适三角法"完全不同于 Olgyay 的生物气候图法和 Givoni 的建筑气候设计分析图法。J. Evans 认为上述方法侧重于研究稳定环境下的舒适区研究，不适用于温度波动较大的地区。由于被动式建筑及自然通风房间温度波动较大，因此温度波动的大小同舒适感的关系对建筑气候设计具有很重要的影响。有鉴于此，J. Evans 提出针对被动式建筑设计的温度波动与人体舒适度的关系的分析方法——"热舒适三角图"法，见图 1-23。其中横坐标表示平均温度，纵坐标为平均温度波动值。

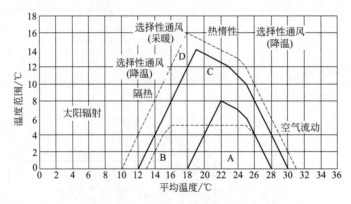

图 1-23　J. Evans 热舒适三角分析图

1.2.3　建筑气候设计因素

世界大部分气候区的室外气候与室内的热舒适环境都存在不同程度的偏离，试图缩小这种环境差异的调控手段称为"气候控制"，可以用下面的关系式：

严寒地区：　　$T_n=0.121T_m+21.488$　　　　　　　　　　$16.3<T_n<26.2$

寒冷地区：　　$T_n=0.271T_m+20.014$　　　　　　　　　　$15.8<T_n<29.1$

夏热冬冷：　　$T_n=0.326T_m+16.862$　　　　　　　　　　$16.5<T_n<27.8$

夏热冬暖：　　$T_n=0.554T_m+10.578$　　　　　　　　　　$16.2<T_n<28.3$

式中，T_n 为中性温度，范围为 18~30℃；T_m 为室外温度，℃。

平衡室外实际气候条件、热舒适环境所需要的气候控制手段既可以是通过建筑本身调节的被动式方法，也可以是通过环境设备调控的主动式方法。本着经济、节能和保护环境的目的，通过建筑自身调控的被动式方法是提倡的做法，并且是首要的任务。在建筑调控的能力以外就需要环境设备调控来获得热舒适了，可以表示为：需要的气候控制－建筑的被动式调控＝设备的主动式调控。

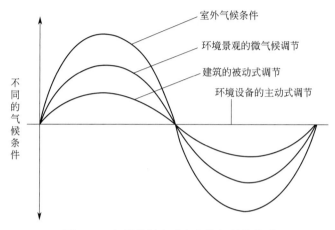

图 1-24　气候控制方式和室外气候的关系

建筑师首先要考虑的问题，是如何将气候设计方法和其他的设计因素相协调，在建筑设计的初期阶段，规避不利气候因素的影响，利用有利的自然环境资源和气候要素创造舒适的居住环境。气候设计的目标是创造出低能耗、高舒适度的建筑，即在不降低人体热舒适要求的前提下，合理利用有利气候资源，消除不利因素影响，从而减少利用建筑设备不同的气候条件的人工调节。图 1-24 表示了建筑设计手段调节室外气候并获得舒适的潜力，波动幅度最大的曲线代表了室外气候，第二条曲线代表通过室外环境规划使室外气候波动程度有一定的降低，第三条曲线代表了建筑的被动式技术控制气候的能力，室外气候的波动程度有了进一步的降低，横坐标轴表示了设备调控下的室内微气候环境，是一条稳定的直线。可以看出，由于建筑的调控措施而减少了设备部分需要调节的那部分偏差。

1.2.3.1　建筑聚落形态与群体布局

聚落形态与气候关系密切。宽敞的建筑布局有利于湿热气候的通风降温；紧密的布局形式既利于冬季防风，又可以利用建筑遮挡夏季烈日，这在炎热气候区的传统聚落形态中可以得到清楚的印证。干热气候条件下，建筑彼此紧靠在一起，便于相互遮挡，使街道和户外空间有更多的阴影空间。在湿热气候条件下，由于湿度很高，为了尽可能获得自然通风，建筑的间距很大，体型较小，室外空间开敞，形成散落、稀疏的聚落形态。

表 1-2　建筑布局和街道方向

分区	气候特征	优先考虑	其次考虑	应对对策
1 区	寒冷	防风	争取日照	朝向主导风向的街道不要设计成连续的导风通道；
2 区				街区方向最好保持东西南北正交走向；
3 区				东西向街道要宽阔,利于争取太阳辐射
4 区	温寒	冬季争取日照	冬季防风	建筑群朝向可与正南向夹角在 30°范围内；
6 区			夏季遮阳	与夏季主导风向夹角在 30°范围内；
7 区		夏季通风		东西向街道稍宽,争取太阳辐射；
				延长建筑的东西轴向

分区	气候特征	优先考虑	其次考虑	应对对策
5区	夏季干热	夏季遮阳	夏季通风 冬季争取日照	南北向街道狭窄,便于遮挡阳光; 可以和南向有一个夹角,增加街道的遮阴; 东西向街道宽阔,争取日照
8区 9区	夏季通风	夏季通风	夏季遮阳 冬季争取日照	建筑群和主导风向的夹角控制在30°范围内; 调节街道走向,遮挡更多的夏季阳光; 街道设计应利于夏季的导风; 如果需要,增加建筑东西轴向长度,争取日照

　　我国绝大部分地区（设计1～7区）冬季都有寒冷的气候特点，建筑设计需要考虑采暖。争取太阳能采暖是获得舒适和建筑节能的重要措施之一。同时，一定的日照时间也是保持房间卫生的需要。因此，建筑群的布局需要考虑恰当的日照间距，保证房间有足够的日照时数。日照间距大小与太阳高度角和建筑高度有关，可利用表1-3对各纬度地区建筑间距进行简单计算。日照间距等于建筑高度乘以表中对应纬度地区日照间距系数，高纬度地区太阳高度角很低，有效日照时间段集中在上午10时至下午2时，对日照的考虑应该集中在这段时间内。同时，可以调节建筑屋面法线的角度，在不增加建筑间距的情况下，获得足够的日照，达到节约用地的目的。建筑高度与日照间距的关系如图1-25所示。

表1-3　全国主要城市不同日照标准的日照间距系数

序号	城市名称	纬度（北纬）	冬　至　日		大　寒　日				现行采用标准
			正午影长率	日照1h	正午影长率	日照1h	日照2h	日照3h	
20	兰州	36°03′	1.70	1.58	1.50	1.40	1.44	1.49	1.1～1.2;1.4
21	郑州	34°40′	1.61	1.50	1.43	1.33	1.36	1.42	—
22	徐州	34°19′	1.58	1.48	1.41	1.31	1.35	1.40	—
23	西安	34°18′	1.58	1.48	1.41	1.31	1.35	1.40	1.0～1.2
24	蚌埠	32°57′	1.50	1.40	1.34	1.25	1.28	1.34	—
25	南京	32°04′	1.45	1.36	1.30	1.21	1.24	1.30	1.0;1.1～1.8
26	合肥	31°51′	1.44	1.35	1.29	1.20	1.23	1.29	1.2
27	上海	31°12′	1.41	1.32	1.26	1.17	1.21	1.26	0.9～1.1
28	成都	30°40′	1.38	1.29	1.23	1.15	1.18	1.24	1.1
29	武汉	30°38′	1.38	1.29	1.23	1.15	1.18	1.24	0.7～0.9;1.0～1.1
30	杭州	30°19′	1.36	1.27	1.22	1.14	1.17	1.22	0.9～1.0;1.1～1.2
31	拉萨	29°42′	1.33	1.25	1.19	1.11	1.15	1.20	—
32	重庆	29°34′	1.33	1.24	1.19	1.11	1.14	1.19	0.8～1.1
33	南昌	28°40′	1.28	1.20	1.15	1.07	1.11	1.16	—
34	长沙	28°12′	1.26	1.18	1.13	1.06	1.09	1.14	1.0～1.1
35	贵阳	26°35′	1.19	1.11	1.07	1.00	1.03	1.08	—
36	福州	26°05′	1.17	1.10	1.05	0.98	1.01	1.07	—
37	桂林	25°18′	1.14	1.07	1.02	0.96	0.99	1.04	0.7～0.8;1.0
38	昆明	25°02′	1.13	1.06	1.01	0.95	0.98	1.03	0.9～1.0
39	厦门	24°27′	1.11	1.03	0.99	0.93	0.96	1.01	—
40	广州	23°08′	1.06	0.99	0.95	0.89	0.92	0.97	0.5～0.7
41	南宁	22°49′	1.04	0.98	0.94	0.88	0.91	0.96	1.0
42	湛江	21°02′	0.98	0.92	0.88	0.83	0.86	0.91	—
43	海口	20°00′	0.95	0.89	0.85	0.80	0.83	0.88	—

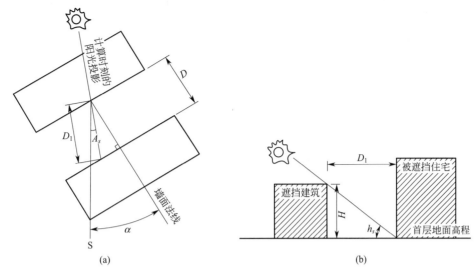

图 1-25　建筑高度和日照间距的关系

1.2.3.2　太阳围合体

太阳围合体是考虑建筑自身和周边环境同时获得日照时，由建筑外表面围合而成的形体。太阳围合体设计是保证建筑周围得到有效日照的设计方法，这种方法是指对一个给定的场地，调整建筑各个立面的法线向，使建筑在不遮挡临近场地的情况下达到最大的体积容量，同时保证周边场地得到足够的日照。太阳围合体的形状和大小与场地尺寸、建筑的高度、朝向、地理纬度以及日照时间有关系。当场地的形状尺寸决定以后，就可以确定建筑的太阳围合体。如图 1-26 所示。

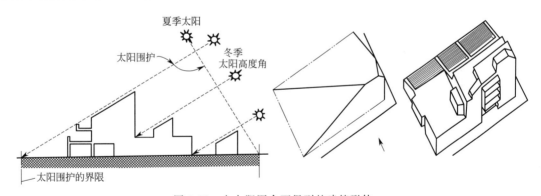

图 1-26　由太阳围合面得到的建筑形体

1.2.3.3　防风

设计 1 区到设计 3 区，皆属于寒冷和温寒地区。由于冬季室外气候寒冷，建筑防风是聚落选址的基本要求之一，因为较强的外部风环境会大大增加围护结构的散热量和冷风渗透量。建筑防风最常用的手段是利用防风林或挡风构筑物创造避风环境。一个单排、高密度的防风林（穿透率 36%），距 4 倍树木高度处，风速会降低 90%。同时可以减少被遮挡的建筑物 60% 的冷风渗透量，节约常规能耗 15%。利用防护林做防风墙时，其背风区风速取决于树木的高度、密度和宽度。防风林背后最低风速出现在距离林木高度 4～5 倍高处。

高层建筑在人行高度处产生的"涡流"对人的影响取决于该地区的气候。寒冷地区的高层"涡流"会增加人体的不舒适感；但是，涡流在炎热地区会对室外街区起到降温作用，从而增加人的舒适感。室外风速和人体的热舒适的关系见表1-4。

表1-4 室外风速和热舒适

风速/(m/s)	相当于温度的降低	舒适感觉
0.1	0	静风,有稍微不舒适的感觉
0.5	2	可轻微感觉的风,且感觉舒适
1	3.5	可感觉的舒适的风
2	5	强烈感觉,在活动量大的情况下可以接受
2.3	6	空气调节速度上限,干热气候下自然通风的良好风速
4.5	7	湿热气候下自然通风的良好风速
10	9	室外活动情况下可感觉的劲风

第2章
能源利用技术

2.1 供暖、通风与空调

2.1.1 自然通风

2.1.1.1 自然通风的定义

自然通风除可以满足房间一定的舒适度，除保持室内空气的清洁度，降低能耗外，更有利于人的生理健康和心理健康。

自然通风通常意义上指通过有目的地开口，产生空气流动。这种流动直接受建筑外表面的压力分布和不同开口的影响。建筑表面的压力由风压和室内外温差引起的热压所组成，风压依赖于建筑的几何形状、建筑相对于风向的方位、风速及建筑周围的地形。

许多建筑以自然通风的三种基本方式为基础建立自然通风模式。一般可在单个建筑中采用两种或三种模式混合来满足不同的需要。图 2-1 为典型的混合式自然通风示意。

另外还有一些建筑采用在使用的房间建立详细的进、出通风口和分布策略以及合理分布地板空气来对穿过建筑物的空气进行控制。图 2-2 为有一个夹层分布系统的烟囱通风示意。

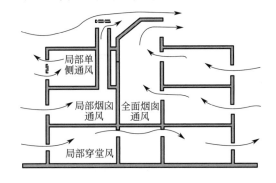

图 2-1 混合式自然通风示意

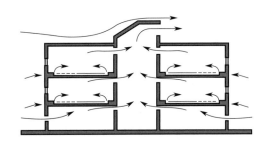

图 2-2 有夹层分布的烟囱通风示意

自然通风和机械通风都可达到通风冷却的目的，但相关研究结果表明，采用自然通风的办公楼和采用空调的办公楼相比，每年节省的冷却能量为 $14\sim41kW\cdot h/m^2$。

在室内温度及湿度均很高的情况下，良好的空气流动能加速热量的散逸和水蒸气的蒸发，从而达到降温的目的。自然通风是实现良好的空气流动的被动式策略。它是在自然风的基础上利用和加大风压，促进室内气流流动，从而将热空气排出建筑。自然通风主要可分为风压通风和热压通风。

风压通风指的是当自然风吹向建筑物正面时，因受到建筑物表面的遮挡而在迎风面上产生正压区，气流偏转后绕过建筑的各个侧面和屋面，在侧风面和背风面产生负压区。当建筑物的迎风面和背风面设有开口时，风就依靠正负压区的压差从开口流经室内并由压力高的一侧向压力低的一侧流动，从而在建筑内部实现的空气流动。

由于自然风的不稳定性，或者由于周围高大建筑和植被的影响，许多情况下，建筑的周围不能形成足够的风压，这时就需要利用热压来实现自然通风。

热压作用下的自然通风原理：由于建筑物内外空气的气温差产生了空气密度的差别，于是形成压力差，驱使室内外的空气流动。室内温度高的空气因密度小而上升，并从建筑物上部风口排出，这时会在低密度空气原来的地方形成负压区，于是，室外温度比较低而密度大的新鲜空气从建筑物底部的开口被吸入，从而室内外的空气源源不断地进行流动。

(1) 窗户

窗户在自然通风中扮演着关键角色，它主要是利用风压原理。室内自然通风的效果与窗户开口大小、开口位置、室外风速的大小以及风向和开口的夹角有关。要取得良好的通风效果，必须组织穿堂风，使风能顺畅流经全室，这就要求房间既要有进风口又要有出风口。一般来说，一个房间进风口的位置（高低、正中偏旁等）及进风口的形式（敞开式、中旋式、百叶式等），决定着气流进入室内后流动的方向（图 2-3）。而排风口与进风口面积的比值决定气流速度的大小，当进风口面积不变时，排风口面积增大，则室内气流速度也随之增大；当处于正压区的开口与主导风向垂直，则开口面积越大，通风量越大。创造风压通风的建筑开口与风向的有效夹角在 40°范围内；当建筑开口和风向夹角不能在 40°范围内时，可以设置导风板创造正负压区引导通风。砖砌矮墙、木板、纤维板甚至布兜均可用来导风、组织气流。

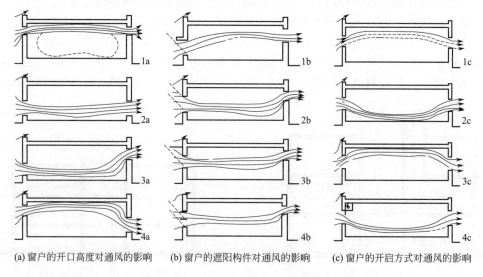

(a) 窗户的开口高度对通风的影响　(b) 窗户的遮阳构件对通风的影响　(c) 窗户的开启方式对通风的影响

图 2-3　不同窗口设置对室内通风的影响

（2）风塔

风塔的工作原理如图 2-4 所示。白天室外热空气进入风塔（风塔进风口必须朝向主导风向，利用风压进气），通过与风塔内壁接触换热冷却，变沉下落，冷空气从进气口进入房间，对房间进行对流换热降温，最后由出气口排出。经过白天的热交换，风塔已经变暖。在夜晚，室外冷空气通过房间进入风塔底部，与风塔进行热交换，升温变轻，最后流出风塔。

风塔策略在昼夜温差大的干热地区非常有效。

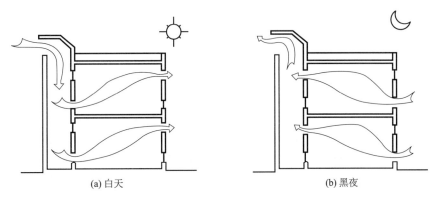

(a) 白天   (b) 黑夜

图 2-4　风塔工作原理

（3）太阳能烟囱

太阳能烟囱利用了热压原理，空气被有意识地加热，从而产生向上的抽拔效应，如图 2-5 所示。

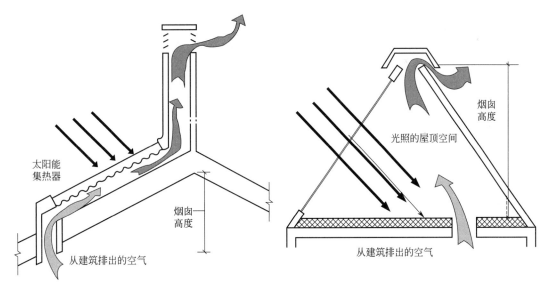

图 2-5　太阳能烟囱原理

太阳能烟囱对自身温度的增加没有限制，因为它通常是与建筑的使用空间相隔绝的。它正是要吸收最大量的太阳辐射，从而产生最强烈的通风效应。它适用于风速较低的地区。

表 2-1 展现了风塔与太阳能烟囱的区别。

表 2-1　风塔与太阳能烟囱的区别

项　目	风　塔	太阳能烟囱
原理	风压作用	热压作用
功能	为室内提供低温空气	加强室内自然通风
限制条件	昼夜温差大,风速大	阳光辐射强烈

（4）中庭或天井

利用风压及热压的共同作用,中庭或天井可以成为大型的拔风筒,将围绕在其周围的房间的热空气抽出。中庭示意图见图 2-6。

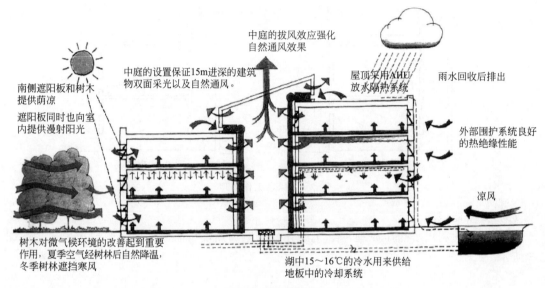

图 2-6　中庭示意图

利用中庭的拔风效应强化自然通风,见图 2-7。在利用中庭的烟囱效应对相邻房间自然通风的同时,也应充分考虑一个物理现象——中和面效应的不利影响。

图 2-7(a) 为理想状态中庭热压通风示意,而图 2-7(b) 为中和面对中庭拔风的影响。在图中 a 点,空气由室内向室外运动,其原理在于该处中庭内空气压力高于室外。同样,

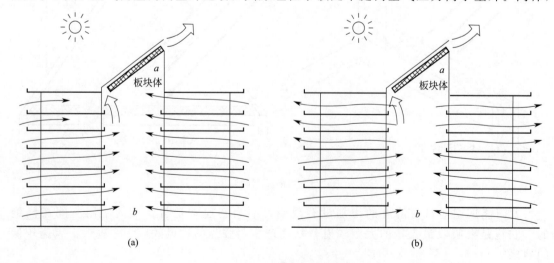

图 2-7　中庭拔风效应强化自然通风

在底部 b 点，中庭空气压力低于室外，空气由室外流入。而在中庭垂直方向上存在一点，此处室内外压力相同，通过该点的水平面，物理学上称之为中和面。显然，只有处于中和面以下的窗洞，空气才由室外流入中庭并由顶部排出，中和面以上的窗洞如若开启，必将成为出风口。也就是说，在某些情况下，利用中庭的烟囱效应，只可对建筑的一部分房间实现自然通风，上层房间为避免污浊空气的回灌，相邻中庭的窗应关闭，或者将通风窗像烟囱一样高高顶出屋面。通过提高出风口的高度来提升中和面高度，可强化中庭的通风效果。

2.1.1.2　风压通风

人们常说的"穿堂风"就是利用建筑两侧的风压差产生穿过建筑内部的室内外空气交换。当风吹向建筑物正面时，因受到建筑物表面的阻挡而在迎风面上产生正压区。气流在绕过建筑物各侧面及背面时，在这些面上产生负压区。风压就是建筑迎风面和背风面的压力差，它与建筑的形式、建筑与风的夹角和周围建筑布局等因素相关。当风垂直地吹向矩形建筑时，前墙正压，两侧墙和后墙负压；斜吹时，两迎风墙为正压，背风墙为负压。任何情况下，顶屋面均在负压区内。

当风垂直吹向建筑立面时，迎风面中心处正压最大，屋角及屋脊处负压最大。在迎风面上的正压通常为自由风速动压力（风压）的 0.5～1.0 倍；而在背风面上，负压为自由风速动压力的 0.3～0.4 倍。建筑的同一表面上压力分布并不均匀，压力由压力中心向外逐渐减弱，负压区的压力变化小于正压区。

风向垂直于建筑表面时，迎风墙的正压平均为风压的 76%，墙中心为 95%，屋面为 85%，侧墙为 60%。侧墙负压平均为 −62%，靠近上风部分为 −70%，处下风墙角为 −30%；后墙负压较均匀，平均为 −28.5%，屋面负压平均为 −65%，靠近上风处为 −70%，下风处为 −50%。

风与墙面斜交时，沿迎风墙产生显著的压力梯度，背风墙负压较均匀。风与墙面夹角为 60% 的迎风墙上，上风角点为风压的 95%，并沿下风方向减弱到零；相对背风墙面平均负压为 −34.5%，另一类夹角为 30° 的墙面上压力范围由上风处的 30% 减至下风处的 −10%，相对的背风墙面平均负压为 −50.3%。

前后墙风压差 Δp_w 可近似表示为

$$\Delta p_w = k\,\frac{\rho}{2}\,v^2 \tag{2-1}$$

式中　k——前后墙空气动力系数之差（风与墙的夹角为 60°～90°，可取 $k=1.2$，当 $\alpha<60°$ 时，$k=0.1+0.018\alpha$）；

　　　ρ——空气密度，kg/m^3；

　　　v——室外风速，m/s。

由风压引起的通风量 N 用下面的方法计算：

当风口在同一面墙上（并联风口）时

$$N = 0.827 \sum A \left(\frac{\Delta p}{g}\right)^{0.5} \tag{2-2}$$

当风口在不同墙上（串联风口）时

$$N = 0.827 \left[\frac{A_1 A_2}{(A_1+A_2)^{0.5}}\right]\left(\frac{\Delta p}{g}\right)^{0.5} \tag{2-3}$$

式中　N——通风口总面积，m^2；

　　　A_1，A_2——两墙上风口面积，m^2；

Δp ——风口两侧的风压差，Pa。

风压通风量为

$$N = kEAv \tag{2-4}$$

式中 k ——出风口与进风口面积比的修正系数；

E ——进风口流量系数，挡风垂直于窗口时，$E = 0.5 \sim 0.6$，当风与墙面成 $45°$ 角时，风量 N 应减少 50%；

A ——进风口面积，m^2；

v ——进风风速，m/s。

为了充分利用风压来实现建筑自然通风，首先要求建筑外部有较理想的风环境（平均风速一般不小于 $3 \sim 4 m/s$）。其次，建筑应朝向夏季夜间风向，房间进深较浅（一般以 14m 为宜），以便形成穿堂风。此外，自然风变化幅度较大，在不同季节和时段，有不同的风速和风向，应采取相应措施（如适宜的构造形式，可开合的气窗、百页窗等）来调节引导自然通风的风速和风向，改善室内气流状况。

建筑间距减小，后排建筑的风压下降很快。当建筑间距为 3 倍建筑高度时，后排建筑的风压开始下降；间距为 2 倍建筑高度时，后排建筑的迎风面风压显著下降；间距为 1 倍建筑高度时，后排建筑的迎风面风压接近零。

2.1.1.3 热压通风

"烟囱效应" 即热空气上升，从建筑上部风口排出，室外新鲜的冷空气被吸入建筑底部。当建筑内温度分布均匀时，室内外空气温度差越大、进排风口高度差越大，则热压作用越强。热压与进排风口高度差 H 的关系为

$$\Delta p_{\text{stack}} = \rho g H \beta \Delta t \tag{2-5}$$

式中 β ——空气膨胀系数，$℃^{-1}$；

Δt ——室内外温差，$℃$。

热压作用下的自然通风量 N 可用下式计算

$$N = 0.171 \left[\frac{A_1 A_2}{(A_1 + A_2)^{0.5}} \right] \left[H(t_n - t_w) \right]^{0.5} \tag{2-6}$$

式中 A_1，A_2 ——进风口面积，m^2；

t_n，t_w ——室内外温度，$℃$；

H ——进、排风口中心高差，m。

由于室外风的不稳定性，并且通常存在周围高大建筑、植物等的遮挡影响，许多情况下在建筑周围形不成足够的较稳定的风压，设计者倾向于以热压作为基本动力来组织或设计自然通风。

2.1.1.4 一般规定

自然通风方式适合于全国大部分地区的气候条件，是一种利用自然能量改善室内热环境的简单通风方式，常用于夏季和过渡（春、秋）季建筑物室内通风、换气以及降温。通常也作为机械供冷或机械通风时季节性、时段性的补充通风方式。

对于夏季室外气温低于 $30℃$、高于 $15℃$ 的累计时间大于 1500h 的地区，在建筑物设计时，应考虑采用自然通风的可能性。

当室外热环境参数优于室内时，居住建筑和公共建筑的办公室等宜采用自然通风，使室内满足热舒适及空气质量要求；当自然通风不能满足要求时，可辅以机械通风；当机械通风

不能满足要求时，宜采用空气调节。

消除建筑物余热、余湿的通风设计，应优先利用自然通风。

厨房、厕所、浴室等，宜采用自然通风。当利用自然通风不能满足室内卫生要求时，应采用机械通风。

居住建筑的自然通风应结合建筑设计，首先确定全年各季节的自然通风措施，并应做好室内气流组织，提高自然通风效率，减少机械通风和空调的使用时间。当在大部分时间内自然通风不能满足降温要求时，宜设置机械通风或空气调节系统，设置的机械通风或空调系统不应妨碍建筑物的自然通风。

夏季自然通风和联合通风的室内设计参数，宜采用表 2-2 中参数值。

表 2-2　自然通风夏季室内空气设计参数

内容	温度/℃	相对湿度/%	风速/(m/s)
一般条件	≤28	≤80	≤1.5
特定条件	≤30	≤70	≤2.0

2.1.1.5　自然通风的适用条件

① 由于自然通风量的不确定性和室外进风温度一般较高，室内的得热量宜取小于等于 $40W/m^2$。

② 由于室内换气要求标准低，因此无确定的换气次数要求。

③ 自然通风适用于室内对温、湿度等要求范围较宽的热舒适场所；不适用于对室内温度、湿度或含尘量有一定要求的场所。

④ 当室外特别是夏季常年有不小于 $2\sim3m/s$ 的平均风速时，建筑物可获得一定的风压作用。

2.1.1.6　自然通风的设计要点

① 建筑物室内自然通风的设计，应首先详细了解室内、外的环境条件，可主要从外部环境、外部构造、内部构造、得热负荷、舒适健康性等几方面考虑。

② 自然通风的设计一般有两种方法，即室内热压作用下的简化设计计算法（简称简化计算法）和室内热环境下的计算机模拟法（简称计算机模拟法）。两种方法的特点及适用范围见表 2-3。

表 2-3　常用的两种自然通风设计方法的特点及适用范围

设计方法	简化计算法	计算机模拟法	
		网络模拟法	CFD 数值模拟法
特点	(1)是一种静态的研究方法 (2)适用于热压作用下的自然通风 (3)经过简化以后，可应用于某些建筑物的计算 (4)适用于室内有一定产热量的高大空间	(1)是一种动态的研究方法 (2)适用于热压和风压作用下的自然通风 (3)属于宏观描述 (4)能得到整栋建筑或多区域的模拟和预测 (5)计算工作量较小	(1)是一种动态的研究方法 (2)适用于热压和风压作用下的自然通风 (3)属于微观描述 (4)能得到房间各处的参数分布 (5)一般不考虑墙体的导热和蓄热 (6)仅能得到单个房间的模拟和预测 (7)计算工作量较大
适用范围	适用于室内得热量<116W/m³，且仅有热压作用的高大空间	适用于建筑物多区域的整体研究，特别是自然通风的流量研究	适用于建筑物单区域的单体研究，特别是室内详细的参数分布

③ 自然通风的设计计算应依据产生的主要作用力进行合理的选择计算。

④ 对于居住类建筑，自然通风仅在单个外窗的同一个窗孔（即中和面穿过开口）范围

内进行，当热压和风压共同作用时，自然通风的通风量并不等于两者的线性叠加。

⑤ 自然通风的设计宜在设计计算的基础上，对室内热环境进行计算机模拟，分析建筑物及其室内的自然通风模型，并以此技术来辅助自然通风的设计，从而对建筑物室内、外通风设计进行合理的完善和优化，其中包括：建筑物内、外窗的形式、尺寸及位置；室内通风竖井的形式、尺寸及位置；建筑物室内的隔断高度及位置等。

2.1.2 排风热回收

在空调系统中，为了维持室内空气量的平衡，送入室内的新风量和排出室外的排风量要保持相等。由室外进入的新风通过一些空调手段（冷却、加湿、加热等）处理到合适的状态才能被送入室内，并使室内最终达到新风计量的状态点。这样，新风和排风之间就存在一种能耗，一般称之为新风负荷。新风量越大，需要被处理的空气越多，则新风负荷就越大。而对于常规的空调系统，排风都是不经过处理而直接排至室外，结果这一部分的能量就被白白地浪费掉。如果我们利用排风经过热交换器来处理新风（预冷或预热），从排风中回收一些新风能耗，就可以降低新风负荷，从而降低空调的总能耗。

如图 2-8 所示，从空调房间出来的空气一部分经过热回收装置与新风进行换热，从而对新风进行预处理，换热后的排风以废气的形式排出，经过预处理的新风与回风混合后再被处理到送风状态送入室内。多数时候仅仅靠回风中回收的能量还不足以将新风处理至送风状态点，这时需要对这一空气进行再处理，图中的辅助加热/冷却盘管就起这个作用。

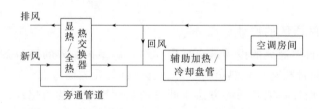

图 2-8 带排风热回收装置的空调系统

如果室内外温差较小，就没有必要使用排风热回收。所以在新风的入口处设置了一个旁通管道，在过渡季节时将其打开。

2.1.2.1 排风热交换器的种类

排风热回收装置的核心是其中的热交换器，因为针对的是空气之间的换热，所以一般称为空气-空气热交换器。

根据热回收设备应用范围的不同可以将空气-空气热回收装置分为三类。

① 工艺-工艺型 主要用于工艺生产过程中的热回收，起到减少能耗的作用，这也是一种典型的工业上的余热回收。主要进行的是显热的回收，而且由于工作环境的关系，在这样的设备中需要考虑冷凝和腐蚀的问题。

② 工艺-舒适型 此类热回收装置是将工艺中的能量用于暖通空调系统中。它节省的能量较工艺-工艺型的要少，也是回收显热。

③ 舒适-舒适型 这一类的热回收装置进行的是排风与新风之间的热回收。它既可以回收显热，也可以回收全热。

我们这里所讨论的是第三类热回收装置。这一类热回收方式比较多，归纳起来大致可分为两大类：显热回收装置、全热回收装置。

显热回收装置只能回收显热，常见的有板式显热热交换器，热管式热交换器和中间热媒式热交换器；全热回收装置既可回收显热，又能回收潜热，常见的有板翅式热交换器、转轮式热交换器和热泵式热交换器。表 2-4 对这几种热交换器分别予以介绍。

表 2-4　排风热交换器示意

种类	图　　示	特点	注意事项
板式显热热交换器		（1）不需要传动设备，不需消耗电力，设备费用低 （2）结构简单，运行安全可靠；而且不需要中间热媒，具有无温差损失的优点 （3）由于其设备体积较大，需要占用较大的建筑空间；而且其接管的位置相对固定，所以在实际应用布置时没有很好的灵活性	（1）在新风和排风进入换热器之前，应加设过滤装置，以免污染设备 （2）当新风温度过低时，排风侧会有结霜，要有一定的结霜保护措施。如在换热器前安置新风预热装置
热管式热交换器		（1）传热效率高 （2）管壁温度具有可调性 （3）具有恒温特性 （4）适应性较强	（1）空调工程热回收系统中应用的一般都是重力式热管，对重力式热管热交换器，应保持合适的倾斜度，以免影响工质的回流，影响热量回收的效果 （2）新风和排风在热交换器中应保持逆流状态，这样更有利于传热 （3）当空气温差大时，热管的表面可能出现凝结水，此时要考虑到排水 （4）如果根据季节的不同要调解热管的倾斜度，则热管和风管应用软管连接
板翅式全热热交换器		（1）结构紧凑，传热效果好 （2）有较强的适应性，不仅可以用于气体-气体、气体-液体及液体-液体之间的热交换，存在相变的场合如冷凝与蒸发都可以使用，而且在逆流、顺流、错流等流动情况下都可以使用	板翅式全热热交换器由于中间的换热材质的问题都或多或少地存在新风和排风间的渗透问题。在设计时就应该考虑到这一点，应该做到使新风通道的静压大于排风通道的静压，防止室内排风污染新风。当排风中含有有害成分时，不宜使用此装置

排风热回收中回收的热量同时可以当作建筑物热源。

空气源热泵是一种具有节能效益和环保效益的空调系统的冷热源。在实际应用中，空气源热泵的制冷（热）性能系数和制冷（热）容量受室外空气参数的影响较大，使热泵的应用受到地理位置的限制，影响了其与其他冷热源设备的竞争力。在实际应用中，若能将空调系统的排风有组织地引至空气源热泵的室外换热器入口，则可以减小由室外环境对热泵造成的影响，增大空气源热泵在实际运行中的制冷（热）性能系数和制冷（热）容量，并且可以达到回收空调排风的冷（热）量、节能的目的。

空气源热泵的低温热源为室外空气，室外空气的状态参数（如温度和湿度）随地区和季节的不同而变化，这对热泵的容量和制热（制冷）性能系数影响很大。在夏季制冷时，随室外温度的升高，制冷 COP 呈直线下降，制冷容量也呈直线下降；在冬季制热时，随室外温度的降低，制热 COP 呈直线下降，制热容量也呈直线下降。

2.1.2.2　各种热交换器的比较

各种设备各具特点，在热回收效率、设备费用、维护保养、占用空间等方面有不同的性能。表 2-5 为它们的性能比较。

表 2-5　各种排风热回收装置的性能比较

热回收方式	回收效率	设备费用	维护保养	辅助设备	占用空间	交叉感染	自身耗能	接管灵活	抗冻能力	使用寿命
转轮式热回收器（全热）	高	高	中	无	大	有	有	差	差	中
热管式热回收器（显热）	较高	中	易	无	中	无	无	中	好	优
板式热回收器（显热）	低	低	中	无	大	有	无	差	中	中
板翅式热回收器（全热）	极高	中	中	无	大	有	无	差	中	良
热泵式热回收器（全热）	中	高	高	有	大	无	多	好	差	低

2.1.2.3　一般规定

① 本节主要适用于空调排风空气中热回收系统的设计。

② 当建筑物内设有集中排风系统且符合以下条件之一时，建议设计热回收装置。

a. 当直流式空调系统的送风量大于或等于 3000m³/h，且新、排风之间的设计温差大于 8℃时。

b. 当一般空调系统的新风量大于或等于 4000m³/h，且新、排风之间的设计温差大于 8℃时。

c. 设有独立新风和排风的系统时。

d. 过渡季节较长的地区，当新、排风之间实际温差的度数大于 10000℃/a 时。

③ 使用频率较低的建筑物（如体育馆）宜通过能耗与投资之间的经济分析比较来决定是否设计热回收系统。

④ 有条件时应选用效率高的热回收装置。所选热回收装置（显热和全热）的热回收效率要求见表 2-6。或者应使热回收装置的性能系数（COP 值）大于 5 ［COP 为回收的热量（kW）与附加的风机或水泵的耗电量（kW）的比值］。机组名义值测试工况见表 2-7。

表 2-6　热交换效率的要求

类　　型	热交换效率/%		制热
	制冷		制热
焓效率	50		55
温度效率	60		65
备注	(1)效率计算条件:表 2-7 规定工况,且新、排风量相当 (2)焓效率适用于全热交换装置,温度效率适用于显热交换装置		

表 2-7　机组名义值测试工况

序号	项目	工况	排风进风		新风进风		电压	风量	静压
			干球温度/℃	湿球温度/℃	干球温度/℃	湿球温度/℃			
1	风量、输入功率		14～27	—	14～27	—	＊	＊	＊
2	静压损失、出口静压		14～27	—	14～27	—	＊	＊	＊
3	热交换效率（制冷工况）		27	19.5	35	28	＊	＊	＊
4	热交换效率（制热工况）		21	13	5	2	＊	＊	＊
5	凝露	制冷工况	22	17	35	29	＊	＊	＊
		制热工况（Ⅰ）	20	14	－5	—	＊	＊	＊
		制热工况（Ⅱ）	20	14	－15	—	＊	＊	＊
6	有效换气率		14～27	—	14～27	—	＊	＊	＊
7	内部漏风率		14～27	—	14～27	—	＊	＊	＊
8	外部漏风率		14～27	—	14～27	—	＊	＊	＊

注：＊表示名义值，—表示无规定值。

⑤ 新风中显热和潜热能耗的比例构成是选择显热和全热交换器的关键因素。在严寒地区宜选用显热回收装置；而在其他地区，尤其是夏热冬冷地区，宜选用全热回收装置。

⑥ 评价热回收装置好坏的一项重要的指标是热回收效率。热回收效率包括显热回收效率、潜热回收效率和全热回收效率，分别适用于不同的热回收装置。热回收装置的换热机理和冬、夏季的回收效率分别见图 2-9 和表 2-8。

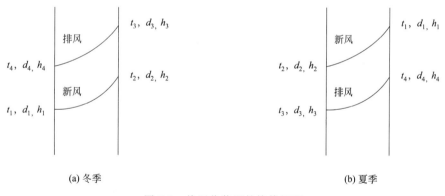

(a) 冬季　　　　　　　　　　　　　　　　(b) 夏季

图 2-9　热回收装置的换热机理

⑦ 当居住建筑设置全年性空调、采暖系统，并对室内空气品质要求较高时，宜在机械通风系统中采用全热或显热热回收装置。

表 2-8　热回收装置的效率

季　节	冬　季	夏　季
显热效率 η_t	$\dfrac{t_1-t_2}{t_3-t_1}\times100\%$	$\dfrac{t_1-t_2}{t_1-t_3}\times100\%$
潜热效率 η_d	$\dfrac{d_2-d_1}{d_3-d_1}\times100\%$	$\dfrac{d_1-d_2}{d_1-d_3}\times100\%$
全热效率 η_h	$\dfrac{h_2-h_1}{h_3-h_1}\times100\%$	$\dfrac{h_1-h_2}{h_1-h_3}\times100\%$

2.1.2.4 选用热回收装置的设计要点

(1) 转轮式热回收装置

① 为了保证回收效率，要求新风、排风的风量基本保持相等，最大不超过 1∶0.75。如果实际工程中新风量很大，多出的风量可通过旁通管旁通。

② 转轮两侧气流入口处，宜装空气过滤器。特别是新风侧，应装设效率不低于 30% 的粗效过滤器。

③ 在冬季室外温度很低的严寒地区，设计时必须校核转轮上是否会出现结霜、结冰现象，必要时应当在新风进风管上设有空气预热器或在热回收装置后设温度自控装置；当温度到达霜冻点时，发出信号关闭新风阀门或开启预热器。

④ 适用于排风不带有有害物质和有毒物质的情况。一般情况下，宜布置在负压段。

(2) 板式显热回收装置

① 当室外温度较低时，应根据室内空气含湿量来确定排风侧是否会结霜或结露。

② 一般来讲，新风温度不宜低于 $-10℃$，否则排风侧会结霜。

③ 当排风侧可能结霜或结露时，应在热回收装置之前设置空气预热器。

④ 新风进入热回收装置之前，必须先经过过滤净化。排风进入热回收装置之前，也应装过滤器；但当排风较干净时，可不装。

(3) 板翅式全热回收装置

① 当排风中含有有毒成分时，不宜选用。

② 实际使用时，在新风侧和排风侧宜分别设有风机和粗效过滤器，以克制全热回收装置的阻力并对空气进行过滤。

③ 当过渡季或冬季采用新风供热时，应在新风道和排风道上分别设旁通风道，并装设密闭性好的风阀，使空气绕过热回收装置。

(4) 中间热媒式换热装置（液体循环式）

换热盘管的排数，宜选择 $n=6\sim8$ 排。

① 换热盘管的迎面风速，宜选择 $v_g=2\text{m/s}$。

② 作为中间热媒的循环水量，一般可根据水汽比 μ 确定：

$n=6$ 排时，$\mu=0.30$；

$n=8$ 排时，$\mu=0.25$。

③ 当供热侧与得热侧的风量不相等时，循环水量应按数值大的风量确定。

④ 为了防止热回收装置表面结霜，在中间热媒的供回水管之间宜设置电动三通调节阀。

(5) 热管式热回收装置

① 冬季使用时，低温侧上倾 $5°\sim7°$；夏季时可用手动方法使其下倾 $10°\sim14°$。

② 排风应含尘量小，且无腐蚀性。

③ 迎面风速宜控制在 $1.5\sim3.5\text{m/s}$。

④ 可以垂直或水平安装，既可并联，也可串联。

⑤ 当热气流的含湿量较大时，应设计排凝水装置。

⑥ 设计时应注明：当启动换热装置时，应使冷、热气流同时流动或使冷气流先流动；停止时，应使冷、热气流同时停止，或先停止热气流。

⑦ 受热管和翅片上积灰等因素的影响，计算出的效率应打一定的折扣。

⑧ 当冷却端为湿工况时，加热端的效率值应适当增加，即增加回收热量。

2.2 能源综合利用

2.2.1 蓄冷空调

2.2.1.1 蓄冷技术产生的背景

空调蓄冷技术的产生到目前为止有 70 多年的历史，而冰蓄冷技术在 20 世纪 80 年代得到了长足的发展。目前空调蓄冷技术在写字楼、商业等大型公共建筑系统及区域供冷方面得到了大量的应用，并且成为一个很重要的建筑节能手段，为电力负荷调节的重要手段。

所谓蓄冷空调就是在夜间用电低谷期（同时也是空调负荷低峰时间）用制冷主机制冷，并利用蓄冷材料的显热或潜热将冷量存起来，待白天电网高峰（同时也是空调负荷高峰时间）时，再将冷量释放出来，以满足空调或生产工艺的需要。

蓄冷空调有水蓄冷、冰蓄冷、共晶盐蓄冷和气体水合物蓄冷四种方式，而在实际运用中采用最多的为水蓄冷、冰蓄冷。水蓄冷技术适用于现有常规制冷系统的扩容或改造，可以在不增加制冷机组容量的情况下提高供冷能力；而选用冰蓄冷和低温送风系统相结合的蓄冷供冷方式，在初期投资上可以和常规空调系统相竞争，且在分时计费的电价结构下，其运行费用要低得多，因此，已成为建筑空调技术的发展方向。与常规空调相比，蓄冷空调不仅具有重要的社会效益：削峰填谷平衡电力负荷、提高能源利用水平、提高发电机组效率、减少环境污染等，而且还具有一定的经济效益：减少机组的容量、提高制冷机组运行效率、节省电费及电力设备费等。因此在空调的设计、施工和中央空调的改造工程中，蓄冷技术已经得到了广泛的应用。特别是实行峰谷双费制的地区，具有更好的经济效益。

2.2.1.2 蓄冷技术的基本概念原理与分类

所谓蓄冷技术，就是利用某些工程材料（工作介质）的蓄冷特性，储藏冷能并加以合理利用的一种蓄能技术。广义地说，蓄冷即蓄热，蓄冷技术也是蓄热技术的一个重要组成部分。工程材料的蓄热（蓄冷）特性往往伴随温度变化、物态变化或一些化学反应，据此可以将全部蓄冷介质划分为显热蓄热、潜热蓄热、化学蓄热三大类型，在这些蓄冷材料中最常见的是水、冰、共晶盐等，还可将蓄冷技术分为两种：显热蓄冷和相变蓄冷。

水蓄冷空调系统的优点是：在蓄冷工况和主机单独供冷工况对制冷机的要求相差不大，因此不需要设置双工况主机，主机能保持较高的制冷效率。水蓄冷系统的效率主要取决于蓄冷槽供回水温度，以及供回水的流体的有效分层间隔。水蓄冷系统的主要缺点是：单位体积蓄冷量小，蓄冷槽占用空间大。水蓄冷系统应用的技术难点在于冷温水的有效隔离，即如何避免能量掺混。常用的蓄冷槽结构和配管设计有几种方案：自然分层化、迷宫曲径与挡板、隔膜或隔板。

相变蓄冷包括冰蓄冷和其他相变材料（共晶盐）蓄冷。相变蓄冷的优点是：单位体积蓄冷量大，蓄冷槽占用空间小，相变过程等温性好。相变蓄冷的缺点是：在蓄冷工况和主机单独供冷工况对制冷机的要求相差较大，需要设置双工况主机，主机的制冷效率较低。

综上所述，蓄冷空调分类总结如下：

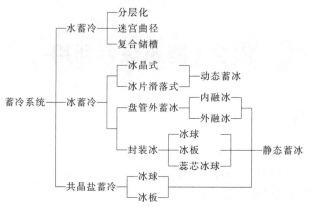

蓄冷空调工程中运用最多的是冰蓄冷系统，相比于水蓄冷系统，冰蓄冷系统有其独特的优势：冰的相变潜热量大，蓄冷密度大，蓄冷温度几乎恒定，蓄冷体积只有水的几十分之一，便于存储，对蓄冷槽的要求低，占用空间小，容易做成标准化、系列化的标准设备。同时，蓄冷槽可以就地制造，因此冰蓄冷系统得以广泛地应用。冰蓄冷空调系统分类方法有很多种，按系统循环流程不同可分为并联和串联式冰蓄冷空调系统，按蓄冰形式不同可分为冰盘管外蓄冰、封装冰蓄冰、完全冻结式蓄冰等静态蓄冰方式以及冰片滑落式、冰晶式等动态蓄冰方式。

几种冰蓄冷系统的特性比较如表 2-9 所列。

表 2-9 冰蓄冷系统特性比较

系统类型	冰盘管式	封装冰式	完全冻结式	冰片滑落式	冰晶式
制冷方式	制冷剂直接蒸发或载冷剂间接	载冷剂间接	载冷剂间接	制冷剂直接蒸发	制冷剂直接蒸发
制冰方式	静态	静态	静态	动态	动态
结冰、融冰方向	单向结冰、异向融冰	双向结冰、双向融冰	单向结冰、同向融冰	单向结冰、全面融冰	—
选用压缩机	往复式、螺杆式	往复式、螺杆式、离心式、涡旋式	往复式、螺杆式、离心式、涡旋式	往复式、螺杆式	往复式、螺杆式
制冰率(IPF)	20%～40%	50%～60%	50%～70%	40%～50%	45%
蓄冷空间/[m³/(kW·h)]	2.8～5.4	1.8～2.3	1.5～2.1	2.1～2.7	3.4
蒸发温度/℃	−9～−4	−10～−8	−9～−7	−7～−4	−9.5
蓄冷槽出水温度/℃	2～4	1～5	1～5	1～2	1～3
释冷速率	中	慢	慢	快	极快

2.2.1.3 冰蓄冷

(1) 一般规定

① 凡执行峰谷电价，且峰谷电价差较大的地区，同时空调用电负荷不均匀，且空调用电峰谷时段与电网重叠的建筑工程，经技术经济比较，均可采用冰蓄冷空调。

② 电价结构在冰蓄冷空调系统的技术经济分析中是十分重要的因素，因为冰蓄冷应用效益主要来自降低和节约运行费用，以回收与常规空调系统相比所增加的投资差额。经过工程实践，一般认为，当峰谷时段的电价差较大（最小峰谷电价不低于 3：1）时，回收投资差额的期限不超过 5 年较为合理、可行。

③ 蓄冰装置一般分静态制冰和动态制冰两类。静态制冰的形式有内、外融冰冰盘管式，封闭式（冰球、冰板式）等；动态制冷的形式有冰片滑落式、冰晶（冰浆）式等。蓄冰装置的选择，应根据工程具体情况和结合空调系统的技术要求而决定。目前我国工程中应用最多

的是静态制冰的蓄冰装置。

④ 优化蓄冷空调系统的技术方案，综合应用先进的空调技术（如大温差供水、低温送风等），在减少制冷设备的基础上，进一步减小泵、风机、系统管路、保温材料的规格与尺寸，同时也减少了相应的变、配电设备和电力增容费，充分利用建筑筏式、箱型基础的空间或室外绿地、停车场等地下空间安置蓄冷罐、槽，尽量少占用建筑有效面积和空间，这些投资的节省可以抵消或降低因增加蓄冰装置而引起的投资费用。

⑤ 除方案设计或初步设计，可使用系数法或平均法对空调冷负荷进行必要的估算外，施工图必须在蓄冷-放冷周期内进行逐项、逐时的冷负荷计算，并求得设计周期的空调总冷负荷。

（2）冰蓄冷空调的设计与运行

冰蓄冷空调系统与常规空调系统的不同之处在于增加了乙二醇溶液循环，由于增加了不冻液循环，因此需要增加不冻液循环泵、蓄冰桶、板式换热器以及有关阀门。冰蓄冷空调系统的设计重点也在于乙二醇溶液系统的设计：乙二醇溶液的浓度取决于设计蒸发温度以及蓄冰装置所需要的蒸发温度。乙二醇是一种防冻的传热流体，凝固点取决于浓度；乙二醇溶液的进出口温差设计应尽可能小，以便在同样进出口温度下获得较低的平均温度，但温差过小流量会加大，一般推荐 3～4℃；在制冷与释冷串联空调的运行方式中，通常通过调节阀自动调节蓄冰设备旁通的乙二醇溶液流量，来保持进入板式换热器的乙二醇溶液温度恒定。而板式换热器出口温度及冷水机出口温度则随空调负荷而变化。冷水机的制冷剂蒸发温度由制冷机的能量调节机构保持恒定，其高低与制冷机开关容量有关。

制冰期（蓄冰期）设计进口和出口温度以及浓度必须适合所选用的蓄冰装置。空调期间（放冷）蓄冰装置乙二醇的出口温度取决于系统设计、系统配置以及放冷效率。放冷期间蓄冰装置乙二醇的出口温度是变化的。放冷期间头几个小时内，该温度值可能太低，而最后几个小时内，该温度值可能太高。所以，必须提供控制措施以防止过多的冷量从蓄冰装置中被提取。另外，也需核查放冷效率，以保证在放冷周期结尾期仍能提供足够的冷量。所有蓄冰设备均存在蓄冷效率和放冷效率。蓄冷效率代表蓄冰装置中存放的冷量，放冷效率代表在设计温度下一定的冷量由蓄冰装置取出，设计放冷温度越低，放冷效率越低。所以，必须通过核算确定蓄冰装置的性能，选择合适的蓄冰装置。蓄冰装置必须有蓄冷能力，即在设计载冷剂温度状况下以及制冷机容量和载冷剂流量均为规定值的情况下，能在规定的蓄存时间内蓄存设计的全部总冷量。同时还需要具有供冷能力，即在规定的设计进出口温度、设计流量下以及供冷期每小时特别是最后几个小时均匀供出所需冷量。

蓄冷系统工作模式是指系统在充冷还是供冷，供冷时蓄冷装置及制冷机组是各自单独工作还是共同工作。蓄冷系统的常见工作方式有：制冷机与融冰同时供冷，在此工作模式下制冷机和蓄冰装置同时运行满足供冷要求。按部分蓄冷运行策略，在较热季节都需要采用这种工作模式，才能满足供冷需求。该工作模式又分成了两种情况，即机组优先和融冰优先。机组优先指回流的热乙二醇溶液，先经制冷机预冷，而后流经蓄冰装置而使蓄冰冷却至设定温度。蓄冰空调系统在运行过程中制冷机可有两种运行工况，即蓄冰工况和放冷工况。在蓄冰工况时，经制冷机冷却的低温乙二醇溶液进入蓄冰槽的蓄冰换热器内，将蓄冰槽内制冷的水冷却并冻结成冰，当蓄冰过程完成时，整个蓄冰系统的水将完全冻结。融冰时，经板式换热器换热后的系统回流温热乙二醇溶液进入蓄冰换热器，将乙二醇溶液温度降低，再送回负荷端满足空调冷负荷的需要。

乙二醇溶液系统的流程有两种：并联流程和串联流程。并联流程中制冷机与蓄冰罐在系统中处于并联位置，当最大负荷时，可以联合供冷。同时该流程可以蓄冷、蓄冷并供冷、单融冰供冷、冷机直接供冷等。串联流程即制冷机与蓄冰罐在流程中处于串联位置，以一套循环泵维持系统内的流量与压力，供应空调所需的基本负荷。串联流程配置适当自控，也可实现各种工况的切换。并联流程在发挥制冷机与蓄冰罐的放冷能力方面均衡性较好，夜间蓄冷时只需开启功率较小的初级泵运行，蓄冷时更节能，运行灵活。串联流程系统较简单，放冷恒定，适合于较小的工程和大温差供冷系统。

(3) 冰蓄冷系统的特点及节能分析

① 相对于全负荷蓄冷，部分负荷蓄冷是冰蓄冷系统经常采用的一种类型，这种类型由于空调冷负荷是由制冷主机和蓄冰装置共同承担的，相对投资较低，经济有效，应优先采用。

② 并联系统的冰蓄冷形式管路简单，易充分发挥冷机和蓄冰装置的效率，但两者间冷负荷的分配和调节控制复杂，造成供液温度较难恒定，适用于供、回水温差不过大的常规空调水系统。

③ 在串联系统中，当蓄冰装置处在上游时，回液先经过蓄冰装置，较高的回液、出液温度与冰的低温形成较大的换热对数温差，故装置可获得较高的融冰速率，与处在系统下游时相比，可减少装置的换热面积，形成投资价格的优势。但应该指出，冰是在较低蒸发温度下制成的，用于系统高温端，未能充分利用冰低温的物理特性，这是蓄冰装置取得较大融冰速率的代价。因而，处在下游的主机，由于较低的进液、供液温度，蒸发温度随之降低，会引起制冷效率的下降。但主机处在下游的优点是，因主机供液温度的恒定容易控制，故对上游蓄冰装置供冷性能的稳定性要求较低，使用的蓄冰装置种类更宽泛，而对整个系统而言，供冷的稳定性仍可得到保证。此外，当双工况主机采用多级离心机型时，由于调节性能好，仍可保持较高的 COP 值，使上述矛盾得到缓解。根据系统的特点，建议空调供水温度不宜过低（≥4℃），温差可适度增大（6～8℃）。

④ 在串联系统中，当双工况主机处在上游时，回液先经过主机，因较高的回液、出液温度，主机可获得较高的 COP 值。蓄冰装置位于系统下游的低温端，可充分利用冰低温的物理特性，因此适用于大温差（8～10℃）的空调水系统。为保证整个系统供冷的量和质的稳定，因而对蓄冰装置融冰性能有较高的技术要求。同时，位于下游的蓄冰装置因较低的进液、供液温度，会造成融冰率的下降，相对于蓄冰装置在上游的系统，会增加蓄冰装置融冰换热的面积或容量，进而影响投资造价。

⑤ 外融冰蓄冷系统可提供 1～2℃ 的供水温度，其冰层厚度一般为 40～65mm，但应采取技术措施杜绝冰桥产生，否则会导致释冷周期内部分冰不能融化，造成效率损失。为了均匀水温，平稳地制冰、融冰，一般由空气泵向槽内注入气泡，空气泵的发热量应计入蓄冰槽的能量损失。外融冰的蓄冰系统还常用于工业项目和区域供冷。

⑥ 制冷机优先运行策略的特点是：空调负荷主要由制冷机供冷，不足部分用蓄冰装置补足。在满足空调负荷的前提下，采用这种方法计算所得的双工况主机和蓄冷装置的容量相对较小，初期投资较低，主机利用的效率较高。但"移峰填谷"的效果有限，未能充分发挥冰蓄冷节能的技术优势。

⑦ 蓄冰装置优先运行策略的特点是：先以恒定的速度释放蓄冷装置冷量，不足部分由制冷主机补足，以满足空调负荷的需要。采用这种方法计算所得的双工况主机和蓄冰装置的容量较制冷机优先的方法大，但"移峰填谷"的效果好，运行费用也更省。

⑧ 采用蓄冷装置在下游的串联系统宜选用蓄冷装置优先的运行策略。当载冷剂为定流

量时，系统可获得稳定的主机和蓄冷装置之间的中间温度，使控制简便、运行可靠、容易实现。

采用主机在下游的串联系统和制冷机优先的运行策略时，也可获得类似上述系统的控制效果。

⑨ 优化控制的运行策略是在空调负荷预测的前提下，综合采用主机优先和蓄冰装置优先等技术特点，在保证空调质量的同时，应尽可能把融冰释放的冷量用于电价最高的峰时段，以达到移峰填谷的效果最佳、运行费用最省的目的。

各种类型和不同运行策略的双工况主机和蓄冰装置的容量计算方法见表 2-10。

表 2-10　双工况主机和蓄冰装置的容量计算办法

冰蓄冷类型	运行策略	计算内容	公式	备注
全负荷蓄冷	制冷主机晚上谷时制冰蓄冷，白天空调时蓄冷装置融冰供冷	蓄冷装置有效容量	$Q_s = \sum_{i=1}^{24} q_i$	Q_s——蓄冷装置有效容量，$kW \cdot h$；Q_{so}——蓄冷装置名义容量，$kW \cdot h$；
		蓄冷装置名义容量	$Q_{so} = \varepsilon Q_s$	q_i——建筑逐时冷负荷，kW；ε——蓄冷装置的实际放大系数，无因次；
		制冷机标定制冷量	$q_c = \dfrac{Q_s}{n_1 c_f}$	q_c——制冷机标定制冷量，kW；n_1——夜间制冷机在蓄冷工况下运行小时数，h；c_f——制冷机蓄冷时制冷能力的变化率，即实际制冷量与标定制冷量的比值；n_2——白天制冷机在空调工况下运行的小时数，h；q_{max}——空气调节系统的最大小时冷负荷，kW；q_c——蓄冷装置每小时恒定的释冷量，kW
部分负荷蓄冷	制冷机优先	制冷机标定制冷量	$q_c = \dfrac{\sum_{i=1}^{24} q_i}{n_2 + n_1 + c_f}$	
		蓄冷装置有效容量	$Q_s = n_1 c_f q_c$	
		蓄冷装置名义容量	$Q_{so} = \varepsilon Q_s$	
	蓄冷装置优先	主机标定制冷量	$q_c = \dfrac{q_{max} n_2}{n_2 + n_1 c_f}$	
		蓄冷装置有效容量	$Q_s = n_1 c_f q_c$	
		蓄冷装置名义容量	$Q_{so} = \varepsilon Q_s$	
		蓄冷装置恒定释冷量	$q_c = \dfrac{Q_s}{n_2}$	

注：1. 蓄冰装置优先的计算公式参照约克公司的相关资料。

2. ε 应包括蓄冷系统中溶液泵发热、管路得热等相关的冷损耗。

在工程实施中，经常设计和计算在先，设备招标在后。设计应会同产品生产厂或供应商完成对中标设备的技术确认，并应以产品电脑选型计算书为依据，对设计计算进行调整。

(4) 制冷剂泵与节能

水泵在空调系统中占有相当的能耗比例，《公共节能设计标准》规定了空调水系统的最大输送能效比 ER 的值，影响 ER 值的三个因素为泵的扬程、供回液温差和泵的工作点效率（%）。在选用制冷剂溶液泵时也应参照这些原则，降低系统的输送能效比。

溶液泵的扬程不可估算，可先对系统设备管路的压降做水力计算，再按溶液浓度的百分比，乘以相应的系数。25%～30%（质量分数）的乙烯乙二醇溶液在同样制冷量和温度条件下，所需流量是水的 1.08～1.1 倍，管道阻力修正系数是 1.22～1.386 倍。

一般选择蛇形盘管式蓄冷装置时，压降值宜控制在 70～100kPa，最大不应超过 120kPa。板式换热器的压降一般不大于 0.1MPa。

溶液泵的流量应首先满足双工况主机选型所需（在空调工况时，供回液温差也不小于 5℃），并经过其他设备选型确认。在确保系统正常运行的前提下，载冷剂流量不宜过大。

冰蓄冷系统在蓄冰、融冰、空调等不同模式运行时，载冷剂的流量和压降均会发生变化，选泵时应综合考虑系统不同运行模式时的流量和扬程，使泵的特性曲线能满足系统流量和扬程的最大需求，并使泵在各工作点均处在效率较高的区域。

当系统规模较大或流量、压降值变化较大时，可采用变频调速装置，亦可按功能分别设泵，或采用二次泵系统。

（5）冰蓄冷空调的经济性分析

蓄冰空调的经济性分析方法主要有静态经济分析法、动态经济分析法，虽然后者的计算更细致完善，但是通常建筑物空调系统的使用寿命约为15年，且目前绝大多数投资人可接受的投资增量回收期不过3~5年，期限非常短，所以在工程实践中，对蓄冷空调项目进行经济性分析多采用静态经济分析法，简单明了、易于接受和掌握。从最大限度节能和环境减排角度来设计的全量蓄冷系统，虽然较多削减了高峰电，但是初期投资巨大，无论是采用静态经济分析法还是全生命周期分析法，计算出的回收期大多会超出空调系统的使用寿命周期，如果没有相应的政策配套措施与支持，这样的系统对投资人来讲是难以接受的。因此，为促进我国减排目标的实现，调动投资人的积极性来提高蓄冷空调项目的工程化实施比例，在行政策略方面需要国家地方电力、能源等相关部门能够出台一系列税费减免、无息贷款、削峰奖金等有倾向性和指导性的鼓励措施，或者搭建操作性强的节能减排交易体系，使得项目投资人能够获得有效减排带来的补贴与收益；在经济策略方面，需要通过价格杠杆，进一步拉大峰谷电价的比率与差价，来有效缩短蓄冷项目的投资增量回收期，通过这样的经济信号引导全社会共同参与削峰填谷，促进国家能源的节约和平衡利用。

影响和制约蓄冷空调项目经济性的因素有很多，其中空调系统符合状况、蓄冷设备价格和蓄冷率是具有代表性的三个。就工程项目而言，除夜间空调和冷负荷比较平稳、白天夜间变化不大的昼夜空调以外，其他符合类型的项目都有上蓄冷空调的可能；从空调负荷的持续性——年空调运行时间的长短上来讲，持续运行时间越长的项目越适合做蓄冷空调；从地域上来讲，从以京津为代表的寒冷地区到夏热冬冷的华东江浙皖一带，再到广东、福建、海南这样的夏热冬暖地区，实施蓄冷空调的可行性和可实施项目的比例依次提高；就同一个项目而言，蓄冷设备的单价变化与其投资增量回收期呈正比关系，单价越高的项目的初投资额越大，投资增量回收期越长。蓄冷设备的国产化开发，一方面可提高蓄冷项目的经济性；另一方面可提高蓄冷项目在区域和数量上的占比，从而促进全社会的节能减排。蓄冷系统存在着一个经济性和节能收益最佳的蓄冷率，该点处蓄冷系统的制冷机组装机容量最小，初期投资、回收期以及节能减排量等综合效益最优，对应的蓄冷设备的价格弹性也最强。以类型来分，一般以间歇性空调最佳蓄冷率数值最高，大多能到50%以上；其次是日间空调，最佳蓄冷率数值多在30%左右；昼夜空调的最佳蓄冷率数值整体偏低，在15%~30%。

2.2.1.4 水蓄冷

（1）水蓄冷空调系统的设计步骤

① 设计者需掌握的基本资料：当地电价政策、建筑物的类型及使用功能、可利用空间（放置水蓄冷设备）等。

② 确定建筑物空调的日逐时冷负荷及日总冷负荷。

③ 根据工程项目的实际情况，确定蓄能类型和运行参数。

④ 确定制冷机组和蓄冷设备的容量。

⑤ 确定蓄冷系统的运行模式与控制策略。

⑥ 进行技术经济分析，计算出水蓄冷系统的投资回收。

（2）蓄冷水池的设计

① 蓄冷水池宜采用分层法，也可采用多水槽法、隔膜法或迷宫与折流法。采用分层法

时，如条件允许，蓄冷水池应尽可能加深，水池中的水流分配器应设计合理，使供、回水在充冷和放冷循环中在池内产生重力流，形成并保持一个斜温层，其厚度不大于 1m。蓄冷水池的容积计算方法如下：

$$V = \frac{Q_s K_d}{\eta \rho \Delta t c_p \varphi}$$ (2-7)

式中　V——蓄冷水池容积，m^3；

　　　Q_s——总蓄冷量，$kW \cdot h$；

　　　K_d——冷损失附加率，一般取 $1.01 \sim 1.02$；

　　　η——水池容积率，一般取 $0.96 \sim 0.99$；

　　　ρ——蓄冷水密度，取 $1000kg/m^3$；

　　　Δt——蓄冷水池进、出水温差，一般取 $6 \sim 100℃$；

　　　c_p——水的定压热容量，$kW/(kg \cdot ℃)$；

　　　φ——蓄冷水槽完善度，考虑放冷斜温层影响，一般取 $0.9 \sim 0.95$。

② 根据自然分层蓄冷水槽内的热力特性和蓄、放冷时蓄冷水槽内的流态要求，蓄冷水槽内的温度以 4℃ 较合适，因此时水的密度最大。为减少蓄冷水槽建设费用和提高蓄冷密度，在条件允许时，蓄冷水槽进、出水温度应尽量选取较大值。

③ 充分利用工程项目的消防水池，将其改造成蓄冷水池，少占用建筑面积和空间。蓄冷水池也可用于冬天蓄热，但应另辟消防水池。

(3) 冷水机组容量计算

完全蓄冷方式：

$$q_c = \frac{Q_c K}{n_2}$$ (2-8)

式中　q_c——冷水机组的制冷量，kW；

　　　Q_c——空调总冷负荷，$kW \cdot h$；

　　　K——冷损失附加率，取 $1.01 \sim 1.02$；

　　　n_2——晚间蓄冷运行时间，h。

部分蓄冷方式：

$$q_c = \frac{Q_c K}{n_1 + n_2}$$ (2-9)

式中　n_1——白天空调冷水机组运行时间，h。

2.2.2 热泵系统

地下浅表层的低温热能能够被热泵抽取，供建筑采暖和制备热水，夏季建筑反过来向土地（或水）排放热量。由于电能在这个过程中只用来抽取热量，所以能够大幅度地降低能耗。其具体运用为地源热泵空调系统。

地源热泵空调系统是指通过将传统的空调器与冷凝器或蒸发器延伸至地下，使其与浅层岩土或地下水进行热交换，或是通过中间介质（如不冻液，主要成分一般是氯化钙、氯化钠、乙醇、乙二醇、甲醇、乙酸钾、碳酸）作为热载体，并使中间介质在封闭环路中通过浅层岩土循环流动，从而实现利用低温位浅层地能对建筑物内供暖或制冷的一种节能、环保型的新能源利用技术，如图 2-10 所示。

图 2-11 所示为地源热泵的工作原理图，该技术可以充分发挥浅层地表的储能储热作用，达到环保、节能双重功效。

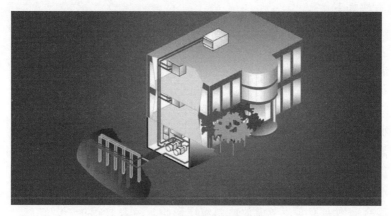

图 2-10　地源热泵系统示意

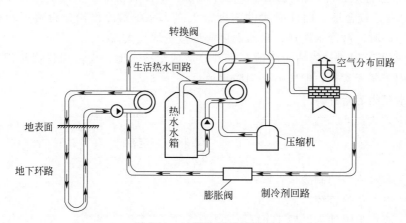

图 2-11　地源热泵系统原理

根据地源热泵采暖降温系统与环境的作用关系及技术路线的不同，可将它分为封闭式地源热泵系统和开放式地源热泵系统。表 2-11 将其做了比较。

表 2-11　地源热泵系统比较

比较项目	地源热泵采暖降温系统类型	
	封闭式地源热泵系统	开放式地源热泵系统
作用原理	利用中间介质（防冻液）为热载体，通过与浅层土壤或地下水交换热能从而取热和排热，通过分散布置于各个房间的热泵机组直接转换成热风或冷风	提取地下水或地表水，与环境内部发生一部分物质交换，经过热泵机组转换成热水或冷水，然后经过布置在各房间的风机盘管转换成热风或冷风给房间供暖或制冷
换热介质	土壤-空气	地下水-建筑供水
设备要求	在建筑物周边土地打竖井或是挖深沟（当采用卧式环路系统时）或将盘管直接放入河水或湖水中	直接抽取地表水（当周边有水温、水质、水量符合要求的可用地表水时）输送到板式换热器
场地要求	建筑周围要有足够的空间进行埋管	需要有充足的地下水并且有良好的回灌地层或者位于江、河、湖畔，且需要设计合理的取水构筑物
对环境的影响	防冻液有可能因泄漏或溢出而进入地层中，进而对地层中的土壤、地下水甚至地表水造成污染	需要提取地下水或地表水，与环境内部发生一部分物质交换，所以对环境的影响比较大

由于开放式系统对环境的影响比较大，在使用时受到很多局限，而且该技术本身对环境

的要求也比较高，所以应用不多。封闭式系统以其良好的环境友好性而受到广泛的应用。

2.2.2.1 空气源热泵

（1）空气的冷热源特性

常态（100kPa的气压，20℃的温度）下，干空气的密度为1.164kg/m³，比热容为1.013kJ/(kg·K)。地球上的空气是含有水蒸气的湿空气。正因为空气中有水蒸气，所以地球上才有这么复杂不同的气候和变化不定的天气过程。在湿空气焓湿图上可以观察到湿空气的丰富状态及其各种变化过程。其主要的状态变化过程有：干升温与干降温过程、加湿升温过程、降温除湿过程等。通过这些过程不仅可以理解结露成霜的机理，获得舒适的空气环境技术，还可以从空气中获取冷热量。

空气具有良好的流动性、自我膨胀性与可压缩性。在被提取热量的过程中，必然引起其显热、潜热或全热的变化，直接表现为空气温湿度的变化。但由于空气良好的流动性，在良好的通风环境下被提取了冷热量的空气，可以顺畅地离开空气冷热源利用设备（气源热泵），而尚未被提取冷热量的空气及时补充到气源热泵，保持进入气源热泵的空气状态稳定。冬季空气作为热源的环境负效应表现为周围一定范围内气温的下降，当这一范围属于公共区域时，必须考虑社会允许性问题。

空气作为热源的存在可靠性是很好的，空气作为热源的容量和品位不会因热量的提取而下降，但必须依靠气源热泵提升品位才能利用，且品位会随冬季的持续和寒潮的来去而变化。通常建筑需要热量最多时，也正是空气热源的品位最低的时候。气源热泵在最高负荷时，对空气热源进行品位的最大提升，此时气源热泵的运行能效比最低，供热能力下降，不得不配备辅助热源。

夏季空气作为冷源的环境负效应不但表现为周围一定范围内温度的上升、环境热舒适性降低，而且还加剧了城市的热岛效应，因为采用冷却塔排热的常规水冷冷水机组，实质上也是空气作为冷源。冷却塔在微生物生存繁殖方面有温床的作用和传播方面的推动作用，使夏季空气作为冷源的环境友好性进一步降低，而风机的噪声则使社会允许性下降。

由于夏季空气温度与室内温度的大小关系不像冬天那样单纯，空气冷源的品位是变化的。当$t_w < t_n$时，为正品位。由于空气有良好的流动性，可直接利用通风技术向室内供冷，尤其是利用自然通风供冷时，其一次能源利用率为无穷大。当$t_w > t_n$时，为负品位，必须提升品位才能获得可用的冷量（t_w为室外温度，t_n为室内温度）。

空气品位的稳定性还受空气流通条件的影响，若从滞留区取冷量，品位会迅速降低。空气作为冷源的易获得性很好。空气是春秋季（通风季）最好的冷源，尤其适用于室内发热大的建筑。

（2）利用空气作为冷热源的关键问题与技术措施

利用空气作为冷热源需解决以下关键问题。

① 品位低，甚至是负品位。随天气过程的变化，空气源热泵要有适应冷热源品位变化造成的品位提升幅度显著变化的能力。

② 空气源热泵供冷、供热能力和能效比都与建筑需用冷、热量的变化规律相反。因此，如何合理地配置空气源热泵容量是其关键。

③ 城市建筑密度的增加，空气源热泵数量的增加都使热泵处的空气容易形成局部涡流，空气源品位下降，不但影响能效和出力，甚至可使热泵不能运行。

④ 冬季室外气温5℃左右，湿度大时，热泵室外换热器容易结露，影响供热连续性。除霜技术的关键是把握好时机和除霜时段的长短。

⑤ 要重视解决噪声扰民问题，以保证社会允许性。

利用空气作为冷热源的主要技术如下。

① 当空气处于正品位时，尽量用通风措施向室内提供冷热量。

② 尽量在负品位梯级较小时利用空气源热泵提供冷热量，如冬初、末，夏初、末和夏季阴雨天气；避开盛夏和严冬低温。

③ 蓄能调节，以余补欠。

④ 合理设置辅助冷热源。

⑤ 运行调控，防霜除霜。

⑥ 区域适用。空气作为夏季冷热源在我国各地都是普遍适用的，空气作为冬季冷热源在长江流域及其南方是适宜的，在严寒地区使用能效是不高的。

（3）空气源热泵技术原理

空气源热泵原理就是利用逆卡诺原理，以极少的电能，吸收空气中大量的低温热能，通过压缩机的压缩变为高温热能，是一种节能高效的热泵技术。空气源热泵在运行中，蒸发器从空气中的环境热能中吸取热量以蒸发传热工质，工质蒸气经压缩机压缩后压力和温度上升，高温蒸气通过永久黏结在储水箱外表面的特制环形管冷凝器冷凝成液体时，释放出的热量传递给了空气源热泵储水箱中的水，冷凝后的传热工质通过膨胀阀返回到蒸发器，然后再被蒸发，如此循环往复。

（4）一般规定

① 空气源热泵机组的选择应根据不同气候区，按下列原则确定。

a. 适用于夏热冬冷地区的中、小型公共建筑。

b. 夏热冬暖地区采用时，应根据热负荷选型，不足冷量可由性能系数（COP）较高的水冷冷却冷水机组提供。

c. 在寒冷地区，当冬季运行性能系数低于 1.8 或具有集中热源、气源时不宜采用。

② 热回收式热泵机组的使用场合，按下列原则确定。

a. 适用于需要保持恒温恒湿的场所，如美术馆、博物馆、计算机房、手术室等。

b. 适用于水系统为四管制的建筑，如高级办公楼、高档宾馆等。

c. 适用于夏热冬暖地区，冬、夏均需要生活热水的场所。

d. 在夏热冬冷、寒冷地区，为生活热水提供热源时，应进行技术经济比较。

（5）设计原则及要点

空气源热泵机组，应优先选用性能系数（COP）高的机组。在额定制冷工况和规定条件下，性能系数（COP）不应低于表 2-12 的规定。

表 2-12　冷水（热泵）机组制冷性能系数

类型	额定制冷量/kW	性能系数/（W/W）
活塞式/涡旋式	≤50	2.40
	>50	2.60
螺杆式	≤50	2.60
	>50	2.80

热泵机组的单台容量及台数的选择，应能适应空气调节负荷全年变化的规律，满足季节及部分负荷要求。当空气调节负荷大于 528kW 时不宜少于 2 台。

空气源热泵机组的选型，应符合下列要求。

① 机组名义工况制冷、制热性能系数应高于国家现行标准。

② 具有先进可靠的融霜控制，融霜所需时间总和不应超过运行周期的 20%。

③ 在冬季寒冷、夏热冬暖、温和地区，可采用复合式冷却的热泵机组。

④ 对于同时有供冷、供热要求的场合，可选用热回收式热泵机组。

⑤ 空气源热泵机组冬季的制热量，应根据室外空气调节计算温度修正系数和融霜修正系数，按式（2-10）进行修正：

$$Q = qK_1K_2 \tag{2-10}$$

式中　Q——机组制冷量，kW；

q——产品样本中的瞬时制热量（标准工况：室外空气干球温度 7℃、湿球温度 6℃），kW；

K_1——使用地区室外空气调节计算干球温度的修正系数，按产品样本选取；

K_2——机组融霜修正系数，每小时融霜一次取 0.9、两次取 0.8。

（6）采用热回收式热泵机组时的注意事项

① 热回收热水供水温度一般为 45～60℃。

② 当热水使用与热回收非同时运行，或热回收能量小于小时最大耗热水量时，应设置热水储水箱。

③ 当热回收直接提供生活热水时，热回收器的所有连接水管应采用不锈钢管或铜管。

（7）寒冷地区采用空气源热泵机组的注意事项

① 室外计算温度低于 -10℃ 的地区，应采用低温空气源热泵机组。

② 室外温度低于空气源热泵平衡点温度（即空气源热泵供热量等于建筑耗热量时的室外计算温度）时，应设置辅助热源。使用辅助热源后，应注意防止凝结温度和蒸发温度超出机组的使用范围。

③ 在有集中供热的地区不宜采用。

④ 在有集中供热的地区，过渡季节需要供热时可采用。

⑤ 非连续运行时，空调水系统应考虑防冻措施。

⑥ 不同配置的空气源热泵的最低室外适用温度分别为 -7℃、-10℃、-15℃，适用于不同地区的要求。

⑦ 空气源热泵机组设有融霜自动控制，宜采用模糊控制除霜方法。

（8）热泵机组设置的注意事项

空调水泵台数应按热泵机组台数一对一设置，台数为 3 台以上时可不设备用泵。

热泵机组设置位置应通风良好，避免气流短路及建筑物高温高湿排气。

热泵机组布置应注意以下事项：

① 为防止空气回流及机组运行不佳，热泵机组各个侧面与墙面的净距如下：机组进风面距墙大于 1.5m，机组控制柜面距墙大于 1.2m，机组顶部净空大于 15m。

② 两台机组进风面间距一般不小于 3.0m。

③ 机组周围墙面只允许一面墙面高度高于机组高度。

④ 热泵机组基础高度一般应大于 300mm，布置在可能有积雪的地方时，基础高度需加高。

2.2.2.2　水源热泵系统

（1）水体分类与水温特征

水具有流动性，是一种不可压缩的具有黏滞性的流体。常态下，水的密度为 1000kg/m³，比热容为 4.18kJ/(kg·K)，都远大于空气。单位体积所储存的热量远是空气的 3545 倍；单位质量所储存的冷量是空气的 4 倍。

水体有多种存在形态，从运动状态上可分为 3 类：一是静止的水体，如湖泊水、水库水、水塘水；二是流动的水体，如江河水、雨水；三是不停止涨落的水，如海边的海水。水体从空间位置上可分为 3 类：空气中的水、地表水、地下水。

① 滞止水体　这类属于滞流水体，提取水体的冷热量会导致水温上升或下降。在利用湖泊、池塘、水库作为冷、热源时，不仅要考虑气候对水温的影响，更需考虑水体承担的冷热负荷对水温分布的影响。湖泊、池塘、水库等虽然宏观上是静止的，但在日照、夜空冷辐射、气温及风雨等因素作用下，仍然存在明显的内部流动，可分为风雨作用下的强迫流动和热不均匀下的自然对流。这两种内部流动都很明显地影响水体温度及其分布，再就是热传导对水温及其分布的影响。

② 江河水　江河水为流动水体，释放到水体的冷热量会及时被水流带走，不会在当地的水体中聚集，主要影响下游水温。江河水温度主要受上游流域气候和天气过程的影响。取决于上游流域地面温度。由于水往低处流的特性，上游流域海拔高，地表温度低，江河水从源头到下游，温度逐渐上升。在主流断面上，由于湍流作用，温度分布均匀。

太阳辐射除被水面吸收一部分外，其余部分能够透射入水体内部。这部分辐射在水体中随着水深的增加不断被吸收。其他因素如湖泊和水塘的表面积与水深等也影响到水体水温及分布特征。

③ 近岸海水　这类水体体量大，冬夏变化不大，年温差 10℃左右，日温差小。由于潮汐的搅拌作用，上下温差很小。

（2）水源热泵技术现状

水源热泵技术是利用地球表面浅层水源如地下水、河流和湖泊中吸收的太阳能和地热能而形成的低温低位热能资源，并采用热泵原理，通过少量的高位电能输入，实现低位热能向高位热能转移的一种技术。河水源热泵空调系统就是从江河中提取热量的热泵系统。江河水水源热泵的优点是：河水具有流动性，因此具有一定的携能能力；水的比热容比空气大，温度变化常滞后于空气温度的变化，温度较为稳定，因而使得热泵的运行工况较为稳定；水的传热性能好，换热设备较紧凑。其缺点是：热泵装置必须靠近水源，或设有一定的蓄水装置；对水质也有一定的要求，应进行水质分析后采用合适的换热器材质和结构形式，以防出现腐蚀等问题。

目前的水源热泵空调系统一般由三个必需的环路组成，必要时可增加第四个生活热水环路。

① 水源换热环路　在地表或地下循环的封闭环路，由高强度塑料组成，循环介质为水或防冻液。冬季从水源中吸收热量，夏季向水源释放热量，由低功率的循环泵实现介质的循环。

② 制冷剂环路　即在热泵机组内部的制冷循环，与空气源热泵相比，只是将空气-制冷剂换热器换成水-制冷机换热器，其他结构基本相同。

③ 室内环路　室内环路在建筑物内和热泵机组之间传递热量，传递热量的介质有空气、水和制冷剂等，因此相应的热泵机组分别对应为水-空气热泵机组、水-水热泵机组或水-制冷剂热泵机组。

④ 生活热水环路　将水从生活热水箱送到冷凝器去进行循环的封闭加热环路，是一个可供选择的环路。夏季，该循环利用冷凝器排放的热量，不消耗额外的能量而得到热水供应；在冬季或过渡季，其耗能也大大低于电热水器。

供热循环和制冷循环可以通过热泵机组的四通换向阀改变制冷剂的流向以实现冷热工况

的转换，也就是内部转换。也可以通过互换冷却水和冷冻水的热泵进出口而实现，也就是外部转换。

（3）水源热泵系统工作原理

水源热泵技术是利用地球表面浅层水源如地下水、河流和湖泊中吸收的太阳能和地热能而形成的低温低位热能资源，并采用热泵原理，通过少量的高位电能输入，实现低位热能向高位热能转移的一种技术。在夏季利用制冷剂蒸发将空调空间中的热量取出，放热给水源中的水，由于水源温度低，所以可以高效地带走热量；在冬季，利用制冷剂蒸发吸收水源中的热量，通过空气或水作为载冷剂提升温度后在冷凝器中放热给空调空间。

水源热泵机组主要由压缩机、蒸发器、冷凝器和膨胀阀组成。压缩机起着压缩和输送循环工质从低温低压处到高温高压处的作用；蒸发器是输出冷量的设备，它的作用是使经节流阀流入的制冷剂液体蒸发，以吸收被冷却物体的热量，达到制冷的目的；冷凝器是输出热量的设备，将从蒸发器中吸收的热量连同压缩机做功消耗所转化的热量传递给冷却介质，达到制热的目的；膨胀阀对循环工质起到节流降压的作用，并调节进入蒸发器的循环工质流量。

根据对水源利用方式的不同，水源热泵系统可以分为开式系统和闭式系统。开式系统从水源中取水，间接或直接送入热泵机组换热，换热后在离取水点一定距离处排回到原水体。开式系统换热效率高，初投资较低，但水泵扬程较高，且对水质有一定的要求，适用于区域供冷、供热等容量较大的系统。闭式系统通过放置在地表水源底部盘管内的循环介质与水体换热。闭式系统容量一般比较小，水泵能耗相对较小，但换热效率有可能低于开式系统，初投资较高。在地源热泵系统中，开式系统的费用是最低的，目前国内应用较多的系统通常是开式系统形式。

（4）地下水地源热泵系统设计原则

① 在水温适宜、水量充足稳定、水质较好、开采方便且不会造成地质灾害及当地政策法规允许的条件下，空调系统的冷热源可优先选用地下水地源热泵系统。

② 热源井的设计单位应具有水文地质勘察资质，热源井的设计应符合现行国家标准《公共建筑节能设计标准》（GB 50189—2005）的规定。

③ 当地下水换热系统的勘察结果符合地下水地源热泵系统要求时，应将勘探孔完善成热源井。

④ 为确保地下水地源热泵系统长期稳定运行，地下水的持续出水量应满足地下水地源热泵系统最大放热量或吸热量的要求。抽水管和回灌管上应设置计量装置，并且对地下水的抽水量、回灌量及其水质应定期进行检测。

⑤ 地下水地源热泵机组的选择应根据建筑物使用要求、装机容量、运行工况、负荷变化规律及部分负荷运行的调节要求等因素综合确定。

⑥ 地下水地源热泵机组性能应符合现行国家标准《水（地）源热泵机组》（GB/T 19409—2013）的相关规定，且应满足地下水地源热泵系统运行参数的要求。

（5）地下水地源热泵系统设计要点

① 热源井数目应结合工程场地情况和水文地质试验结果进行合理布置，并应满足持续出水量和完全回灌的要求。

② 热源井井管应严格封闭，井内装置应使用对地下水无污染的材料，井口处应设检查井。

③ 抽水井和回灌井宜能相互转换，其间应设排气装置。抽水管与回灌管上均应设置水样采集口及检测口。地下水供水管道宜保温。

④ 为预防和处理回灌井堵塞，设计中应考虑回扬措施，并应根据含水层的渗水性、回灌井的结构和回灌方法确定回扬次数和回扬持续时间。

⑤ 地下水源水质应满足《工业建筑供暖通风与空气调节设计规范》（GB 50019—2015）的要求，当水源水质不能满足要求时，应相应采取有效的过滤、沉淀、灭藻、阻垢、除垢和防腐等措施。

⑥ 地下水系统宜采用变流量设计，根据空调负荷的变化，动态调节地下水用水量，既尽量减少地下水用量，又充分降低地下换热系统的运行费用。

⑦ 地下水地缘热泵系统采用集中设置的机组时，应根据水源水质条件确定采用直接或间接式系统；采用分散小型单元式机组时，应设板式换热器间接换热。

⑧ 应根据建筑物的特点和使用功能经过技术经济比较来确定地下水地源热泵机组的形式，并应根据不同地区地下水的温度参数来确定机组合理的运行工况，提高地下水地源热泵系统的整体运行性能。

⑨ 在水源热泵机组外进行冷、热转换的地下水地源热泵系统应在水系统管路上设置冬、夏季节的功能转换阀门，转换阀门应性能可靠、严密不漏，并做出明显标识。

⑩ 地下水直接进入地下水地源热泵机组时，应在水系统管路上预留机组清洗用旁通阀。地下水通过板式热交换器间接与地下水地源热泵机组换热时，在板式热交换器循环回路上应设置开式膨胀水箱或闭式稳压补水装置。

⑪ 地下水地源热泵系统在供冷、供热的同时，宜利用地下水地源热泵系统的热回收功能提供（或预热）生活热水，不足部分由其他方式补充。生活热水的制备可以采用制冷剂环路加热或水路加热的方式。生活热水的供应，应按照现行国家标准《建筑给水排水设计规范（2009年版）》（GB 50015—2003）的规定执行。

⑫ 建筑物内系统循环水泵的流量，应按地下水地源热泵机组蒸发器和冷凝器额定流量的较大值确定，水泵扬程为管路、管件、末端设备、蒸发器或冷凝器（选取较大值）的阻力之和。

(6) 地表水地源热泵系统设计原则

① 地表水地源热泵空调系统选用的水源热泵机组名义工况能效比（EER）与性能系数（COP）应满足相关标准的规定。

② 建筑同时存在空调冷负荷与空调热负荷或生活热水供热负荷时，宜选用有热回收功能的水源热泵机组。

③ 设备选配、管路设计与运行控制模式应能适应水源热泵机组功能的转换与建筑空调冷（热）负荷及生活热水供热负荷的变化，取得系统的最高运行效率。

④ 地表水换热系统的换热量应根据设计工况地表水地源热泵空调系统的取热量和释热量计算确定，应能同时满足设计工况系统取热量和释热量要求。

⑤ 地表水换热系统对地表水体的温度影响应限制在：周平均最大温差不超过1℃，周平均最大温降不超过2℃。地表水换热系统的最大换热能力因此要做校核计算。

⑥ 冬季运行（包括运行状态与非运行状态）时，水源输送系统或地表水换热器系统应有防冻措施。如冬季极端工况不能满足系统供热要求时，应设另外的备用热源或补热系统。

⑦ 夏季空调设计工况地表水换热器系统设计供回水温差不应低于5℃，地表水换热系统水泵的输送能效比（ER）应不大于0.0241。水泵宜采用变频控制，系统变水量运行。

(7) 地表水地源热泵系统设计要点

① 地表水地源热泵空调系统根据利用地表水方式的不同，分为开式地表水地源热泵空

调系统与闭式地表水地源热泵空调系统。开式系统直接从水体抽水和向水体排水，闭式系统通过沉于水体的换热器（地表水换热器）向水体排热或从水体取热。

② 地表水水质较好或水体深度、温度等不适宜采用闭式地表水换热系统，并经环境评估符合要求时，宜采用开式地表水地源热泵空调系统。

③ 开式地表水换热系统取水口应选择水质较好的位置，且于回水口的上游、远离回水口，应避免取水与回水短路。取水口（或取水口附近一定范围）应设置污物初步过滤装置。取水口水流速度不宜大于 1m/s。

④ 开式地表水换热系统地表水侧应有过滤、灭藻、防腐等可靠的水处理措施，同时做水质分析，选用适应水质条件的材质制造的制冷剂-水热交换器或中间水-水交换器，并在热交换器选择时取合适的污垢系数。水处理不应污染水体。

⑤ 开式地表水换热系统宜设可拆式板式热交换器作中间水-水热交换器，热交换器地表水侧宜设反冲洗装置。

⑥ 开式地表水换热系统宜设可拆式板式换热器。选用板式换热器时，设计接近温度（进换热器的地表水温度与出换热器的热泵侧循环水温之差）不应大于 2℃。中间热交换器阻力宜为 70～80kPa，不应大于 100kPa。

⑦ 地表水水体环境保护要求较高或水质复杂，水体面积、水深与水温合适时，宜采用闭式地表水地源热泵空调系统。

⑧ 闭式地表水换热器的换热特性与规格应通过计算或试验确定。

⑨ 闭式地表水换热器选择计算时，夏季工况换热器的接近温度（换热器出水温度与水体温差值）为 5％～10％，一般南方地区换热器夏季设计进水温度可取 31～36℃，北方地区可取 18～20℃。冬季工况换热器接近温度为 2～6℃，一般南方地区换热器冬季设计进水温度可取 4～8℃，北方地区可取 0～3℃。

⑩ 当地表水换热系统有低于 0℃的可能性时，应采用防冻措施，包括采用 20％酒精溶液、20％乙烯乙二醇溶液，20％丙烯乙二醇溶液等作为换热器循环工质。

⑪ 闭式地表水换热系统地表水换热器单元的阻力不应大于 100kPa，各组换热器单元（组）的环路集管应采用同程布置形式。环路集管比摩阻不宜大于 100～150Pa/m，流速不宜大于 1.5m/s。系统供回水管比摩阻不宜大于 200Pa/m，流速不大于 3.0m/s。

⑫ 地表水换热系统水下部分管道应采用化学稳定性好、耐腐蚀、比摩阻小、强度满足具体工程要求的非金属管材与管件，所选用管材应符合相关国家标准或行业标准。管材的公称压力与使用温度应满足工程要求。

地表水换热系统于室外裸露部分的管道及其他可能出现冻结部分的管道及其管件应有保温措施。室外部分管道宜采用直埋敷设方式，管道的直埋深度应符合有关技术规定，直埋部分的管道可以不保温。

(8) 节能性及技术实用性分析

在靠近江河湖海等大体量自然水体的地方利用这些自然水体作为热泵的冷热源是制冷空调考虑的一种形式。当然，这种地表水源热泵系统也受到自然条件的限制。由于地表水温度受气候的影响较大，与空气源热泵类似，当环境温度越低时，热泵的供热量越小，而且热泵的性能系数也会降低。一定的地表水体能够承担的冷热负荷与其面积、深度和温度等多种因素有关，需要根据具体情况进行计算。这种热泵的换热对水体中生态环境的影响有时也需要预先加以考虑。

① 通常江水冬季水温比室外气温高，夏季水温比室外气温低，作为热泵冷热源，能获

得比以空气作为冷热源的空调采暖机组更高的制冷制热系数，这样有利于减少一次能源的消耗，同时可以减小直接或间接由于燃料燃烧而产生的废气排放量。

② 江水源热泵利用了江水水体中所储存的太阳能资源，是一种清洁的可再生能源。在夏季，热泵将室内余热释放给江水水体，随着江水的流动可将废热带出人类聚集的区域，可有效减小城市的热岛效应。

③ 由于水的比热比空气大得多，在冬季，水体中具有一定的太阳能蓄存能力，利用热泵将这部分热能提取出来，供给需要供热的房间，并且不存在空气源热泵冬季除霜的问题。

④ 江水水体温度波动范围小于空气，水温相对较为稳定，这使得热泵机组运行更稳定、可靠。尤其在容易出现高温的城市，如重庆、武汉、上海等地，机组运行稳定。相对空气源热泵，由于其水温波动很小，不会出现由于气温波动而使得机组性能系数下降很大的情况，节能潜力大。

⑤ 江水径流量变化在夏季通常与建筑负荷变化趋势具有一致性，建筑冷负荷高峰值出现时间正好在洪水季节，水量充足。而在冬季则相反，建筑热负荷高峰出现在枯水季节，因此，在水源水量分析上应考虑冬季的取水和水源的可靠性。

⑥ 江水通常具有河道的固定性，与空气源相比，存在建筑位置要适应江水河道位置的问题。一般仅适合距离江边较近的建筑或者将热泵系统建在江边，以较少水源输送能耗。

我国地热资源丰富，许多地区蕴藏着大量温度稳定的地表水、浅层地下水和未加利用就排放的水，水源热泵机组具有重要的推广应用价值。

2.2.2.3 地埋管地源热泵系统

地源热泵是利用浅层地能进行供热制冷的新型能源利用技术，热泵是利用逆卡诺循环原理转移冷量和热量的设备。地源热泵通常是指能转移地下土壤中热量或者冷量到所需要的地方的一种技术，通常都是用来作为空调制冷或者采暖用的。地源热泵还利用了地下土壤巨大的蓄热蓄冷能力，冬季把热量从地下土壤中转移到建筑物内部，夏季再把地下的冷量转移到建筑物内部，只是冬夏两季工作的温度范围不同而已。

(1) 地埋管地源热泵技术现状

地埋管地源热泵系统是利用浅层地下岩土中热量的闭路循环的地源热泵系统，又称之为"闭路地源热泵"、"土壤源耦合式热泵系统"。其通过循环液（水或防冻液）在封闭地下管路中的流动，实现系统与岩土之间的热交换。冬季地埋管换热器从岩土中取出热量，经热泵将土壤中的低品位热量提高品位后对建筑物供暖；夏季经热泵将建筑中的热量转移到中间介质中，然后再由地埋换热器传递给岩土，实现对建筑供冷，同时在岩土中蓄存热量以供冬季使用。

地源热泵系统具有如下特点。

① 地源热泵系统区别于空气源热泵系统及冷却塔式水冷式机组的主要特点是热泵机组的低温热源是浅层土壤。一般来说，地下 10~20m 以下的土壤温度基本是常年稳定，恒温地层土壤温度与当地年平均气温相当。且土壤具有很好的蓄热特性，可以实现夏热冬用，冬冷夏用，即可实现冷热量的延季使用。因此，可为热泵机组提供一个较好的冷热源，系统运行稳定。

② 地源热泵系统将室内不需要的冷热量通过机房内的水泵输送并释放到地下土壤中，不需要冷却塔及室外空气换热设备，因此，可有效减少空调系统对室外环境的热、声污染，并有效缓解大中城市的"热岛效应"，系统节能减排优势明显。此外，地埋管地源热泵空调系统在我国寒冷地区及夏热冬冷地区较为适宜，应用广泛。

③ 由于土壤能提供较好的冷热源温度，因此，系统运行高效，经济性优势明显。空气源热泵机组在供热工况下会出现频繁的除霜工况，使机组效能降低 28％左右。而土壤源热泵则不存在这类问题，而且相比于空气源热泵，全年可节能 38％左右。

④ 由于地埋管换热器比空气源热泵室外机及冷却塔的施工安装费用高很多，仅地埋管换热器的投资费用就占到空调系统总投资的 20％～30％，从而导致地源热泵空调系统的初投资比传统空调高。

⑤ 地埋管换热器长期连续运行时，由于土壤的热导率较小，埋管周围的土壤温度会发生变化，从而使得热泵机组的冷凝温度或蒸发温度随土壤温度的变化而发生波动，使热泵性能降低。

地埋管地源热泵系统在结构上的特点是有一个由地下埋管组成的地埋管换热器。根据地埋管换热器结构形式的不同，可分为水平埋管、竖直埋管和螺旋埋管（图 2-12）。目前应用较为广泛的是竖直管地源热泵空调系统。

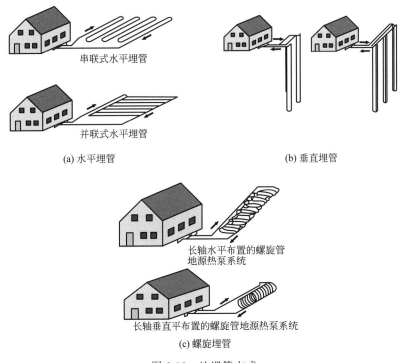

图 2-12　地埋管方式

水平埋管一般用在土壤面积充裕的场合。将管埋于地沟内，埋深 1.2～3.0m。每沟内埋设 1～6 根管子。管沟的长度主要取决于岩土条件和管沟内敷设管道数，一般按 8.7～34.6m/kW 确定。最上层埋管顶部应在冻土层以下 0.4m，且距地面不宜小于 0.8m。

竖直埋管适用于土地面积受限制的场合。竖直埋管深度宜大于 20m，通常为 40～200m，钻孔孔径不宜小于 0.11m，间距宜为 3～6m。管长可按 17.4～52.2m/kW 来确定，具体值取决于现场岩土换热能力。竖直地埋管有 3 种基本类型：U 形管式、分置式和同心管式。

螺旋地埋管是指螺旋管埋入水平管沟内或狭窄的竖直沟壕内。环路所需的管长为43.3～86.6m/kW。

此外，由于地源热泵系统需要土壤全年的吸、释热平衡，因此，在系统负荷失衡的条件下单纯的地埋管换热器不能满足此条件时，可采用其他辅助措施与地埋管换热器组合成复合系统，以保证系统的长期稳定运行。

由于竖埋管的地埋管换热器占用的土地面积小，因此更适合地少人多的情况，得到了较广泛的应用。

(2) 系统工作原理及设计计算方法

① 系统工作原理　土壤源热泵系统是利用土壤作为热源或热汇，它是由一组埋于地下的高强度塑料管（地热换热器）与热泵机组构成，我们称之为闭式环路，也称闭环地源热泵（以下简称地源热泵）。在夏季，水或防冻剂溶液通过管路进行循环，将室内热量释放给地下岩土层；冬季循环介质将岩土层的热量提取出来释放给室内空气。由于较深的地层在未受干扰的情况下常年保持恒定的温度，远高于冬季的室外温度，又低于夏季的室外温度，因此地源热泵可克服空气源热泵的技术障碍，效率大大提高，且又不受地下水资源的限制，它在欧、美等地得到了广泛的应用。

地源热泵的工作原理见图 2-13。系统主要由三个环路组成，第一个环路为制冷剂环路，这个环路与普通的制冷循环的原理相同。第二个环路为室内空气或水环路。第三个环路为地下换热器环路。另外还有一个可供选择的生活热水环路。这些环路根据制冷剂运行方向的不同，形成了制冷和制热两大循环。在夏季，制冷剂环路将建筑物热负荷以及压缩机、水泵等耗功量转化的热量通过地热换热器释放到地下土壤中，与地热换热器相连的制冷剂换热器为冷凝器，地热换热器起冷却塔的作用。

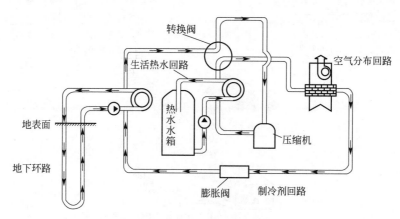

图 2-13　地源热泵的工作原理

冬季地下环路中低温的水或防冻剂溶液吸收了土壤中的热量，然后通过制冷剂系统将从地下吸收的热量以及压缩机和水泵等耗功量转化的热量释放给室内空气或热水系统，达到加热室内空气的目的。冬季与地热换热器相连的制冷剂换热器为蒸发器，与室内侧环路相连的制冷剂换热器为冷凝器。

夏季，地热换热器将建筑物内太阳辐射、人员、照明等产生的热量传递到土壤当中，冬季地热换热器从土壤中吸热传递给空调房间，大地起蓄热器的作用，因此空调系统所用的能量为可再生能量，地源热泵技术是利用可持续发展能源的新技术，具有明显的节能和环保意义。

② 设计计算方法　地源热泵系统必须保证在运行期内，循环水温度在规定的范围内，土壤温度波动在适当范围内，从而确保热泵运行效果。所以，在空调峰值负荷计算的基础上，必须考虑系统全年运行工况下逐时负荷的变化情况，利用能耗分析软件计算全年逐时负

荷，通过后续设计尽量保证土壤全年吸、释热量平衡。

土壤源地源热泵空调系统设计主要包括以下部分。

a. 岩土热物性试验。岩土热物理性质参数是指导土壤源热泵系统设计和应用的关键参数，直接影响地热利用的效率和投资成本，是土壤源热泵系统设计和应用的前提，关系到系统的整体性能。因此，对应用地埋管地源热泵系统的项目，要进行前期岩土热响应测试。土壤的热物理性质主要反映在 3 个参数上：土壤的初始温度、土壤的热导率、土壤的比热容。

b. 热埋管换热器的设计。地埋管换热器的设计是土壤源热泵空调系统的关键。根据前期算得的地埋管换热器最大换热量及土壤换热能力确定埋管长度。

供热工况下最大吸热量计算如下：

最大吸热量＝∑[空调热负荷×(1－1/COP)]＋∑输送过程失热量－∑水泵释放热量

供冷工况下最大释热量计算如下：

最大释热量＝∑[空调热负荷×(1＋1/EER)]＋∑输送过程失热量－∑水泵释放热量

式中，COP 为热泵机组的供热性能系数；EER 为热泵机组的制冷性能系数。

最大吸热量和最大释热量相差不大的工程，应分别计算供热与供冷工况下地埋换热器的长度，取其大者，确定地埋管换热器；当两者相差较大时，宜通过技术经济比较，采用辅助散热或辅助供热的方式来解决，一方面经济性较好，另一方面也可避免因吸热与释热不平衡引起的岩土体温度的降低或升高。对于竖直埋管间距的选取，应满足换热需求，一般为 3～6m。

c. 在地埋管换热器的具体参数初步确定后，应对地源热泵系统的可行性及经济性进行评估。一般利用软件（如 TRNSYS）对系统建筑负荷、岩土体温度变化进行全年动态模拟，最小计算周期宜为一年。根据结果对系统及地埋管换热器作进一步的优化。

(3) 地埋管地源热泵系统设计原则

① 当有合适的浅层地热能资源且经过技术比较可以利用时，应优先采用地埋管地源热泵系统。

② 在现场工程勘察结果的基础上，综合现场可用地表面积、岩土类型和热物性参数以及钻孔费用等因素，确定地埋管换热器采用水平埋管还是竖直埋管方式。

③ 地埋管换热系统设计应进行全年动态负荷计算，最小计算周期不得小于 1 年，在此计算周期内，地源热泵系统总释热量宜与其总吸热量相平衡。

④ 最大释热量和最大吸热量相差不大的工程，应分别按供冷与供热工况进行地埋管换热器长度计算，并取其较大者确定地埋管换热器的长度；当两者相差较大时，宜进行技术经济比较，通过增加辅助热源或增加冷却塔辅助散热的措施来解决。

⑤ 最大释热量和最大吸热量相差不大的工程，还可通过水源热泵机组间歇运行来调节；也可以采用热回收机组，降低供冷季节的释热量，增大供暖季节的吸热量。

⑥ 地埋管换热器宜以机房为中心或靠近机房设置，其埋管敷设位置应远离水井、水渠及室外排水设置。

⑦ 地埋管水源热泵机组性能应符合现行国家标准《水（地）源热泵机组》（GB/T 19409—2013）的相关规定，且应满足地埋管地源热泵系统运行参数的要求。

(4) 地埋管地源热泵系统设计要点

① 地埋管换热系统工程勘察应包括以下内容：岩土层的结构及分布、岩土体的热物性参数、岩土体的温度分布；地下水温度、静水位、径流方向、流速、水质及分布；冻土层

厚度。

② 地埋管地源热泵系统通过竖直或水平地埋管换热器与岩土体进行热交换，在地下 10m 以下的土壤温度基本上不随外界环境和季节变化而变化。且约高于当年年平均气温 2℃。表 2-13 列出了我国主要城市的年平均气温。

表 2-13　我国主要城市年平均气温　　　　　　　　　单位：℃

城市名称	哈尔滨	长春	西宁	乌鲁木齐	呼和浩特	拉萨	沈阳
年平均温度	3.6	4.9	5.7	5.7	5.8	7.5	7.8
城市名称	银川	兰州	太原	北京	天津	石家庄	西安
年平均温度	8.5	9.1	9.5	11.4	12.2	12.9	13.3
城市名称	郑州	济南	洛阳	昆明	南京	贵阳	上海
年平均温度	14.2	14.2	14.6	14.7	15.3	15.3	15.7
城市名称	合肥	成都	杭州	武汉	长沙	南昌	重庆
年平均温度	15.7	16.2	16.2	16.3	17.2	17.5	18.3
城市名称	福州	南宁	广州	台北	海口		
年平均温度	19.6	21.6	21.8	22.1	23.8		

③ 地埋管换热器设计计算宜根据现场实测岩土体及回填料的热物性参数、测试井的吸放热特性参数，采用专用软件进行。垂直地埋管换热器的设计可按《地源热泵系统工程技术规范》（GB 50366—2009）进行。

④ 地埋管换热器计算时，环路集管不应包括在地埋管换热器长度内。

⑤ 水平地埋管换热器可不设坡度敷设。最上层埋管顶部应在冻土层以下 0.4m，且距地面不宜小于 0.8m。单层管最佳埋设深度为 1.2～2.0m，双层管为 1.6～2.4m。

(5) 地源热泵空调系统的适用性分析

我国幅员辽阔，各地气候条件、地质条件及能源条件有所差异，从而导致土壤源热泵系统的效能出现不同。因此需要研究土壤源热泵在哪些气候区更适宜以及在不同气候区如何使用才能达到更优效果。

《地源热泵技术手册》分别在严寒 A 区、严寒 B 区、寒冷地区、夏热冬冷地区和夏热冬暖地区选取典型城市齐齐哈尔、沈阳、北京、上海和广州，分析办公建筑和居住建筑在不同气候区采用土壤源热泵或土壤源与其他冷热源相结合的复合式系统的适宜性情况。首先从岩土体资源条件、节能效益、经济效益和环境效益四个方面综合建立了热源热泵适宜性评价指标。并对单一式和复合式系统分别建立了可做统一评价标准的体系。表 2-14 是办公建筑经济性和环境性评价对比时所选取的常规空调。

表 2-14　办公建筑各气候区典型城市及常规能源系统的选取

气候区	典型城市	常规系统
严寒 A 区	齐齐哈尔	燃煤锅炉＋冷水机组
严寒 B 区	沈阳	燃气锅炉＋冷水机组
寒冷地区	北京	燃气锅炉＋冷水机组
夏热冬冷地区	上海	空气源热泵
夏热冬暖地区	广州	冷水机组

对于严寒 A 区，采用单一式土壤源热泵系统对建筑进行供冷制冷是不适宜的。对于夏热冬暖地区，该区建筑的供冷需求远大于供热需求，且土壤初始温度较高，采用土壤源热泵系统对建筑进行单一供冷是不适宜的，可考虑添加供应生活热水的功能。对于严寒 B 区、寒冷地区和夏热冬冷地区的评价计算结果如表 2-15 所列。

表 2-15　单一式土壤源热泵系统评价指标计算结果

气候区	代表城市	全年系统能效比	投资回收期/年	节煤量/kg	吸排热量不平衡率
严寒 B 区	沈阳	2.93	11.0	26167	1.18
寒冷地区	北京	3.23	8.6	23816	0.84
夏热冬冷地区	上海	3.07	33.2	9198	0.25

对于办公建筑，严寒 B 区采用地埋管＋燃气锅炉的复合式系统，寒冷地区不需要其他能源形式，夏热冬冷地区采用地埋管＋冷却塔的复合式系统。优化后的复合式系统的适宜性评价指标结果如表 2-16 所示。

表 2-16　不同气候区办公建筑复合式系统评价指标计算结果

气候区	代表城市	一次能源利用率 PER	投资回收/a	节煤量/kg
严寒 B 区	沈阳	0.892	11.7	23150
寒冷地区	北京	1.017	8.6	23816
夏热冬冷	上海	0.991	10.6	10872

采用层次分析法对办公建筑及居住建筑在不同气候区采用土壤源热泵系统的适宜性进行评价。根据我国土壤热泵应用现状及发展趋势，确定了土壤源热泵分区级别和综合数值的划分标准，如表 2-17 所示。

表 2-17　土壤源热泵分区级别和综合指数值的划分标准

分区级别	适宜区	较适宜区	勉强适宜区	不适宜区
综合指数值	0.9～1	0.7～0.9	0.5～0.7	0～0.5

对于办公建筑采用单一式土壤源热泵系统，寒冷地区为适宜区，严寒 B 区为较适宜区，夏热冬冷地区为一般适宜区，严寒 A 区和夏热冬暖地区为不适宜区。对于办公建筑采用土壤源与其他冷热源结合的复合式系统，寒冷地区为适宜区，严寒 B 区与夏热冬冷地区为较适宜区，严寒 A 区为一般适宜区，夏热冬暖地区为不适宜区。

对于居住建筑采用复合式土壤源热泵系统，寒冷地区为适宜区，夏热冬冷地区为较适宜区，严寒 A 区、严寒 B 区和夏热冬暖地区为不适地区。

2.2.3　分布式能源系统

自从能源危机发生以来，全世界的科学家们一直都在关注未来的能源问题。实现能源、环境和经济的协调发展已成为人们所共同追求的目标。在我国，加快能源建设和保障能源供给一直是经济建设与发展的重要目标之一，在我们实现中华民族伟大复兴的进程中，保障充足的能源供应对经济的持续发展将起到十分重要的作用。纵观世界能源建设发展的动向，我们不得不认真思考我国未来能源发展的走向和策略。

最近，分布式供能技术（distributed power generation technology）的发展引起了国内外能源动力界的广泛关注。发达国家（如美国）在进行能源结构调整进程中，在已建中央电站和电网的基础上，将发展分布式供能技术放到了一个十分重要的位置。随着经济的发展和人们生活水平的提高，夏季和冬季的电力需求有着突飞猛进的增长，在大型电站建设周期长、投资高、环境污染严重的情况下，鼓励建设洁净、容量小、现场型热、电、冷联供装置，无疑是快速改变这种局面的最有力措施。

2.2.3.1 技术原理及系统设计

(1) 分布式功能技术

分布式技术目前存在三种不同的概念，即分布式供能（distributed generation，DG）、分布式电力（distributed power，DP）和分布式能源资源（distributed energy resources，DER）。

① 分布式供能（DG）　目前对于分布式供能技术还没有统一的定义，但一般是指现场型、靠近负荷源、在电力公司电网外独立进行电力生产和热电联产的小型供能技术。其技术类型包括有内燃机、燃料电池、燃气轮机和微型燃气轮机、水电和小水电、光伏发电、风能、太阳能以及以垃圾/生物质为燃料资源的能量利用装置。

② 分布式电力（DP）　它是位于用户附近、模块化的发电和能量储存技术。包括生物质能为基础的发电装置、燃气轮机、聚焦式太阳能发电站，以及光伏发电系统、燃料电池、风力发电机、微型燃气轮机、发动机发电机组、储存和控制技术。它可以是联网运行或独立运行。与大型、集中式发电站相比，分布式发电系统的容量范围可以从低于 1kW 到数十兆瓦。可以用作为备用电站、电力调峰、边远地区/独立电站以及热电联产电站。

③ 分布式能源资源（DER）　它和常规的中央式能源资源是有区别的，它是从提高能源利用效率和降低排放的角度，通过发展用户侧分布式供能和分布式电力，来实现地区性电力的良好控制和余热资源的更好利用。技术内容包括 DG、DP 涉及的技术和需求侧管理技术。是由用户、能源服务机构或电力输送公司在负荷附近从调整整个电网经济性的角度所建造的电力或热电联产装置。

从某种意义上讲，DER、DP、DG 的目的是基本相同的，但技术包容的范围存在区别，三者之间是属于逐级包容的关系。其中，DG 是属于最小的范畴。从美国能源部能源效率和可替代能源办公室网站资料来看，分布式能源资源（DER）是指各种小型、模块化的发电技术，不管这些技术是否和电网相连接，它都可以和能源管理和储存系统相结合，用于改善输电系统的运行。DER 系统的容量范围可以从几千瓦到 50MW。而 DG 则定义为集成或单独使用的、靠近用户的小型、模块化发电设备。它完全不同于现有传统的中央发电站和输电模式，它可以位于终端用户附近，建设在工业园区、大楼内、社区里。在输电网下游的 DG 可为用户和电力输配系统提供利益。在建设集中电站不适宜的地区，DG 的小容量和模块化潜地提供着广泛的用户和现场型电力。因此，分布式供能技术是以一些小型发电设备的技术进步为依托，以靠近用户侧建立小型电站为主，并结合热电（冷）联产等应用拓展为前提的整体供能系统的总称。分布式供能系统是采用模块化设计的发电设备或热电（冷）联产设备。

(2) 技术原理

① 分布式供能技术按燃料类型的分类

a. 利用常规矿物燃料技术。包括燃柴油或天然气的往复式发动机和工业燃气轮发动机，这两种均是已经商业化的技术。未来的任务是如何降低成本和减少污染排放，实现热电联产，提高能源利用率。

b. 利用新型矿物燃料技术。主要是微型燃气轮机和燃料电池。这两者目前仍处于研发阶段，一些研究产品目前也投入了商业试运行。随着技术进步，预计其将成为未来能源市场最为活跃的部分。

c. 利用可再生能源技术。主要是光伏电池、太阳能发电、风力发电机、小水力发电，以及以生物质为燃料的小型热电联产装置。

② 分布式热电联供系统类型概况　在分布式供能技术中，能实现热电联产来提高能源利用率的技术类型主要有：往复式发动机发电为主体的热电联产系统（图 2-14），微型燃气

轮机热电联产系统（图 2-15），燃料电池热电联产系统（图 2-16）。

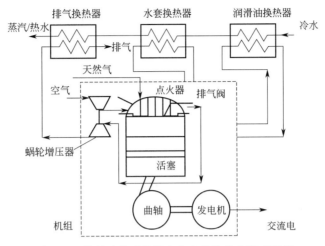

图 2-14 往复式发动机发电为主体的热电联产系统

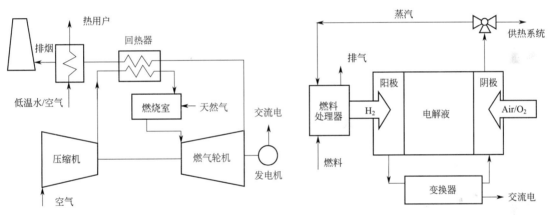

图 2-15 微型燃气轮机热电联产系统　　　　图 2-16 燃料电池热电联产系统

③ 分布式供能技术的主要技术参数　表 2-18 列举了上述动力设备的主要技术参数以及投资和运行维护费用等信息。

表 2-18　主要技术参数以及投资和运行维护费用等

项　　目	发动机发电	燃气轮机发电	微型燃气轮机发电	光伏发电	风力发电	燃料电池
可调度性	有	有	有	—	—	有
燃料	柴油或燃气	燃气	气体或液体	太阳	风	燃气
效率/%	35	29～42	27～32	6～19	25	40～57
能量密度/(kW/m^2)	50	59	59	0.02	0.01	1～3
投资费用/(美元/kW)	200～350	450～870	1000 500(2005 年)	6600	1000	3000～5000 1000(2005 年)
运行维护费/(美元/kW)	0.01	0.005～0.007	0.005～0.007	0.001～0.004	0.01	0.002
发电投资[1]/[美元/(kW·h)]	7～9	6～8	6～8	18～20	3～4	6～8
能量储存要求	无	无	无	需要	需要	无
热耗/[MJ/(kW·h)]	10～15	5～10	5～10			5～10
预计运行寿命/10^{4}h	4	4	4			1～4
技术发展状态	已商业化	已商业化	最近将商业化	已商业化	已商业化	不久商业化

① 天然气燃料。

④ 分布式热电联供能术的优点　分布式热电联供系统之所以受到广泛的关注，其主要优点在于：

a. 实现热电联产，可以通过进行余热回收实现蒸汽或热水供应，或使用吸收式制冷机组提供空调或工艺性用冷，可以将能源效率提高到90％；

b. 能源生产设备靠近用户，生产的热量、冷量和电量可直接使用，改进了供能的质量和可靠性，减少了输配电设备的投资和电网的输送损失；

c. 装置容量小、占地面积小、初期投资少。用户可以直接投资建设小型的分布式联产电站。

（3）系统设计

冷热电联供系统设计需要考虑冷、热、电三种负荷，需要考虑不同设备的热力匹配，需要考虑系统运行的节能性、经济性和环保性。因此，系统的设计是一个复杂的过程，需要遵循一定的思路。

首先，冷热电联供系统的设计需要建立在一个特定的负荷需求上。对于楼宇供能系统改造，负荷可以以历史数据为依据；对于新建楼宇，需要对负荷进行模拟分析和预测，常用的软件有 DeST、TRANSYS、EnergyPlus 等。比较准确的设计方式应该是基于全年逐时的负荷预测，或者基于全年各类型典型天气的逐时冷负荷预测。

然后，冷热电联供系统的设计需要明确系统的运行模式。对于同样的负荷条件，分布式供能系统可以作为辅助系统，也可以作为主要供能系统；对于同样的系统结构，在参数方面可以依循电力负荷需求来设计，可以依据热力负荷需求来设计，也可以综合权衡各类负荷后进行优化设计。对于低集成的简单系统，往往采用恒定输出模式，用以满足基本的用能需求。关于系统模式，在此主要列举以下几种。

① 以热定电模式　以热定电模式是指，系统的设计和运行以热（冷）负荷为依据进行。这种模式被广泛地应用在大型热电厂的热电联产当中。在建筑冷热电联供系统中，由于冷、热、电三种负荷难以独立调节，而电力供应可以自由地由公用电网补充，故往往也采用以热定电进行设计。原动机和供热设备的选型首先考虑热（冷）负荷，而电力负荷则由电网进行实时调节。

② 以电定热模式　以电定热模式是指，系统的设计和运行以电力负荷为依据进行。此时往往是电力供应处于关键地位。在原动机设计选型时，首先需要考虑电力供应，然后分析相应的热力输出，最后采用其他设备，如锅炉、热泵等对热（冷）输出进行实时调节。

③ 冷热电优化模式　冷热电优化模式是指，系统的设计和运行不以单一负荷作为限制，而是综合考虑冷、热和电供应所能带来的效益。这种情况往往是在原动机的基础上考虑了其他能量来源，或者配置了其他辅助的能量转换设备，使同一种能量供应可能源自多个设备，此时各设备的匹配容量为未知量，以设备间能量转换和能量供应的守恒方程为主要结束条件，以节能性、经济性或者环境性指标为优化设计目标，通过相应算法求解出最优设计尺寸。

④ 恒定输出模式　恒定输出模式是冷、热、电联供系统推广和示范中较常见的模式。系统的设计选型只立足于满足用户的一部分较为恒定的能量要求，因而避免了实时的调节，最大限度地简化系统的设计和运行。这种设计模式往往是因为用户负荷全年较为稳定。原动机和辅助设备的选型和设计主要基于经济性和节能性进行优化分析，选择最优设计方案。

最后，当用户负荷确定、供能系统功能定位确定后，就是设备选型。目前多数学者的设备选型研究都是基于优化分析进行的。基于特定的用户需求和系统运行模式，选择优化分析的目标函数，比如以经济性、节能性或者环保性为目标函数。目标函数可以设定为单目标函数，可以为多目标函数，或者为多目标函数加权后的统一目标函数。通过求解目标函数的最优解来寻找系统各设备的最优配置参数，但不一定能完全找到与参数刚好吻合的实际产品；也有的是从设备角度，首先给出各类可供选择的设备的参数和性能，然后从中选择最优匹配，但不一定能达到系统理论上的最优性能。

2.2.3.2 燃气冷热电联供分布式能源系统

(1) 一般规定

① 燃气冷热电联供分布式能源系统适用于有天然气、煤气等燃气供应的城市、地区。可供这些地区内有冷、热、电需求的厂矿企业、商场、超市、宾馆、车站、机场、医院、体育场、展馆、写字楼、学校等建筑群或独立建筑物使用。

② 各类建筑或建筑群设置燃气冷热电联供分布式能源系统，应符合下列要求。

a. 燃气冷热电联供能源站，应建造在主体建筑邻近处或大楼内，以减少电气线路损耗和供热（冷）管线的热（冷）损失。

b. 一次能源梯级利用，能源利用综合效率大于80%。

c. 应做到环境友好，降低污染物排放量。

d. 适用于中小规模的分布式能源供应系统，发电能力宜大于25MW。

e. 燃气冷热电能源站，宜设置在用户主体建筑或附属建筑内，并按其规模、燃气发电装置类型可设在地上首层或地下层或屋顶。站房应设在建筑物外侧的房间内，并应遵循现行国家标准《建筑设计防火规范》（GB 50016—2014）等相关规定。

③ 为确保燃气冷热电联供分布式能源系统的节能效益、社会经济效益，宜采用燃气冷热电联供能源站供应范围内"自发自用，不售电"的原则。

(2) 燃气冷热电联供分布式能源系统设计要点

① 燃气冷热电联供分布式能源系统的设计，应符合现行国家标准、规范的规定。

② 燃气冷热电分布式能源系统的燃气供应系统，应符合现行国家标准《城镇燃气设计规范》（GB 50028—2006）的规定。燃气供应压力应根据项目所在地区的供气条件和燃气发电装置的需求确定。若需增压的燃气供应系统，应设置燃气增压机和缓冲设施。

③ 根据目前国家的现行政策，燃气冷热电联供分布式能源系统生产的电力与城市电网并网，但不售电。冷热电联供系统能源站应向供冷、供热服务区域供电，优化区域能源配置，提高能源综合利用效率。

④ 在燃煤热电厂的供热范围内，若有燃气供应时，可以建设燃气冷热电联供分布式能源系统，但应进行认真的节能和经济效益分析后确定。

⑤ 燃气冷热电联供分布式能源系统，应符合下列节能指标要求。

a. 全系统年平均能源综合利用率大于70%。

b. 采用内燃机时，全系统年节能率应大于30%；采用燃气轮机时，全系统年节能率应大于20%。燃气冷热电联供分布式能源系统的节能率是在产生相同冷量、热量和电量的情况下，联供相当于分供的一、二次能源节约率。

⑥ 燃气冷热电能源站的年运行时间直接影响投资回报、节能效益和经济效益，能源站内各台燃气发电装置的年运行时间宜大于4000h。

⑦ 在冷热电联供分布式能源系统能源站内，各台燃气发电装置的负荷率都大于80%。

2.2.4 免费供冷技术

2.2.4.1 冷却塔"免费供冷"技术

(1) 冷却塔免费供冷的原理

图 2-17 是一个采用电动压缩式冷水机组的空调水系统，如果建筑（如大型电子计算机房，电子厂房，有大面积内区的商业、办公、酒店等）在冬季有稳定的内部发热量，需要供冷，这时只要室外气温足够低（室外空气湿球温度也较低），系统配置的冷却塔便可以提供温度足够低的冷水，直接作为冷源来消除余热量。图 2-17 所示系统通过关闭制冷机，切换至板式换热器的方法，可以实现冷却塔供冷。由于冷水机组的耗电量在空调系统中占有极高的比例，利用冷却塔供冷节省了大量的电费，所以常常被称为"免费供冷"。

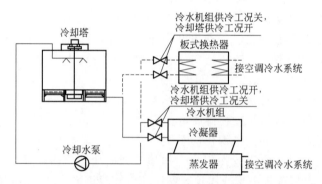

图 2-17 冷却塔免费供冷原理

(2) 冷却塔供冷系统设计方法

冷却塔供冷工程设计的一般程序为：先计算内区冷负荷（主要是照明、人员、电脑服务器等设备发热引起的冷负荷），对内外区分别设置空调系统，然后按冬季冷却塔的热工曲线确定关闭冷水机组的工况转换点：包括对应的室外湿球温度值及此时冷却水的供水温度、合理运行温差，空调系统的供水温度、运行温差，并选择免费供冷板式换热器或直接选用闭式冷却塔，再选择冷却水泵及空调水泵。

冷却塔免费供冷的系统设置形式及经济性如下。

① 冷却塔免费供冷系统按冷却水是否直接送入空调末端设备可划分为两大类：间接供冷系统及直接供冷系统（必须采用闭式冷却塔）。从某合资品牌冷却塔厂家了解到，一般开式冷却塔的价格约 500 元/(t/h)（冷却水流量），而闭式冷却塔的价格约 2000 元/(t/h) 以上，即闭式冷却塔价格是开式冷却塔的 4 倍左右，设计实例中过渡季工况冷负荷为 262kW，夏季设计工况冷负荷为 570kW，而选用的闭式冷却塔（夏季用于冷水机组冷却，过渡季用于直接供冷）价格为 28 万元，基本相当于同样制冷量冷水机组价格的 1.5 倍。再看闭式冷却塔的投资回收期问题，在计算冷水机组节电量时，采用了将主机功率 142kW 乘以 0.8 再乘以 105d（过渡季湿球温度连续 5h 低于 12℃ 的时间）的方法，而其过渡季工况冷负荷为 262kW，在此工况下，主机 COP 值只有 262kW/(142kW×0.8)＝2.3，显然对水冷机组来说不可能这样低。按《公共建筑节能设计标准》（GB 50189—2015）中 4.2.10 的规定，相应容量的水冷机组 COP 应不小于 4.3，考虑过渡季冷却水温低于 32℃，其 COP 应大于4.3。如果按过渡季水冷机组部分负荷下 COP 为 4.4，室外温度低于 12℃ 的时间内平均冷负荷为 262kW 的 0.8 倍计算，投资回收期就大于 5 年。从投资角度考虑，在舒适性空调工程

设计中，采用冷水机组加闭式冷却塔的组合可能性基本不存在，节能应同时考虑经济性，在没有实际工程证明闭式冷却塔直接供冷的投资回收期合理的情况下，舒适性空调工程中的冷却塔供冷形式应采取开式冷却塔（采用冷水机组已配的冷却塔）加板式换热器的方式（按上例，相同冷量对应的开式冷却塔加板式换热器的初投资不会超过闭式冷却塔价格的一半）。

② 间接供冷系统中换热器的经济性分析。与其他换热器相比，板式换热器具有换热效率高、结构紧凑等特点。其投资回收期简单分析如下，某合资品牌的板式换热器价格约为1200 元/m²，冷热水侧温差按 1℃ 计算，传热系数按 6000W/(m²·℃)，可换算得出每千瓦换热量（即冬季供冷量）需增加的设备初投资约 200 元，另外板式换热器所接管道阀门及自控等以设备投资的 50% 估算，这样系统增加的初投资约为 300 元/kW。如果冷水机组部分负荷的 COP＝4.8，则每千瓦供冷量所耗电量为 0.21kW。设电价为 0.7 元/(kW·h)，每千瓦供冷量的初投资回收时间约为 T，则每千瓦换热量增加的初投资（板式换热器及接管道阀门等）＝所节省的冷水机组耗电量×电价×初投资回收时间，即 $300=0.21×0.7T$，计算可得 $T=2041h$。

(3) 冷却塔供冷运行工程情况和系统设计应避免的问题

① 开式冷却塔加板式换热器的免费供冷冷却水系统的水处理问题　由于开式冷却塔直接与空气接触，空气中的灰尘垃圾容易进入冷却水系统中，而板式换热器的间隙较小，容易堵塞。冷却水系统必须满足《工业循环冷却水处理设计规范》要求，该规范规定换热设备为板式换热器时的相应悬浮物控制指标≤10mg/L。这样就必须采用化学加药、定期监测管理、在夏季及时清洗板式换热器的方式才能避免板式换热器堵塞问题。在目前使用开式冷却塔加板式换热器的冷却水免费供冷系统项目中均发现，因板式热换器未得到维护清洗而使换热量有逐年下降的趋势。

② 开式冷却塔加板式换热器免费供冷时的冷却水系统对其他水冷整体式空气调节器等设备的影响　在规模较大的公共建筑中常常有一些租户的电脑机房需用水冷整体式空气调节器进行冷却（因建筑外立面等原因无法采用风冷式空调机），如果考虑系统设置简单，设计人员会将此类设备并入大楼冷水机组的冷却水系统中，使用同一组冷却塔。按照实际工程的使用情况，免费供冷时的冷却水温度会与其他水冷设备的冷却水温度相矛盾，按照《采暖通风与空气调节设计规范》第 9.10.3 条规定：空气调节用冷水机组和水冷整体式空气调节器的冷却水温……电动压缩式冷水机组不宜低于 15.5℃。而免费供冷工况时冷却水的温度在10～13℃ 以下，所以冷却塔免费供冷的冷却水系统一定不能用于常年使用、有恒定水温要求的水冷设备。

2.2.4.2　离心式冷水机组"免费供冷"

"免费供冷"是巧妙利用外界环境温度，在不启动压缩机的情况下进行供冷的一种方式。适用于秋冬仍需要的供冷的项目，并且冷却水温度低于冷冻水温度。"免费供冷"离心式冷水机组可提供 45% 的名义制冷量，因无需启动压缩机，故机组能耗接近零，性能系数 COP接近无穷大。若室外湿球温度超过 10℃ 时，则返回到常规制冷模式。

(1) 离心式冷水机组"免费供冷"原理

根据制冷剂会流向系统最冷部分的原理，若流过冷却塔的冷却水水温低于冷水水温，则制冷剂在蒸发器中的压强高于其在冷凝器中的压强。此压差导致已蒸发的制冷剂从蒸发器流向冷凝器中，被冷却的液态制冷剂靠重力从冷凝器流向蒸发器，从而完成"免费供冷"的循环。蒸发器与冷凝器的温差决定制冷剂流量，温差越大，则制冷剂流量越大。"免费供冷"一般需有 2.2～6.7℃ 温差，并相应提供 10%～45% 的名义制冷量，但其冷水水温无法控制，基本上由冷却水温度和空调系统冷负荷决定。

（2）"免费供冷"冷水机组的结构特点

"免费供冷"冷水机组的结构与常规机组基本相同，其水系统管路与常规系统相同，其新增部件如表 2-19 所示。用户既可直接订购"免费供冷"冷水机组，也可在现场改造常规机组，实现"免费供冷"。

表 2-19 "免费供冷"冷水机组新增部件简介

新增内容	作　用
制冷剂充注量	增加液态制冷剂与全部蒸发器中的换热管接触,充分利用热交换面积,提高自由冷却的制冷量
储液罐	在机械制冷时,供多余的制冷剂储存
气态制冷剂 旁通管及电动阀门	液态制冷剂从蒸发器流向冷凝器最方便,提高"自由冷却"的制冷量
液态制冷剂 旁通阀及电动阀门	较少液态制冷剂靠重力从冷凝器流向蒸发器的压力损失,提高自由冷却的制冷量
控制功能	在普通制冷状态与自由冷却状态之间的运行转换

（3）"免费供冷"冷水机组的应用

"免费供冷"冷水机组的适用场合："免费供冷"冷水机组与"常规机组＋板式热交换器"方案相比，有换热效率高、系统简单、维护方便、机房空间小的优点。适用于冷却水温度低于冷冻水出水温度的秋冬季节仍需要供冷的场合，如宾馆和办公楼的内区在秋冬季需供冷；商场、大型超市在秋冬季需局部供冷；工业生产过程中需四季供冷等。

使用"免费供冷"冷水机组的注意事项："免费供冷"不能与热回收同时使用，因为提供热回收热量的冷水机组同时正在机械制冷，而"免费供冷"时压缩机不运转；"免费供冷"技术不适用于湿度控制要求高的空调系统，因为其提供的冷水温度稍高。"免费制冷"可避免户外冷却水结冰，不仅提高了冷却水水温，而且保持冷却水流动。但建议用户采用一些防冻措施，如户外冷却水水管保温、冷却塔塔底部增加电加热器、低温时段开水泵等。

第 3 章
土地组织与环境控制

3.1 土地节约与组织

3.1.1 场地的交通组织布局

场地交通组织及道路布局是场地总体布局的重要内容之一，是保证场地设计方案经济合理的重要环节。其目的在于满足场地内各种功能活动的交通要求，在场地的分区之间以及场地与外部环境之间建立合理有效的交通联系，为场地总体布局提供良好的内外交通条件。交通组织的关键在于交通流线的安排，人流、物流的合理组织以及交通运输方式的选择。

3.1.1.1 场地交通组织设计原则

（1）合理设置场地出入口与城市道路的关系

场地出入口是场地内外交通的衔接点，其设置直接影响着场地布置和流线组织。场地出入口及与之相关的交通集散空间的设置，是在分析场地周围环境（尤其是相邻的城市道路）及场地交通流线特点的基础上，结合场地分区进行综合考虑的。场地的人流出入口要与城市道路、公交站点、停车场（库）有便捷的联系，以缩短人流出入和集散的滞留时间。在确定场地出入口的位置时，合理地利用周围的道路及其他交通设施，以争取便捷的对外交通联系。但同时应注意尽量减少对城市主干道交通的干扰，当场地同时毗邻城市主干道和次干道（或支路）时，应优先选择次干道一侧为主要机动车出入口。

此外入口集散场地是建筑场地与城市空间的衔接和过渡，除了解决交通组织，还要安排好服务设施与广场景观，不能忽视休息与游憩空间的布置。

根据《绿色建筑评价标准》中第 4.1.6 条，住区公共服务设施按规划配建，采用综合建筑并与周边地区共享；第 4.1.12 条，选址和住区出入口的设置方便居民充分利用公共交通网络，到达公共交通站点的步行距离不超过 500m；第 5.1.5 条，场地到达公共交通站点的步行距离不超过 500m，如图 3-1 所示。

图 3-1　场地与主要交通站点的距离

(2) 合理组织交通流线

流线组织反映了场地内人、车流动的基本模式，它是交通组织的主体，体现了场地交通组织的基本思路，是道路、广场和停车场等交通设施布置的根本依据。场地内各组成部分的交通状况往往复杂多样，流线性质、流量各不相同，流线的安排应符合使用规律和活动特点，有合理的结构和明确的秩序，使场地内各个部分的交通流线关系清晰、易于识别，并且便捷顺畅；处理好不同区域、不同类型流线之间的相互关系，避免要求差异较大的流线相互交叉干扰（图3-2）。

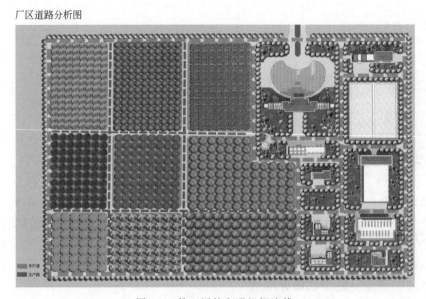

图 3-2　某工厂的交通组织流线

① 确定流线体系的基本结构形式　根据流线进出场地的不同方式，可将场地的整个流线体系分为尽端式和通过式两种，也可以将两种组织方式结合起来形成综合的结构。不同流线结构各有其形式特点和适应性，可根据具体的场地周围条件及场地分区状况选择采用。场地内主要或大量的人流、车流等交通流线应清晰明确，易于识别，线路组织便捷，尽量避免迂回、折返。

② 不同类型流线的组织　场地的使用对象及其交通方式决定了场地的流线组成，例如宾馆、商场和餐饮类公建场地中，一般有各类外来使用人员（包括人行、车行）、内部职工及后勤服务（以货运车辆为主）；交通性建筑场地中，人流、车流、货流同时具备，且更为复杂；建筑综合体或综合性群体建筑场地由于各组成部分性质内容不同，也有相应不同的使用人流和车流。若场地中各种流线缺乏组织，相互交叉混杂，则会造成使用上的极大不便和不安全性。

场地中的流线从功能性质上可分为使用流线和服务流线，从交通对象的角度又可分为人员流线和车辆流线。考虑流量规模及重要程度，综合起来看，场地总体布局中需主要分析使用人流、使用车流和服务流线（服务人流、车流合并看待）三种类型。

对于有大量人流集散的地段或建筑，特别是电影院、剧场、文化娱乐中心、会堂、博览建筑、商业中心等人员密集的场地，合理组织好人流交通是一个非常重要的环节。首先，要处理好场地与城市道路的关系。根据《民用建筑通则》的规定，人员密集的场地应至少一面临接城市道路，该城市道路应有足够的宽度，以保证人员疏散时不影响城市正常交通；这类场地沿城市道路的长度应按建筑规模和疏散人数确定，并不得小于基地周长的1/6。其次，合理设置集散空间。将各种不同方向的人流通过步行道或广场来组织，或合流或分流使之互不交叉冲突。人员密集的建筑物主要出入口前，设置供人员集散的空地。

（3）合理组织场地内道路系统

道路是场地重要的构成要素，往往形成场地的结构骨架，将场地各组成部分构成一个有机联系的整体，并有助于生成良好的场地空间环境。道路布局可以说是交通流线组织在用地上的具体落实，要求在场地出入口和建筑物出入口位置确定的基础上，安排好场地内的各类道路，从而形成清晰完整的道路系统。

进行场地内的道路布局时，应与场地分区、建筑布置结合考虑。主要应满足流线组织要求、场地分区要求及环境与景观要求。

（4）合理组织场地停车系统

道路是动态交通组织，而车辆的停放属静态交通问题。停车场作为场地中供各种车辆停放的露天或室内场所是场地交通体系的重要组成部分，也是一般场地不可缺少的功能要求。大型建筑的停车场应与建筑物位于主干路的同侧。人流、车流量大的公共活动广场、集散广场宜按分区就近原则，适当分散安排停车场。停车的组织与流线的组织关系密切，因为车辆进出停车场是车流组织的一部分，进行流线组织时必须考虑车辆的停放问题；同时停车场是车流、人流集中而混杂的场所，是人流与车流的衔接和转换点，进行停车组织是也要考虑停车与车流系统的恰当衔接方式。总体布局中对场地停车的组织包括选择停车方式和确定停车场的布置方式，应满足流线清晰、使用便利的要求，并尽量减少对环境的干扰。

一般来讲，停车场内的交通组织要求如下：①场内交通路线一般应按单向行驶组织交通，不应有交叉，或尽量减少交叉；②车场出入口位置要明显，宜出、入口分开，一般出入口合用时宽度约为7～10m；③入口处应设置明确的路线行驶方向标志和停车位置的指示牌；④场内路面应有显著的停车标志和行车方向标志，如铺设彩色混凝土块、路面白漆画线或涂有发光材料的画线等；⑤场内行驶路线合理，便于疏散和回车。出场时尽量取消左转弯，减少出场车辆对干道上交通的干扰，否则等于增加一个丁字路口。所以出场的出口，应设置在远离交叉口处。在地势起伏较大的场地中组织交通时，应充分考虑地形高差的影响，使交通流量大的部分相对集中布置在与场地出入口高差相近的地段，避免过多垂直交通和联系不便。

（5）达到设计最优化

场地性质决定交通组织，交通组织是场地总体布局的核心内容，设计中两者需不断调整，最终达到设计最优化。场地布局是指场地内各个建筑的分布情况，它决定了场地内人们活动的规律及主要场所，也决定了场地内货物的运输与存放场所，这些场所就是客货交通的发生点和吸引点，决定了场地内人流、货流的流量和流向，是交通组织的出发点。实际上，场地布局状况是交通组织的前提。

3.1.1.2 场地道路布置形式

场地道路布置形式如表3-1、表3-2所示。

表 3-1　平坦场地道路布置形式

平坦场地	
枝状尽端式	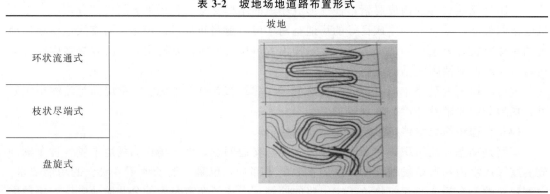
环状流通式	
枝环结合式	

表 3-2　坡地场地道路布置形式

坡地	
环状流通式	
枝状尽端式	
盘旋式	

3.1.1.3　居住区道路组织形式

（1）居住区道路主要功能

居住区内部道路的功能要求大致可分为以下几方面。

① 居民区日常生活方面的交通活动，是主要的，也是大量的。

② 通行清除垃圾、递送邮件等市政公用车辆。

③ 居住区内公共服务设施和工厂的货运车辆通行。

④ 满足铺设各种工程管线的需要。

⑤ 道路的走向和线型是组织居住区建筑群体景观的重要手段，也是居民相互交往的重要场所（特别是一些以步行为主的道路）。

除了以上一些日常的功能要求外，还要考虑一些特殊情况，如供救护、消防和搬运家具等车辆的通行。

（2）居住区道路规划设计的基本要求

① 居住区内部道路主要为本居住区服务。居住区道路系统应根据功能要求进行分级。为了保证居住区内居民的安全和安宁，不应有过境交通穿越居住区，特别是居住小区。同时，不宜有过多的车道出口通向城市交通干道。出口间距应小于150m，也可用平行于城市交通干道的地方性通道来解决居住区通向城市交通干道出口过多的矛盾。

② 道路走向要便于职工上下班，尽量减少反向交通。住宅与最近的公共交通站之间的距离不宜大于500m。

③ 应充分利用和结合地形，如尽可能结合自然分水线和汇水线，以利雨水排除。在南方多河地区，道路宜与河流平行或垂直布置，以减少桥梁和涵洞的投资。在丘陵地区则应注意减少土石方工程量，以节约投资。

④ 在进行旧居住区改建时，应充分利用原有道路和工程设施。

⑤ 车行道一般应通至住宅建筑的入口处，建筑物外墙面与人行道边缘的距离应不小于1.5m，与车行道边缘的距离不小于 3m。

⑥ 尽端式道路长度不宜超过 120m，在尽端处应能便于回车。

⑦ 如车道宽度为单车道时，则每隔 150m 左右应设置车辆互让处。

⑧ 道路宽度应考虑工程管线的合理敷设。

⑨ 道路的线型、断面等应与整个居住区规划结构和建筑群体的布置有机地结合。

⑩ 应考虑为残疾人设计无障碍通道。

（3）居住区道路的基本形式

居住区动态交通组织可分为"人车分行"的道路系统、"人车混行"的道路系统和"人车共存"的道路系统三种基本形式。如表 3-3 所列。

表 3-3　居住区道路组织基本形式

1. 人车交通分行系统	
"人车分行"的居住区交通组织原则是 20 世纪20 年代在美国首先提出并在纽约郊区的雷德朋居住区实施。"人车分行"体系力图保持居住区内安全和安静，保证社区内各项生活与交往活动正常舒适地进行，避免居住区大量私人汽车交通对居住生活环境的影响。人车分流可采用平面分流、立体分流及平面和立体分流相结合的方式	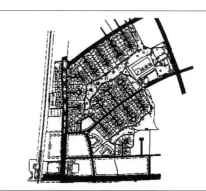 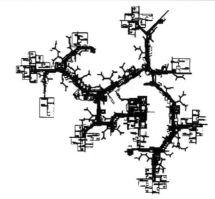
2. "人车混行"的道路系统	
"人车混行"是一种最常见的居住交通组织体系。与"人车分行"的道路交通系统相比，在私人汽车不多的国家和地区，采用这样交通组织方式既经济又方便。居住区内车行道路明确分级，并贯穿于居住区或小区内部，道路系统多采用互通式、环状尽端式或两者结合使用	

3. 人车共存的道路系统

1970 年在荷兰的德尔沃特最先采用了被称为 Woonerf 的"人车共存"系统,更加强调人性化的环境设计,认为人车不应是对立的,而应是共存的,将交通空间与生活空间作为一个整体,使街道重新恢复勃勃生机

早在 1963 年,在规划设计荷兰新城埃门 (Emmen)时,就开始探讨在城市街道上,小汽车使用和儿童游戏之间冲突的解决办法,其手段不是交通分流,而是重新设计街道,使两种行为得以共存。认为使各种类型的道路使用者都能公平地使用道路进行活动是改善城市环境的关键因素。研究表明,通过将汽车速度降低到步行者的速度时,汽车产生的危害,如交通事故、噪声和震动等也大为减轻。实践证明,只要城市过境交通和与居住区无关车辆不进入居住区内部,并对街道的设施采用多弯线型、缩小车行宽度、不同的路面铺砌、路障、错峰以及各种交通管制手段等技术措施,人行和车行是完全可以合道共存的

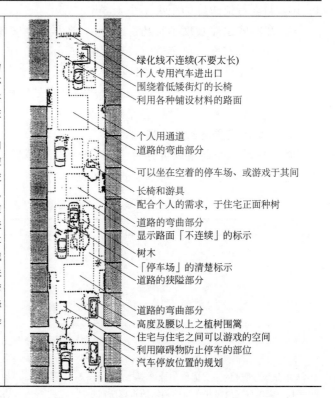

绿化线不连续(不要太长)
个人专用汽车进出口
围绕着低矮街灯的长椅
利用各种铺设材料的路面

个人用通道
道路的弯曲部分
可以坐在空着的停车场、或游戏于其间
长椅和游具
配合个人的需求,于住宅正面种树
道路的弯曲部分
显示路面「不连续」的示示
树木
「停车场」的清楚标示
道路的狭隘部分
道路的弯曲部分
高度及腰以上之植树围篱
住宅与住宅之间可以游戏的空间
利用障碍物防止停车的部位
汽车停放位置的规划

(4) 居住区道路路网形式

居住区主要道路网形态分为网格式路网、交叉式路网、线形路网、环形路网和"C形"路网 5 类。如表 3-4、表 3-5 所示。

表 3-4　小区路网的形式分类

	路网类型	示意图	代表性小区
1	网格式路网		苏州狮子林街区
			天津万新村居住区
2	交叉式路网		沈阳龙盛小区
			威海海韵苑小区
3	线形路网		莆田中特城小区
			北京恩济里小区
4	环形路网 核心环路网		西安大明宫小区(一)
			南宁望仙坡小区
	中环路网		天津华苑碧华里小区
			广东中山翠亨槟榔小区
	外环路网		合肥梦园小区
			北京回龙观小区

	路网类型	示意图	代表性小区
5	C1 型		天津华苑安华里小区
			天津华苑居华里小区
	C2 型		常德紫菱花园
			南京宝船小区
C 形 路 网	C3 型		成都锦城花园
			湖州东白鱼潭小区
			株洲家园小区
6	独立步行系统		温州永中镇小区

表 3-5　小区路网的特点及实例

网格式路网	

主要道路与次要道路均十字正交,道路线形平直,连接住宅的道路直接与主要道路连接,组团分区不明显。这种路网对小区覆盖均匀、故而又是交通分布高度均质化的路网,四通八达的路网形式使得到达目的地有多种途径,从而减少交通阻塞,并缩短出行距离	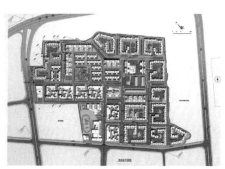
线形路网	

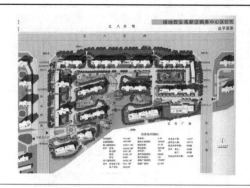

主要道路为一条曲线或折线贯穿小区,两端自然形成小区的两个出入口,两个入口分别位于小区不同方向上。这种路网一般用地狭长,住宅通过组团道路连接到主要道路上,主要道路交通导向性强,覆盖能力有限,所以这种路网大部分适用在有限的用地形状和用地规模条件下

交叉式路网

小区主要道路线形以非正式形式交叉在一起,交叉路口处呈T形相交,组团划分明确,住宅通过组团道路以较少的出入口与主要道路连接。这种路网可以看作由若干线状路网叠加而成,路网覆盖程度比线状路网有优势,增加了出入口、也相应适用于规模更大的居住小区,但是这种路网的交叉路口和主要道路叠加部分的路段往往是关键部位

环形路网

a. 核心环路网:这种路网一定程度上是为缓解十字交叉路网路口的交通问题演变而来的,在十字交叉的地方演变成为核心环路,核心环中间包围着中心陆地,组团道路多连接在反射线上,不连接在环线上,环线起到协调转移交通的作用

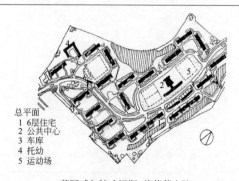

总平面
1 6层住宅
2 公共中心
3 车库
4 托幼
5 运动场

英国威尔特哈姆斯·普劳莱大院

承德世纪城(一期)总平面图

b. 中心环路网:这种路网可以看作核心环扩大的结果,但是两者截然不同。中心环面积更大,包括的内容不仅仅是绿地,还有公共建筑和部分住宅;组团道路大多连接在环线上,环线的作用不仅仅是协调和转移交通的作用,而且同放射线一样承担着疏散交通的作用

c. 外环路网:外环路网可以看作是传统路网规划的逆向思维,传统路网的思路是以主要道路插入居住区当中、再以支路向外延伸,而外环路网是将主要机动车道路包围住宅,再以尽端路向内伸展连接,这样使得人车内外两套道路系统的实施成为可能

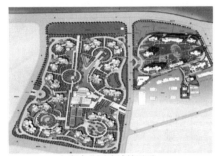

上海古北河滨城总平面

"C形"路网

"C形"路网也可以看作是线形路网的变形,对于用地方正、规模较大的小区。线形路网密度覆盖率比较低,然而主要道路覆盖程度不够,靠增加组团路的长度来提高路网密度显然不利于交通疏导,所以线形路网一方面变形发展成为由几条线形主要道路交叉而成的交叉路网,另一方面变形为"C形"路网

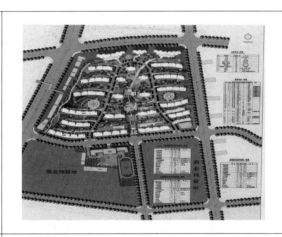

a. C1型:近似于90°折角线,依然保持两个出入口,不过增加步行轴线和步行专用出口一个

b. C2 型：干道线形更加弯曲，近似于圆弧的一部分

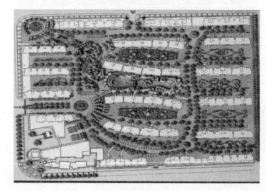

c. C3 型：为了使规模更大的小区增加出入口数量，以出入口道路与环线相接。这种"C形"路网形象上也可以看作"中环式路网"切掉部分环线。但是在功能上却完全不同，因为"C形"路网的主要道路不具备协调转移交通的功能

3.1.1.4　综合体建筑的交通组织分析

综合体建筑简言之就是由多个不同功能的空间组合而成的建筑，这种综合体往往同时与人类的"全部生活"相联系。在城市中心环境中进行综合建筑设计时，交通组织是我们面临的首要难题，其处理得失将直接关系到建筑的使用与效益发挥，也影响到我们对综合体建筑空间组合上的城市设计考虑。

(1) 交通处理的基本要求

① 既要在建筑的内部布置有好的功能关系，又要与城市道路呈有序的联系；

② 尽可能减少人流与车流之间及不同性质车流之间的交叉和相互干扰，减缓对城市干道的冲击；

③ 有足够的人流、车流的集散空间和停留空间；

④ 各种交通流线清晰醒目，方便短捷。与建筑外部空间关系良好，减少交通噪声与车流对外部空间舒适性的影响。

(2) 人流来源与城市交通状况进行分析

① 人流与车流来源分析　综合体建筑内使用人员有三种类型：居住人员与办公人员、来访人员及商场顾客。居住人员与办公人员需要快速地进入建筑，较少在室外空间流动；顾客则希望有慢速安静的交通环境，以利闲逛购物；来访人员要求介乎两者之间。通常要考虑的城市交通方式则分为三类：机动交通、非机动交通与步行交通。机动交通又包括了公共交通（如地铁、公交汽车、有轨电车、出租车等）与私人交通（主要是私人小汽车与摩托）。公共交通需要有足够的等候空间，如公交站场或出租车停靠站等；而私人交通则需要停车位

的安排。

一般来说，综合体建筑内部的居住与办公人员以及来访人员倾向使用机动交通方式；顾客则倾向于步行。必须通过对交通现状的调查获得三组有关交通方式的数据，方能指导交通设计：一是不同使用人员在一个时段参与交通空间的比例；二是不同使用人员分别采用三种不同交通方式的比例；三是三种交通方式占有交通空间的比例。

② 城市交通布局分析　城市交通随同市中心距离的增大，在空间上可以分为三个层次；市中心步行区与车辆限制区；近中心大型车辆限制区；城郊环状快速干道区。高层综合体建筑所处的不同位置将直接导致具体设计手法的运用。另外，市内停车场的布置也是我们应当了解的。大型的中心外停车场，基地附近高层停车库或周邻建筑内可利用的停车空间能减少高层综合体内停车数量，从而简化设计。此外，公交站场的位置，特别是地铁站的出入口对建筑也有较大影响。

③ 建筑基地交通状况分析　综合体建筑一般邻市中心干道，并可利用中心支路作为辅助交通出入口。同时，建筑基地周边的道路交通容量将限制建筑交通组织，高层综合体建筑内过多的车辆停放与出入车辆数量，将恶化中心区道路紧张状况。建筑出入口位置与城市干道关系又是一个需要考虑的方面。现实中存在两种倾向，一种是把建筑的出入口正对城市干道，在出入口形成丁字交叉口，从而实际上把建筑出入口纳入了城市道路交叉口。另一种是把建筑出入口开设在速度较快的城市主干道或快速道路上，往往造成出建筑的大量交通对城市主干道和快速道路上的交通的冲击，影响这些城市交通骨干道路的通畅性、快速性和通行能力。这两种倾向都会造成不同的问题，从而需要我们从全面考虑。

（3）交通组织的方法

临近建筑交通空间的组成与设计。临近交通空间通常由三部分组成：内部后勤客货交通空间、外部客运交通空间、建筑外部空间。这一空间的设计主要有以下几个要点：

① 通过辅助的平行道路把建筑前的广场与城市干道相连；
② 按城市道路靠右行的原则进行交通流线和用地空间的布置；
③ 空间布置依交通流线合理安排；
④ 开设供后勤车辆与人员出入的辅助出入口；
⑤ 建筑内部可设通过式的城市中心支路。

（4）停车空间的设计

在无法利用外围停车场的时候，建筑街道层上过多的停车位会造成外部空间丧失。

3.1.1.5　以公交为导向的开发（Transit Oriented Development，TOD）

主要指以公共交通枢纽和车站为核心，倡导高效、混合的土地利用，如商业、住宅、办公、酒店等，同时，其环境设计是行人友好的。各国公交为导向的开发案例如表 3-6 所示。

以私人小汽车为导向的城市发展会产生很多问题，例如空气污染、过度依赖石化燃料、有车人群与无车群体之间的不平等等，交通拥堵本身也是一种污染，对时间造成极大浪费。

（1）TOD 与"3D"原则

TOD 是一个"3D"的过程，即高密度（density）开发、多元化（diversity）土地利用以及良好的设计（design）。

① 高密度　高密度开发可以缩短出行距离，更加适合非机动交通出行（步行、自行车），也更加适合公交出行。由此，公交客流量得到提高，人均车行距离减少。比较巴西两个城市——库里蒂巴和圣保罗，由于库里蒂巴有很好的 TOD 规划，城市沿着公交线路高密度开发，而圣保罗是没有经过规划的分散型发展，结果是库里蒂巴公交客流量更大，对机动

交通的依赖性更小。

② 多元化　混合土地利用并非指在一个地点多元化，而是可以沿着一条轨道交通或公交线路开发，将居住、工作、商业和日常活动排在一条公交线路沿线。例如瑞典斯德哥尔摩，沿着轨道交通线路进行城市开发，把不同性质的用地串联起来，克服了潮汐交通的弊端，提高了交通设施的效率。

③ 设计　对于交通枢纽，如果多功能区域设计得不好，行人、自行车、公共汽车、私人小汽车汇聚可能造成混乱；如果设计做得好，既能达到功能要求，又能保障安全。一个比较好的设计案例是斯德哥尔摩，对自行车交通和机动交通进行分层设计，在轨道交通车站附近提供自行车停车设施，使行人、自行车和机动车都有非常好的进入方式。

表 3-6　各国公交为导向的开发案例

城市	日本东京	美国阿灵顿	丹麦哥本哈根
示意图			
特点	东京的空间发展模式是以发达的公共大交通为基础的，公共大交通体系是由广域干线道路网和铁轨道网以及各种汽车、地铁、轻轨等交通工具构成的交通网络。东京发达便利的交通网络设施确保了东京圈内以及东京与日本其他地区之间的人和物资的流动，大大缩短了人们的通勤时间，提高了人和物资运输的效率性和便利性，拉紧了东京圈内以及与全国的经济联系，进一步加强了东京的经济中心地位	R-B 走廊强调土地开发与轨道交通建设相互整合，积极鼓励居住办公和零售开发集中在车站附近，使居民能够方便地利用城铁出行，同时，设计友好的步行环境，将公交系统与完善的行人和自行车设施结合起来，努力营造一个适宜的社区环境。制定合理的战略规划，合理的土地利用规划，重视常规公交系统和步行，自行车系统的建设，这些面向公交的不同交通模式间的有机整合，使得 R-B 走廊成为人气最旺的居住、办公、旅游、休闲场所	所有的走廊都通向中心城区，有利于维持一个强大的中心城区；轨道交通系统很好地覆盖了新开发地区，能方便地实现新区与市中心之间的出行；这种集中发展模式可以提高土地的利用效率，并节省大量基础设施的投资，同时，对走廊之间楔形绿地的保护也有利于维持一个良好的城市生态环境

(2) TOD 模式主要特点（如表 3-7 所示）

表 3-7　TOD 模式的特点

提高机动性和环境质量	TOD 的主要特点是居住办公商业多种功能集中布置在公交站点周围，为各种土地利用提供便捷的到达路径
步行	TOD 的土地利用鼓励步行，例如有行道树的狭窄车行道，宽阔的步行道，减少地面停车位，较大的建筑退后，典型的建筑形式是面向街道的设计
社区的更新	TOD 可以促进衰落的地区重新获得活力
公共安全	TOD 提供多功能紧凑布局的土地利用方式，保证日常活动连续不断地进行
公共交往	TOD 包含一个公共空间作为庆典、集合等公共活动的场所

(3) 轨道交通系统与土地开发相互配合

要真正成功地运用 TOD 模式的理念并取得成功，一个非常重要的因素就是要把公交系统的建设和土地的开发结合起来，公交系统要能够方便有效地服务于沿线地区，而沿线土地开发也要创造出一个适合乘坐公交的环境，并能为公交系统提供足够的客流。在哥本哈根，轨道交通系统与沿线的土地开发紧密地结合在了一起。首先，城市规划要求所有的开发必须集中在轨道交通车站附近。其次，轨道交通车站附近的容许建设密度在持续增加，开发密度补贴政策的实行也刺激了商业的发展，通过建设完善的步行和自行车设施，以及常规公交的接驳服务，人们可以从不同地区非常方便地到达轨道交通车站。

交通规划的用地开发重视就业与居住的平衡，并主要环绕轨道交通车站进行。开发轴从车站向外发散，连接居住小区，轴线两侧集中了大量的公共设施和商业设施，新城中心区不允许小汽车通行，步行、自行车和地面常规公交在该区域共存，新城的出行可以不依靠小汽车方便地完成。这样，在哥本哈根的这些放射形走廊内就形成了轨道交通与用地开发相互促进的状况，使用轨道交通出行非常方便，这就使人们愿意选择在车站周围工作或居住，从而为轨道交通提供了大量的通勤客流，而这些通勤客流的存在又促进了沿线的商业开发，工作、居住和商业的这种混合开发进一步地方便了轨道交通乘客，并会继续推动沿线的土地开发。在哥本哈根，轨道交通系统首先起到了引导城市发展的作用，而在沿线土地开发基本完成后，它又作为主要的出行工具满足了沿线的出行需求。

(4) TOD 的规划原则

① 在区域规划的层面上，采用更为紧凑的城市模式，并且在有公共交通系统支撑的情况下进行有组织的发展；

② 提供多样的住宅形式，密度与价格的组合；

③ 在公交站点步行可达的范围内布置商业、居住、就业岗位和公共设施；

④ 创造适于步行的道路网络，营造适合于行人心理感受的街道空间，在各个目的地之间提供便捷的联系通道；

⑤ 保护敏感的栖息地河岸地区，以及高品质的开放空间；

⑥ 城市设计应该面向公共领域，以人的尺度为导向，使公共空间成为人们活动的中心，并且为建筑所占据而不是停车场；

⑦ 鼓励在已有发展区域内的公共交通线路周边进行新建和再开发。

(5) 土地利用规划方面

① 通过控制土地供给来完善 TOD 模式　政府作为城市发展的管理者和土地资源供应者，必须建立有效机制来协调城市发展与土地利用计划，严格控制土地供给的数量，特别是轨道沿线土地供给，保证城市空间发展战略和土地价值的市场，实现"土地控制"需要从城市规划、轨道建设、土地开发几方面着手。

② 协调土地利用规划与综合交通规划　城市发展，土地开发利用与城市轨道交通规划建设之间整合不够，将最终导致城市发展目标的偏离，需要根据城市轨道交通 TOD 模式开发理念，引导现有规划的修订和补充，加强各规划之间的整合，改变过去城市摊大饼式的扩张和严重的交通拥挤等状况，促进新城市土地的集约利用"以形成紧凑，可持续发展的城市空间形态"。运用 TOD 模式指导城市开发，减轻城市化带来的负面影响。在宏观层面上，利用城市轨道交通建设引导市区人口和产业向新城转移；在微观层面上，加强土地规划，开发高密度的住宅居住区，利用地铁可达性的影响，利用完善的公共交通设施以及良好的住宅区建设吸引广大市民购置物业。

3.1.2 地下空间的利用

3.1.2.1 地下空间的概念

建筑地下空间是指位于城市建筑物地表以下的建筑空间。这种空间可以像传统建筑一样有明确的边界围合，孤立分散，也可以是无明确的边界而相互连接贯通的。它可以存在于地下浅层（地表以下10m以内）或次浅层（地表以下 10～30m），也可以存在于地下次深层（地表以下 30～100m 的空间）。

建筑地下空间按照土壤覆盖方式可以分为覆土建筑、半地下建筑、全地下建筑几种类型，如表 3-8 所列。

表 3-8　地下空间形态示意

名称	形态示意	示例	特征
覆土建筑		南洋理工大学教学楼	指大部分建在地上、并被土层封闭的场所，通常覆土厚度大约1.5m，这种方式目前被用来解决能量消耗的问题，特别适用于制冷供暖能量消耗大的严酷气候
半地下建筑		瑞士 Gross 住宅	指建筑部分建在地下，部分建在地上的一种形式，可以开设侧窗解决室内的直接通风采光问题
全地下建筑		英国萨里地下绿化带酒店	把土地和空间整合为一的最常用的建筑形式，通常采用"挖除并使用"的方法来建造

从地下空间开发利用与地上建筑的关系来分类，地下空间分为单独式和附属式两大类。单建式是独立建设的地下空间，如广场地下停车场（图 3-3），附属式地下空间是随地上建筑附带开发并与地上建筑直接结合在一起，作为地上建筑空间功能和结构有机组成部分的附属式地下建筑空间（图 3-4）。

3.1.2.2 各国地下空间的开发

地下空间作为一种新兴的城市资源，在战后受到了极大的重视。各国都争相开发城市地下空间，矛盾越突出，地下空间开发规模越大。

(1) 日本

日本国土面积狭小，城市用地紧张，能够提供给人们生活和工作的土地面积非常有限。这种资源上的劣势使得充分利用空间变得非常必要，其发展建筑地下空间的主要目的就是补

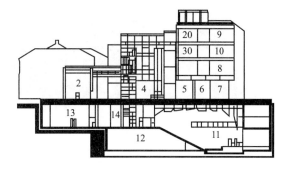

图 3-3 单独式地下空间　　　　　　　　　　　图 3-4 附属式地下空间

充地上空间的不足。1930 年，日本东京上野火车站地下步行通道两侧开设商业柜台，形成了第一条地下街。至今，日本地下街已从单纯的商业性质演变为包括多种城市功能及其他设施的相互依存的地下综合体（图 3-5、图 3-6）。单个地下街规模越来越大，设计质量越来越高，已形成一套较健全的开发利用体系。日本地下综合体的形态分为街道型、广场型和复合型（图 3-7），其规模也依面积大小和商店数目不同分为小型（小于 3000m²，商店少于 50个），中型（3000～10000m²，商店 50～100 个），大型（大于 10000m²，商店 100 个以上）。

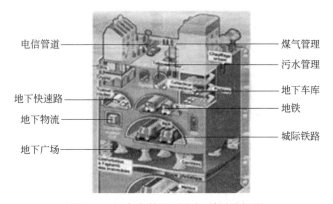

图 3-5　日本人的地下空间利用设想图

图 3-6　长堀水晶地下街

（2）北美

美国地下空间的最初实践开始于 20 世纪 70 年代，适逢能源危机之时，由关注环境而引发，主要关注覆土建筑的发展，最为普遍利用建筑地下空间的是覆土类住宅。80 年代美国

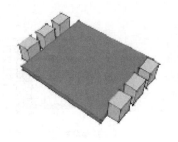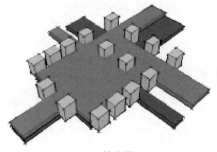

(a) 街道型   (b) 广场型   (c) 综合型

图 3-7   日本地下街类型

全国已建成各类覆土住宅 3000 多栋，大部分集中在明尼苏达、威斯康星、俄克拉荷马等州（图 3-8、图 3-9）覆土建筑的节能效果同地面建筑相比十分显著。例如美国建在山坡上的覆土住宅群，利用山坡特点布置建筑，山区的茂密树木将住宅掩蔽其中，住宅像从地下生长出来的一样，建筑与自然生态环境取得高度协调。其他非居住的建筑地下空间利用也十分广泛，重点是商业、仓储、教学、停车以及宗教、娱乐和农业设施的仓储空间等。

图 3-8   美国某覆土住宅   图 3-9   美国某覆土住宅室内

加拿大国土辽阔，但因所处纬度高，冬季寒冷期时间较长，因此在蒙特利尔和多伦多等大城市中建设了大量的地下步行道以对抗极端气候（图 3-10、图 3-11）。四通八达、不受气候影响的地下步行系统，很好地解决了气候对人类公共生活的影响，缩短了地铁与公共汽车的换乘距离，同时把地铁车站与大型公共活动中心连接起来。实践证明，在大城市中心区建设地下步行道系统，除了可以保证恶劣气候下城市的繁荣以外，还可以改善交通、节省用地、保护环境。

图 3-10   加拿大地下发达的步行系统   图 3-11   加拿大蒙特利尔地下城内景

（3）欧洲

欧洲地质条件良好，是地下空间开发利用的先进地区，特别是在市政设施和公共建筑方面。

其中，法国巴黎是欧洲城市地下空间开发的代表，其地下系统已经成为一个巨大的网络（图 3-12）。从 1900 年巴黎世博会第一条地铁线路正式启用至今，地铁网络已经成为巴黎的城市规划和城市结构的一部分，并且延伸至所有郊区，与法国其他地区连接起来。同时，巴黎还建设了 83 座地下车库，可容纳 43000 辆车。

苏联也是地下空间开发利用的先进国家，其特点是地铁系统相当发达，莫斯科地铁系统客运量每年达 26 亿人次，是世界上最高的。同时，以其建筑上和运营上的高质量而闻名于世，特别是车站建筑风格，每站都有特色（图 3-13）。各转乘站的建筑布置相当巧妙，在多达四条线路交汇处，乘客可以最少的时间到达换乘的目的。

图 3-12　法国地铁内景　　　　　　　　　图 3-13　莫斯科地铁内景

（4）中国

我国的城市地下空间利用最早是源于 20 世纪 60 年代人防工程的建设，经过几十年的努力，已取得显著成果，在保证城市居民安全上起到极其重要的作用。80 年代中期以来，我国的一些大城市的旧城改建工程在城市土地批租和引进外资的推动下开始起步，与城市发展结合的地下空间利用项目不断增加，而且类型和规模在不断扩大。北京、上海、广州等城市相继修建地铁（图 3-14），并将其与高层建筑尤其是高层公共建筑的地下空间进行结合，提高双方的使用效率。

图 3-14　北京地铁 4 号线圆明园站

3.1.2.3　各种建筑地下空间类型的应用

各种地下空间建筑由于场地地形不同或者与地上空间的位置关系，有不同的建筑组成方式，有着自己的特点。

(1) 覆土建筑类型的应用

覆土建筑根据所处的地形有着不同，有着不同的建筑类型。如表 3-9 所示。

① 平地覆土建筑　平地建筑的覆土可以利用土壤良好的隔声性能给使用人群带来安静的环境。此外建筑也能够与绿化良好地结合起来，为场地提供大量的绿化。

适宜发展的建筑形式：博物馆，图书馆，观演建筑，部分办公、商业建筑，学校。

② 坡地覆土建筑　坡地覆土建筑对地质方面要求很多，坡地有滑坡或者侵蚀时，不适合进行建造活动。当排除地质因素后，因其没有封闭感，拥有充足的阳光照射和良好的视野，使坡地覆土建筑成为一种比较理想的形式，适合于郊区或者农村等地形条件不好的区域，

适宜发展的建筑形式：办公、医院。

③ 山顶覆土建筑　山顶的建筑有自身的特点，周围视野开阔；拥有充足的采光和通风，同时可能会有强风和冷风的侵袭困扰；山顶交通不便，建筑需要额外的交通投资，与市政实施较远，同时也需要设施的额外投资，如供水供电等设备；没有地下水位的侵袭。

适宜发展的建筑形式：天文台、宗教建筑、一些博物馆。

表 3-9　不同地形下覆土建筑的形式

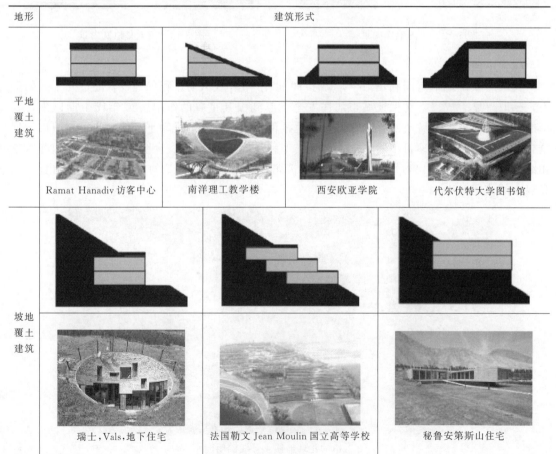

地形	建筑形式			
平地覆土建筑	Ramat Hanadiv 访客中心	南洋理工教学楼	西安欧亚学院	代尔伏特大学图书馆
坡地覆土建筑	瑞士，Vals，地下住宅	法国勒文 Jean Moulin 国立高等学校	秘鲁安第斯山住宅	

地形	建筑形式		
山顶覆土建筑	日本地中美术馆	澳大利亚微波站	日本直博物馆

（2）半地下建筑的应用

对于半地下建筑来说，根据地下空间与地上空间的关系，可以分为独立的半地下建筑和地下附属于地面的建筑。

当建筑地下空间是地面上建筑主体的附属部分时，如果从建筑地下空间与地面建筑主体在建筑布局方面的相互联系角度进行分析，可以归纳出如表 3-10 所示的几种建筑地下空间与地上空间的主要连接方式。

表 3-10　地上空间与地下空间的主要连接方式

种类	上下对应式	中庭贯通式	地下扩展式	地下成片式
模型				
特点	（1）地上与地下建筑平面布置和结构布局基本相同，两者只通过交通空间（楼梯、电梯等）连接 （2）建筑结构和构造简单、建筑整体性强、结构受力合理	（1）空间界限模糊，一定程度上减弱了地下空间的封闭感 （2）地下空间可通过内庭院或有采光顶棚的中庭自然采光通风 （3）地上与地下通过中庭内楼梯、自动扶梯等联系，中庭成为共享空间	（1）利用地上建筑的周边空间，同时可对地下空间灵活调整 （2）地下部分结构形式、空间组合和建筑布局方面可不受地上建筑制约 （3）地下空间采光手段多样，可通过设计进行自然采光，改善自然光环境	（1）总体规划进行连片式开发，成为有机整体 （2）各者采用主体对接、通道、楼梯或自动扶梯以及下沉式广场、中庭等建筑形式连成整体，可分阶段进行连接 （3）保持地面建筑适当的开敞空间和间距，改善了城市中心区的空间环境
应用	一些功能较单一的多层或高层医院建筑、办公建筑、住宅建筑等建筑类型及附建式防空地下室	一般用于商场、展览馆等大型公共建筑	很适用于较大规模的集商业、娱乐、服务、办公、居住、停车等多功能建筑综合体及特定条件下的建筑扩建	适合社区等多种综合建筑

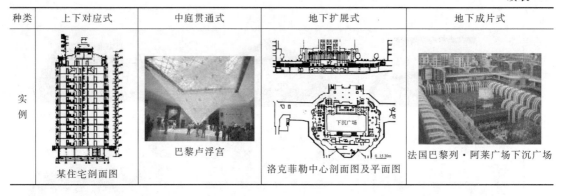

种类	上下对应式	中庭贯通式	地下扩展式	地下成片式
实例	某住宅剖面图	巴黎卢浮宫	洛克菲勒中心剖面图及平面图	法国巴黎列·阿莱广场下沉广场

3.1.2.4 地下空间的功能

(1) 应用于地下空间的建筑功能

地下空间可以应用于多种建筑功能（图 3-15），可以应用于居住、储藏、交通等功能。除了地下空间本身的一些优越性外，每种地下建筑功能又对地下空间有着各种要求限制，如表 3-11 所示。

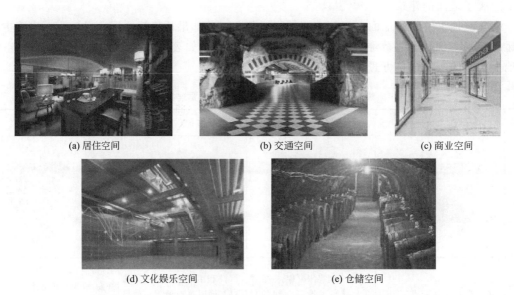

(a) 居住空间　　　　　　　(b) 交通空间　　　　　　　(c) 商业空间

(d) 文化娱乐空间　　　　　　　(e) 仓储空间

图 3-15　各种功能的地下空间

表 3-11　各类公共设施在地下空间的适应程度

建筑类型	地下建筑功能	舒适度	有利因素				局限因素						
			封闭	隔声	安全	环境控制	天然光线	人员出入	车辆出入	外观识别	高大空间	大通风量	内部供热
住宅	居住	×	○	▲	★	▲	★	▲	▲	▲	○	★	★
	储藏	√	▲	○	▲	★	▲	▲	▲	○	○	▲	内
	车库	√	○	○	▲	○	○	▲	★	▲	○	▲	○
行政	办公	×	○	▲	▲	▲	★	▲	▲	▲	○	▲	▲
商业	商店	√	○	○	▲	▲	▲	★	▲	★	▲	★	★
	餐馆	×	○	○	▲	▲	▲	★	▲	★	○	★	★

建筑类型	地下建筑功能	舒适度	有利因素				局限因素						
			封闭	隔声	安全	环境控制	天然光线	人员出入	车辆出入	外观识别	高大空间	大通风量	内部供热
文教	教室	×	○	★	○	▲	▲	★	▲	○	○	★	★
	实验室	√	○	▲	▲	▲	○	▲	▲	▲	▲	▲	○
	图书馆	×	★	▲	▲	○	★	▲	○	▲	▲	▲	▲
展览	博物馆	√	▲	▲	○	▲	★	▲	○	▲	▲	▲	▲
	信息中心	√	○	○	○	○	★	▲	▲	▲	▲	▲	▲
文娱	剧院	√	○	★	○	▲	★	▲	○	★	★	★	★
	礼堂	√	▲	★	○	○	★	▲	○	★	★	★	★
体育	体育馆	√	▲	○	○	○	★	▲	○	★	★	▲	○
	游泳馆	√	▲	○	○	○	▲	▲	○	★	▲	▲	★
	网球场	√	○	○	○	○	▲	▲	○	★	▲	▲	★
医疗	医院	×	○	▲	○	▲	▲	▲	▲	▲	○	▲	▲
	手术室	√	▲	▲	○	▲	○	▲	▲	▲	○	▲	○
宗教	教堂	√	○	○	○	○		▲	▲	▲	▲	★	
特殊	监狱	√	★	○		○		○	▲	○	○	▲	○

注：√舒适；×不舒适；★最主要的有利（局限）因素；▲次要重要的有利（局限）因素；○没有特殊要求的因素。

① 居住空间　人类最古老的开发利用地下空间的方式就是居住建筑——"穴居"。其后的窑洞也是地下空间用于居住方面的利用。当地下室或半地下室作为储藏和设备空间时，可以作为设备管理人员的临时宿舍；利用地下人防改建而成的地下旅馆等。由于地下空间埋深及采光通风的影响，地下空间的居住环境并不舒适。

② 交通空间　建筑地下空间与城市地铁、城市地下公路隧道、地下公交、地下步行街相结合，形成便捷的城市地下交通网，改善了城市地面交通拥堵状况。除了城市动态交通，地下停车场也使城市静态交通也得到了大力改善。2017 年一些城市的地铁长度见表 3-12 。

表 3-12　2017 年一些城市的地铁长度

城市	地铁长度/km	城市	地铁长度/km
上海	548.0	华盛顿	188.0
北京	527.0	深圳	178.8
伦敦	408.0	巴伦西亚	175.0
纽约	373.0	芝加哥	170.6
莫斯科	327.5	旧金山	167.0
东京	316.3	德里	161.0
首尔	314.0	新加坡	148.9
马德里	284.0	柏林	147.0
广州	270.0	洛杉矶	141.3
南京	225.4	天津	136.0
香港	218.2	台北	134.6
巴黎	215.0	釜山	133.4
重庆	202.0	斯图加特	130.0
墨西哥城	202.0	大阪	129.9
科隆	194.8	大连	126.9

③ 商业空间　由于人们对商业空间的自然光线要求不高，并且停留时间短暂，地面天气环境也不会影响到地下的商业运作，受到了居民的欢迎，大批人流涌向这里，商业营业额提高，经济效益、社会效益显著，同时还改善了城市地面交通拥挤、环境恶化等诸多不利因素。

④ 文化娱乐空间　由于电影院、舞厅、咖啡厅、剧院等文化娱乐设施空间在地上时就需要人工照明，因此地下空间就更为方便了。这些空间与地下空间的其他空间（地下交通空间、地下商业空间等）结合开发，并与城市交通联系，分散了人流，缓解了地面交通压力。

⑤ 其他公共空间　对于办公、会议、图书馆、实验室、医疗等公共活动，一般大量面积位于建筑地下，都可以满足。这样不会对环境造成太大影响。

⑥ 市政设施空间　传统的城市地下空间中，给排水、动力、热力、通信等一般都放在这里，主要处理设施用于自来水厂、变电站、垃圾处理厂、污水厂等。建筑的地下空间同样设置设备管道层，用于管线、电缆等的敷设。这样不仅节约用地，对减轻污染也是有利的。

⑦ 仓储空间　地下空间最适合存储物质，不仅方便、安全而且节省能源，地下储存的保存成本相对较低、质量高、提高了经济效益、并且节约了地上的仓库用地。

⑧ 防灾空间　防御灾害是地下空间开发的重要功能，地下空间结构稳定、隐蔽、耐震，第二次世界大战中许多国家都把地下空间作为防御工事。我国规划的人防工程一方面用作防御平时的自然灾害，另一方面用作其他功能空间。

（2）地下各种主要功能的空间布局形式

① 商业功能

a. 串联式商业空间，这类商业空间将商业空间的不同功能串联起来，组织方式有以下几个特点：一是商业空间形态呈狭长带形；二是商业空间的面积较小。在较小的且狭长的空间中，这种形式能够满足明确的方向性和较快速的可达性。

b. 内街式商业空间，这类商业空间将各类商业空间的分布于如街道一样布局的棋盘式地下步道的两侧，形成地下商业内街空间。这种形式的组织方式有以下几个特点：一是商业空间的主要职能是为若干个小商业单元提供商铺，这些单元之间相互独立，以商业内街的形式将其联系起来；二是内街式商业空间内需要有醒目的标示牌，由于棋盘式的交通布局形式，导致内街式商业空间方向感极差，有公共中庭作为导向标准，内部商业街被划分片区，除了醒目的标示以外，还经常以颜色、材质和团来体现区别。

c. 开放式商业空间，这类商业空间各个店铺之间没有实体的空间分界，只通过铺地等材质和内部陈设进行软分割，空间有以下几个特点：一是业主一般都是大型的超市或者是百货商店；二是能够带来宽阔感和利于方向识别。这种类型是现今地下商业空间发展的主要趋势之一，能够有效地缓解地下空间本身带来的压抑感。

d. 综合式商业空间，利用不同商业功能的不同要求，综合多种地下商业空间形式，达到了空间多样化、组织合理化的目的。

② 动态地下交通空间——地铁、地下公路、地下通道　地下交通的建立减少了城市地面道路，改善了城市地面交通，使区域内步行化的观念得以实现，将地面可能相互干扰的交通流分开。地下交通的发展是城市组织空间的基础。

a. 地铁。地铁的本质就是城市道路，是城市的走廊。城市发展的历史中，有地铁运营的城市数量在不断增加，运营的里程也在不断加长，地铁的修建会给沿线的地价、城市结构和形态带来变化，聚集大量人流、物流，促进所在地区的经济发展与繁荣，提高交通整体效益。

有两种地铁的连接形式。

一种是将地铁直接设置在公共建筑的地下室中，建筑地下层与地下交通直接相连，不存在过渡空间形式，地铁要升到一定高度与建筑室内连接（图3-16～图3-18）。

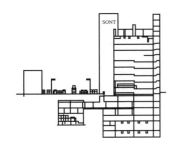  

图 3-16　日本索尼公司　　　图 3-17　我国香港又一城　　　图 3-18　我国香港太古广场
大厦与地铁相连接

　　另一种是运用功能空间的连接，地铁不与建筑地下直接连接，存在过渡空间，如地下连接通道、地下街，这种方式相较成熟，通常是与公共建筑群地下空间有机结合的，最大限度地缩短了地铁站到各个公共建筑的距离（图 3-19）。

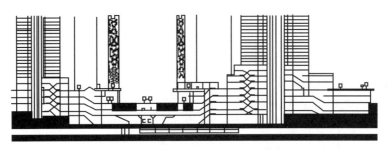

图 3-19　上海陆家嘴地区的立体化网络

　　b. 地下公路。由于经济、技术等方面的因素，在我国地下公路的开发并未形成规模，仅有短距离的开发，一般位于地下浅层区，如珠海拱北的地下道路（图 3-20），公交、的士穿梭于此，有效缓解了地面交通压力，城市地下空间的一体化设计少不了地下公路。

　　c. 地下通道。地下通道是地下空间发展最广泛的交通功能，建筑群地下的连接、建筑地下与地铁的连接等，都是通过地下通道实现的。

　　③ 静态交通系统——地下停车场　建筑地下空间在发展地下停车场空间上有其优势，满足了建筑地上停车难的问题，并且在不破坏视觉和美学效果的基础上，方便了人行和车行空间的分离和联系，避免了人车混杂的现象（图 3-21）。建筑地下停车场主要有以下两种建立形式。

图 3-20　珠海拱北的地下道路　　　　　图 3-21　地下停车场

　　a. 单一式地下停车场。这种类型地下停车场主要是为了满足地上主体建筑外部停车难的问题而建造的，一般围绕建筑地下轮廓设计，空间形式、功能都较为单一。有地下单层布局、地下单层局部布局、地下多层布局等布局方式。

b. 复合式地下停车场。这种类型的地下停车场不再仅局限于建筑主体轮廓以内，通过建筑地下空间向城市地下空间扩充，与城市地铁等地下交通设施连接。在这个区域内建造地下车库，把出租车与社会车辆引入地下空间，不但方便了地铁、出租车以及驾车族的换乘，还有效改善了地面的交通和环境。

④ 地下设备空间（图 3-22～图 3-24）

图 3-22　住宅地下设备间　　　　图 3-23　地下机房　　　　图 3-24　日本地下排水系统

a. 集中式。这类型的设备空间将主要设备空间集中于一处，往往就占单层建筑面积的一半甚至全部，主要适用于单层地下面积较小的建筑。

b. 分散式。这类型的设备空间分布于地下空间的四周环绕着该层的主要使用功能，（一般是停车或者商业空间）这种方式主要适用于地下空间单层面积大的公共建筑，分散式布局需要根据各个设备功能的不同选择比较合适的位置布置，并且尽量不要形成不规则的停车或者商业空间，以防影响主要使用功能。

⑤ 其他地下室功能分析

a. 办公空间，地下办公空间分为两种形式，一种是管理办公室，例如管理设备的管理人员值班室等；还有一种是正式的办公场所，这样的办公室在通风和采光等方面条件较差，一般需要开高窗或者使用采光井等引入自然光与空气流动的方法来保证人的身心健康。

b. 后勤空间，建筑地下空间作为后勤用房使用的例子出现在西京医院消化科大楼，西京医院消化科大楼的一层包括有餐厅空间，为了尽量节省面积则将厨房放在了地下一层，另外住院部也将被褥的清洗放在了地下一层，作为与外界和内部联系都较为紧密而对地面人流又没有干扰的上佳选择。

c. 人防空间，我国现代地下空间的发展最初起于利用建筑地下空间作为人防空间利用，地下建筑的防护，主要是为在战时抵御各种武器的袭击，为此要比普通地下室增加 5%～20%的投资（视工程大小和防护等级而不同）。为了使这部分投资在平时也能产生经济效益，就要使工程同时具备平时和战时功能，即平战结合。

3.1.2.5　地下空间的设计

(1) 地下空间出入口的类型

建筑地下空间出入口主要起到了联系地面环境、引导交通、防火疏散等功能，主要的类型有以下几种。

① 通过地面主体建筑式入口　这种建筑地下出入口主要是存在于地上主体建筑内部的，行人要先进入高层公共建筑内部，再通过地下空间的入口进入，如图 3-25 所示。一般有两种进入形式。一种是利用楼梯或电梯等竖向交通工具进入建筑地下空间，这种入口形式最为

普遍，一般用于建筑地上与地下空间上下对应、分界明显的高层公共建筑，入口大多设置在离主体建筑一层入口较接近的地方，方便人流的疏散。

另一种是利用建筑内部地上、地下贯通的中庭进入地下空间，人们通过中庭的自动扶梯、观光电梯、步行楼梯等进入建筑地下空间，这种入口形式多用于商业、娱乐等性质的高层公共建筑。如加拿大多伦多伊顿中心（图3-26），商场中部有一个贯通三层的大型中庭，从地面一直到地下，供购物的人流集散之用。贯通的中庭不但可以加强建筑内部地上、地下之间的联系，还改善了建筑内部环境，加强了内部采光，让人们在视线上有过渡的空间，避免了从地上空间到地下空间给人带来的封闭感和压抑感。

② 通过建筑外部下沉广场入口　利用建筑外部下沉广场将地上、地下空间巧妙连接，直接从建筑外部进入地下空间（图3-27），这样既解决了入口空间的外部形象问题，增加了建筑外形的层次感，又给地下空间带去自然的光源，人们直接由此进入地下空间但并不增加建筑内部地上空间的人流量，打破了地下空间的封闭感（图3-28）。如法国巴黎列·阿莱广场（图3-29），广场西侧设有一个面积约3000m²，深13.5m的下沉式广场，广场中环绕大面积玻璃走廊，将商场部分地下空间与地面空间很好地沟通起来，有效减轻了地下空间的封闭感。

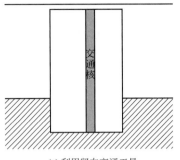

(a) 利用竖向交通工具

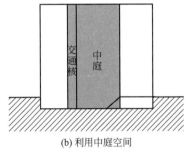

(b) 利用中庭空间

图3-25　通过地面主体进入的两种形式

图3-26　加拿大多伦多伊顿中心

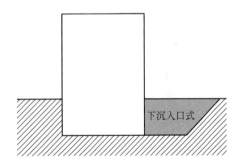

图3-27　通过下沉广场入口方式

图3-28　日本名古屋的下沉广场

图3-29　法国巴黎列·阿莱广场

下沉广场入口边界形态的几种主要形式（图 3-30）如下。

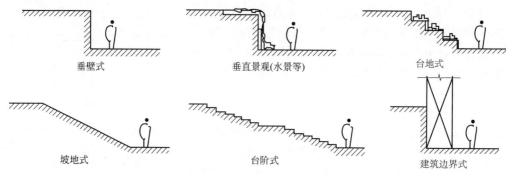

图 3-30　各种下沉广场边界示意图

a. 垂壁式是下沉广场中最为常见的边界形式，但由于其形态较为生硬，不宜大面积使用，局部即可形成下沉广场明确的空间形态。

b. 垂直景观式也是下沉广场中较为常见的边界形式，它弱化了下沉广场边界的生硬形态，同时也给下沉广场空间塑造了宜人的空间立面。

c. 台地式的边界处理方式使地面空间与下沉空间环境之间形成较为自然的空间过渡，可将地面空间的绿化与景观引入地下，形成上下空间的融合。

d. 坡地式是一种比台地式的空间过渡更加自然的边界处理方式，它可以使地上、地下空间完全融合为一体。

e. 台阶式的边界方式与坡地式较为类似，但相对于后者的处理更加人性化，使人们在空间的过渡中，行为更加舒适、自由。

此外，下沉广场的适宜尺度应以视距与下沉深度的比值在 1～3 之间为宜。

③ 地面门厅式　这种形式的入口通常是为了地下空间单独修建的，由修建好的门厅直接进入地下，与建筑地面主体入口相分离，形成单独的入口（图 3-31）。如巴黎卢浮宫玻璃金字塔入口（图 3-32、图 3-33）。

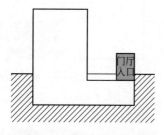

图 3-31　地面门厅式入口

图 3-32　卢浮宫玻璃金字塔入口中庭

图 3-33　卢浮宫玻璃金字塔入口

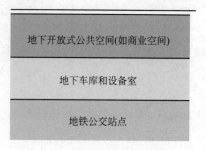

图 3-34　竖直方向的分层布局

（2）地下空间的组合方式

地下空间的组合方式可以分为竖向空间上的组合和水平空间上的组合两种方式，而每种方式又有着各自的组合特点。

① 竖向空间的组合方式　当多种功能集中在地下空间时，通常需要采用分层的组织方式完成功能布局的需求。竖向空间的组合方式是采用垂直分层方式，其地下空间形式可以分为三个层次（图3-34），即"地下开放式公共空间（如商业空间)-地下车库与设备室-地铁站点"。第一层需要考虑与城市地下通道、地下商业街等人行空间联系；第二层需要考虑与城市独立式地下停车场、城市地下快速路的联系问题；第三层需要结合地铁站空间的规划。

② 水平方向组合方式　水平方向的组合方式可以根据功能之间的联系分为线式组合、集中厅式组合、复合式组合三种，如表3-13所示。

表3-13　水平方向的组合方式

形式	线式组合	集中厅式组合	复合式组合
特征	（1）此形式在地下空间平面功能组合中是占大多数，将地下主要功能如商业、储藏、停车、设备等通过线性的交通方式连接起来 （2）缺点是缺乏直达性，以及空间总体方向感不好，主要由于地下空间是在地面建筑主体下受到建筑主体结构的限制，无法主动根据地下功能的关系安排组合方式	（1）此形式常建设在需要地上和地下空间贯通的大空间的建筑内部，多出现在大型的商业建筑内部 （2）地下空间展现出集中性，在中央形成一个通高的开放性交通休憩空间，各部分功能如商业、办公等围绕着这个中心布置，使得地下空间以大空间为中心，联结地下各个功能，有力地改善了内部空间的环境和导向性问题	（1）此形式是一个系统型模式，常由集中式及线式组合合并组成。由一个主导的中央间和一些向外辐射扩展的线式组合空间所构成 （2）此方式因为常需要与同形式而不同功能空间相互连接从而有向外扩展的特点。如地下商业街同建筑地下室的连接，地下广场与建筑地下车库连接等。每种组合形式可为线式或者集中式，因此，复合式组合形式上较其他的复杂
模型			

3.2　室外环境的控制

3.2.1　场地内噪声防治

3.2.1.1　环境噪声概述

（1）定义

居住区声环境直接影响到居住区环境质量，它是指居住区内外各种噪声源对居住者的生理和心理产生影响的声音环境。它直接影响到居民生活的舒适程度。噪声指令人生厌，对人们的生活形成干扰的声音。比如家庭装修电锯声，汽车的喇叭声、刹车声，人们各种活动所产生的吵闹声等。

噪声污染是一种物理性污染，其特点如下。

① 即时性。采集不到污染物；声源停止振动时，噪声立即消失，不会在环境中造成污染的积累和形成永久的伤害；具有突发性，不利于掌握其发生规律。

② 危害是非致命的、间接的、缓慢的，会对人心理、生理上造成影响。

③ 时空局部性和多发性。噪声源分布广泛，集中处理有一定难度。一种声音是否成为噪声，取决于这种声音的强度和它的频率、连续性、发出的时间和信息内容，同时与发出声音的主观意志以及听到声音的人的心理状态和性情有关。

（2）噪声的分类

噪声类型很多，按声源的机械特点可分为气体扰动噪声、固体振动噪声、液体撞击噪声和电磁噪声；按照声音的频率可分为小于400Hz的低频噪声、400～1000Hz的中频噪声及大于1000Hz的高频噪声；按噪声随时间变化的属性可分为稳态噪声、非稳态噪声、起伏噪声、间歇噪声、持续性噪声以及脉冲噪声等。

环境噪声根据噪声源的不同主要包括交通噪声、工业噪声、建筑施工噪声和生活噪声，如表3-14～表3-18所示。

表3-14　环境噪声的类型及特点

类型	特点	来源	对居住环境影响
交通噪声	(1)城市环境的主要污染源，约占城市噪声源的40%以上 (2)具有流动性，干扰面较广，声源单一，较容易识别，治理方法相对简单	主要是飞机、火车、汽车等交通运输工具在飞行和行驶中产生的	在交通主干线及火车站、汽车站、飞机场附近的居住区影响较为明显，采取了很多措施对城市居住区声环境的影响依然存在
工业噪声	(1)声源多而分散，类型比较复杂，产生的连续性声源较难识别，治理较为困难 (2)会给生产工人带来身体危害，如造成职业性耳聋和其他疾病，还会干扰附近居住区居民	主要是工厂在生产过程中机械震动、摩擦撞击及气流扰动产生的	很多城市存在大型企业距离居住区比较近的情况；产生较大的噪声，直接影响居住区居民的生活和健康。相对其他噪声来讲较容易控和治理
建筑施工噪声	(1)建设施工现场是噪声污染严重的场所 (2)对某一地点是暂时性的，但对整个城市和基建工人是经常性的	主要是家庭装修和城市内建筑施工现场各种不同性能的动力机械作业所产生的噪声产生的	对施工人员的健康有严重影响，还对施工现场周围居住区居民的生活和身心健康造成影响
生活噪声	(1)环境中最为普遍的噪声 (2)商业、文体、游行、宣传活动等应用扩声设备，造成的噪声污染就更为严重	主要包括群众集会、文娱宣传活动、人声喧闹、家用电器等产生的	影响较严重，严重影响附近居民的日常生活及健康。邻里之间的噪声干扰也变得日益严重

表3-15　常见工业设备声级范围　　　　　　　　　　　　　单位：dB

设备	声级	设备	声级	设备	声级	设备	声级
织布机	96～106	冲床	74～98	风铲	91～110	退火炉	91～100
引风机	75～118	车床	75～95	剪板机	91～95	卷扬机	80～90
鼓风机	80～126	锻机	89～110	粉碎机	91～105	拉伸机	91～95
破碎机	85～114	砂轮	91～105	磨粉机	91～95	细沙机	91～95
空压机	73～116	冲压机	91～95	抛光机	96～105	整理机	70～75
球磨机	87～128	轧机	91～110	冷冻机	91～95	木工圆锯	93～101
振动筛	93～130	电动机	75～107	挤压机	91～100	木工带锯	95～105
蒸汽机	86～113	发电机	71～106	锉锯机	96～100	飞机发动机	107～160

表 3-16　家用电器噪声　　　　　　　　　　　　　　　　单位：dB

名称	声级范围	名称	声级范围
洗衣机	50～80	窗式空调	50～65
除尘器	60～80	吹风机	45～75
电视	55～80	缝纫机	45～70
钢琴	60～95	高压锅	58～65
电冰箱	40～50	食品搅拌机	65～75
电风扇	40～60	抽油烟机	55～60

表 3-17　建筑施工常用机械噪声　　　　　　　　　　　单位：dB

机械名称	距离源10m距离		距离源30m距离	
	范围	平均	范围	平均
打桩机	93～112	105	84～102	93
混凝土搅拌	80～96	87	72～87	79
地螺钻	68～82	75	57～70	63
铆轮	85～98	91	74～86	80
压缩机	82～98	88	73～86	78
破土机	80～92	85	74～80	76

表 3-18　2008～2012 年我国道路交通噪声监测结果统计

年份	主干道	路段总数/条	总路长/m	平均路宽/m	平均车流量/(辆/小时)	年均值 L_{eq}/dB(A)	达标率/%
2008	9	17	52400	44.2	917	69.4	77.8
2009	9	17	52400	44.2	1041	69.2	44.4
2010	9	17	52400	44.2	855	69.1	55.6
2011	9	17	52400	44.2	1032	68.9	66.7
2012	9	17	52400	44.2	794	69.7	76.3

（3）噪声对人体的危害

① 噪声对人听力的危害　暴露性耳聋是突然发生强烈噪声造成的听觉器官的损伤，通常发生在矿井、隧道、筑路等爆破作业中，常常在过往行人和附近居民毫无心理准备时突然发生。噪声强度通常超 130dB（A），有时甚至高达 140～160dB（A），频率高，而且伴随强烈的冲击波。受害者表现为鼓膜破裂，发生听小骨错位、韧带撕裂、出血，而导致听力完全丧失。同时还可能伴随脑震荡、剧烈耳鸣、晕眩、恶心呕吐等症状。发生噪声性耳聋的百分比如表 3-19 所示。

表 3-19　发生噪声性耳聋的百分比　　　　　　　　　　单位：%

A声级/dB	暴露年限/a						
	0	5	10	15	20	25	30
80	0	0	0	0	0	0	0
85	0	1.0	2.6	4.0	5.0	6.1	6.5
90	0	3.0	6.6	10.0	11.9	13.4	15.6
95	0	5.7	12.3	18.2	21.4	24.1	26.7
100	0	9.0	20.7	30.0	35.9	38.1	40.8
105	0	13.2	31.7	44.0	49.9	54.1	57.8
110	0	19.0	46.2	61.0	68.4	73.1	73.8
115	0	26.0	61.2	79.0	83.9	86.1	84.3

有关调查研究显示强度不大的噪声对听力不会有太大的伤害，但长期接触声强高达80～90dB 的高频率噪声，也会造成听觉的慢性损伤。这种听力损伤的特征，起初出现 3000～4000Hz 的高频段，然后逐渐朝向两侧扩展，如图 3-35 所示。这种情况下，患者耳蜗螺旋器

出现退化性病理变化，耳聋是逐渐发展的，在发展的过程中，还能依靠视觉的帮助而具有一定的交谈能力。

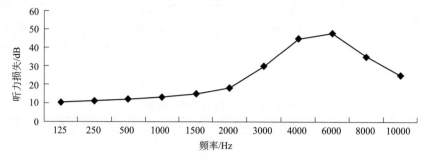

图 3-35　噪声性耳聋听力图

② 噪声对人视觉的危害　因为感觉器官彼此交互作用，经常接触很强的噪声会影响视觉的光感，从而影响看东西的清晰度。当噪声超过 140dB（A）时，甚至会引起眼球震动和视野模糊。

③ 噪声对人内分泌的危害　经常性噪声会使母体的内分泌腺体功能发生紊乱，根据有关资料，严重的噪声干扰能促使早产率和死亡率升高，初生儿体重减轻等。在一般动物中，也出现这种影响。例如，生活在较强噪声中的怀孕母马，会因为噪声的经常性影响而容易发生流产。此外，噪声也会使母鸡的产蛋率和母牛的出奶率普遍降低。

④ 噪声对人中枢神经系统的危害　经常性接触噪声，使大脑皮层兴奋和抑制的平衡状态失调，形成牢固的兴奋，使支配内脏的自主神经发生功能紊乱，进而引起头痛、头晕、失眠、多梦、记忆力减退、注意力分散、耳鸣、容易疲倦、反应迟钝、神经压抑以及容易激怒等一系列症状，统称为"神经衰弱"症候群。此外，常常会伴随胃肠系统症状。有些人还会显示血管痉挛或血管紧张度下降，因而导致血压波动升高和心律不整等症状。当噪声达 70dB（A）时，指端皮温下降者占受检人数的 65%，噪声为 90dB（A）时，指端皮温下降者所占比例高达 90%。

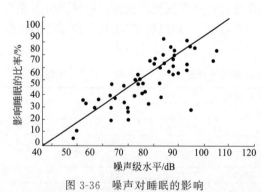

图 3-36　噪声对睡眠的影响

⑤ 噪声对睡眠的影响　噪声会影响人的睡眠质量和睡眠时间。噪声对睡眠的影响情况如图 3-36 所示，特别是老年人和病人。当出现连续性噪声时，会加快从熟睡到浅睡的回转，从而造成多梦及熟睡时间缩短。另外，当出现突然的噪声时，会使人从睡眠中惊醒。

通常情况下，40dB（A）的连续性噪声，会使受检人数的 10% 受到影响，70dB（A）会使受检人数的 50% 受到影响；40dB（A）的突然噪声可使受检人数的 10% 惊醒，而 60dB（A）可使受检人数的 70% 突然惊醒。睡眠受到噪声的干扰时，体力和精力都得不到充分的恢复。如果这种情况持续下去，则工作效率和健康都会受到影响。

3.2.1.2　国内外对环境噪声的研究

2016 年，全国地级及以上城市开展了功能区声环境质量、昼间区域声环境质量和昼间道路交通声环境质量三项监测工作，共监测 79119 个点位。全国城市功能区声环境昼间监测点次总达标率为 92.2％，夜间监测点次总达标率为 74.0％。昼间区域声环境质量等效声级平均值为 54.0dB（A），昼间道路交通噪声平均值为 66.8dB（A）。2016 年，全国各级环保部门共收到环境噪声投诉 52.2 万件（占环境投诉总量的 43.9％），办结率为 99.1％。其中各类噪声投诉比例见表 3-20。

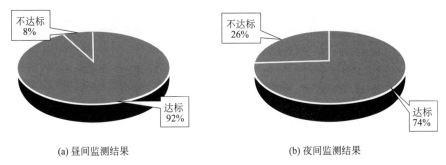

(a) 昼间监测结果 　　　　　　　　(b) 夜间监测结果

图 3-37　2016 年全国城市功能区声环境监测结果

表 3-20　2016 年全国各级环保部门收到环境噪声投诉比例

投诉类型	所占比例	投诉类型	所占比例
工业噪声	10.3％	社会生活噪声	36.6％
建筑施工噪声	50.1％	交通运输噪声	3.0％

目前，国外居住区声环境的主要污染源是交通噪声、工业噪声及生活噪声。在美国、日本和西欧各国的主要噪声源中，汽车所产生的噪声占主要地位。日本和西欧各国受道路交通噪声影响的人口比受飞机噪声影响的人口高出很多倍。根据有关数据显示，上述发达国家人口的 15％左右，仍暴露在室外噪声级大于规定标准的环境中，如果不采取强有力的控制措施，噪声对居民的影响将更加严重。

3.2.1.3　环境噪声的防治

在环境噪声中，交通噪声是最为常见的噪声污染。随着人民生活水平提高，家用汽车数量增加，成为交通噪声的主要来源之一，并对居住区声环境带来多方面不可忽视的影响。交通噪声传递主要路线如图 3-38 所示。

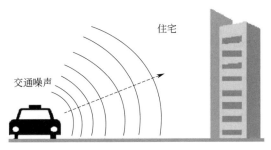

图 3-38　小区道路交通噪声的传播路线

目前，我国控制居住区声环境噪声污染的主要依据是 2008 年国家环境保护部发布的《声环境质量标准》（GB 3096—2008）。该标准按照使用功能特点和环境质量要求，将声环境分成 5 种功能区，如表 3-21 所示。

表 3-21　声环境的类别划分及相关说明

类别		相关说明
0 类		指康复疗养区等特别需要安静的区域
1 类		指以居民住宅、医疗卫生、文化教育、科研设计、行政办公为主要功能,需要保持安静的区域
2 类		指以商业金融、集市贸易为主要功能,或者居住、商业、工业混杂,需要维护住宅安静的区域
3 类		指以商业生产、集市贸易为主要功能,需要防止工业噪声对周围环境产生严重影响的区域
4 类	4a	高速公路、一级公路、二级公路、城市快速路、城市主干路、城市次干路、城市轨道交通(地面段)、内河航道两侧区域
	4b	铁路干线两侧区域

在标准中对于居住区相关的声环境最低要求为昼间 60dB、夜间 50dB。当噪声超过 60dB时,人们几乎不能进行正常的交往。英国在评估居住区规划许可时,确定拟建居住区处于PPG24 规范中 4 种噪声暴露类别,从而确定一系列限制指标及控制措施,如表 3-22 所示。

表 3-22　噪声暴露类别

A	噪声不是规划许可的决定性因素,尽管噪声上限会给人带来不愉快感
B	噪声是规划许可需要考虑的因素,并采取充分的噪声防护措施
C	常规下,不能批准规划许可;特殊情况下,如没有其他更安静区域提供时,应确保降噪的条件加以实施
D	正常情况下,规划许可被拒绝

声环境噪声的优化可以从场地选址、场地内外道路合理布置、场地内集中噪声源优化处理等方面来进行。由于场地内环境噪声主要来源于城市交通噪声,因此主要采用"避"与"隔"的方法进行优化处理;对于建筑内部噪声主要通过在房屋建筑设计阶段合理设计以及加装各种降噪设施等手段来进行优化处理。

① 绿化带降噪　为了减少交通噪声对场地声环境的影响,可以在场地附近道路两侧地面进行绿化,包括树木绿化和地面绿化。不但可以改善城市生态环境,而且还有利于降低交通噪声对场地声环境的影响。在进行绿化设计的时候,种植结构应采用乔灌草复层种植结构(如图 3-39 所示),使种植断面的各个层次都有茂密的树冠层,充分发挥绿地降噪效果。据有关研究,当绿化带宽度大于 10m 时,可以降低交通噪声 4～5dB(图 3-40)。绿化带降噪的措施执行的时间较长,具有时间滞后特点,只作为辅助交通噪声降噪措施。

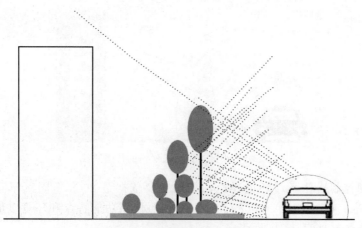

图 3-39　复层种植隔声效果图

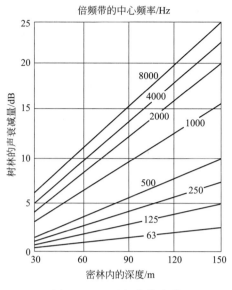

图 3-40 通过绿化带降噪

② 建筑声屏障 在建筑设计中常采用的降噪方法是采取"堵",主要利用沿街的建筑物或者在道路两侧设置隔声屏障的措施来保证场地内声环境的良好。原隔声屏障一般由钢结构及玻璃等制作而成,但本身隔声量不足及高度有限,隔声降噪效果欠佳。现在的隔声屏障主要采用的是 PC 聚碳酸酯板材,与玻璃和钢结构的比较如表 3-23 所示。

表 3-23 PC 板材与玻璃及钢材的比较

项目	PC 板材与玻璃和钢结构比较
透光率	PC 最高可达 89%,十年后透光流失仅为 10%,而玻璃纤维为 12%~20%
撞击强度	PC 是普通玻璃的 250~300 倍,是钢化玻璃的 2~20 倍
重量	为玻璃的一半,节省运输、搬卸、安装以及支撑框架的成本
可弯曲性	较强,可依设计图现场采用冷弯方式,安装成拱形、半圆形顶等特殊形状
隔声效果	在厚度相同的条件下,PC 阳光板的隔声量比玻璃提高 5~9dB
热导率	PC 低于普通玻璃和其他塑料的热导率,隔热效果比同等玻璃高 7%~25%
结露情况	表面不结露,露水会沿板材的表面流走,不会滴落

a. 利用建筑物作为声屏障,这种方法能够取得较好降噪效果,但低频声波具有自身的传播特性,因此作为声屏障的构筑物必须有足够的长度和高度,一般采用具有防噪措施的板式高层住宅,或是用对噪声传播不敏感的建筑物来作为声屏障。

b. 设置隔声屏障措施,声屏障降噪一般对两侧低层建筑效果较明显,对高层建筑几乎没有效果;对声源尺寸小效果较好,对尺寸较大的效果较差(图 3-41)。声屏障降噪效果的决定因素是声屏障高度、需要降噪建筑物位置、声源位置和周围的环境条件等(图 3-42)。

目前,国内现有吸声型声屏障多为板式结构(图 3-43、图 3-44),结构形式单一,对于中低频噪声吸声性能较差。由于交通噪声主要频率分布范围较宽,因此国内外都把阻抗复合型声屏障作为拓宽吸声频带、提高降噪效果的主要研究方向。

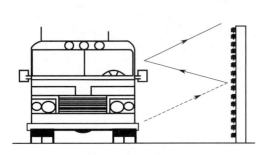

图 3-41　道路声屏障

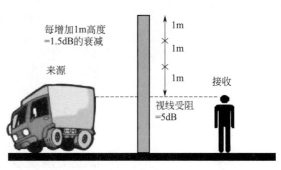

图 3-42　声屏障高度与降噪效果的关系

图 3-43　建筑周围的声屏障

图 3-44　居民区周围吸声型屏障

③ 场地规划设计阶段，通过合理布置，降低交通噪声　城市防噪声规划及建筑防噪声布局是控制场地外部交通噪声的重要手段和措施。在场地规划和建设过程中，应按照各类建筑物在使用上对环境的要求，划分功能区域和布置道路网。在城市防噪声规划中，应考虑的防噪声措施如下。

a. 合理规划防护对象与噪声源之间的降噪距离。声波会由于传播距离的增大而逐渐衰减，并且受到所处环境的影响，传播距离越远，噪声干扰程度越轻。

b. 设置隔声设备。在场地设计阶段利用隔声设备来降低交通噪声的影响，能起到的噪声衰减作用，其衰减值不超过 24dB。

c. 充分利用地形优势，有效控制噪声传播。如图 3-45～图 3-47 所示。

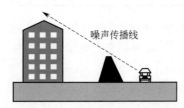

图 3-45　利用土墙降低噪声传播

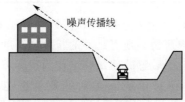

图 3-46　利用土堡降低噪声传播

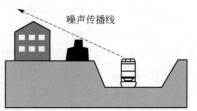

图 3-47　利用土丘降低噪声传播

d. 设置和发展地下交通网。

e. 加强绿化。在城市主要交通干道和场地内道路两侧种植绿化带，并在各功能区之间进行绿化，通过增加绿化用地，降低交通噪声的影响。

f. 通过合理布局建筑降低噪声影响。交通干道附近不同的建筑布置形式降噪效果不同，具体如图 3-48 所示。

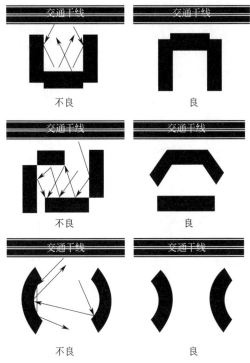

图 3-48　不同建筑布置形式的降噪效果对比

3.2.2　绿化布局

3.2.2.1　垂直绿化概述

城市中各类建筑物的外墙、围墙、挡土墙和河道护坡墙等一切垂直于地面的建筑和构筑物的墙体以及藤架、栏杆、岩壁等利用植物纵向空间发展的绿化统称为垂直绿化（vertical greening）；从狭义上来讲，垂直绿化是栽种藤本植物或依附墙体的绿化，利用植物具有吸附、缠绕、卷须、钩刺等攀援的特性，使其依附在各类垂直墙面、斜坡面和空架上进行的绿化，具有省工、见效快的特点。

垂直绿化根据种植方法的不同又有不同的概念。

① 墙面绿化（wall planting）　泛指用攀援植物装饰建筑物外墙和各种围墙的垂直绿化形式。

② 植物幕墙（plant curtain wall）　指在模拟自然界垂直立面植物群落的基础上，以一种抗酸碱腐蚀且寿命长的植物幕墙基质布为介质，运用园林工程技术和艺术设计的手法，通过声、光、雾，把丰富多彩的植物与建筑立面完美结合的垂直绿化。

马来西亚建筑师杨经文设计的新加坡 EDITT 绿塔，将整座 26 层建筑披上了绿装，绿色空间与居住面积比例为 1∶2，运用当地最适宜的植物，沿坡道螺旋状排列种植攀缘在不同的屋顶上，使植物最大限度获取阳光和雨水。利用遮阳板和导风墙将风引入空中庭园，加上植物的调节作用，最大限度地减少机械通风（图 3-49）。

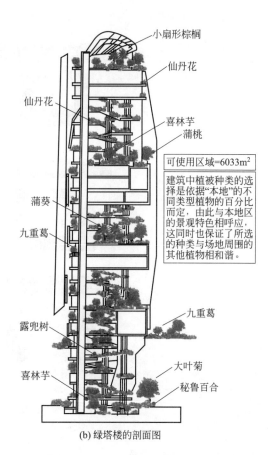

小扇形棕榈

仙丹花

仙丹花

喜林芋
蒲桃

可使用区域=6033m²

建筑中植被种类的选择是依据"本地"的不同类型植物的百分比而定，由此与本地区的景观特色相呼应，这同时也保证了所选的种类与场地周围的其他植物相和谐。

蒲葵

九重葛

露兜树

喜林芋

九重葛

大叶菊

秘鲁百合

(a) 新加坡EDITT绿塔楼效果图　　　　　　(b) 绿塔楼的剖面图

图 3-49　新加坡 EDITT 绿塔楼

法国植物学家、设计师派屈克·布朗克（Patrick Blanc）的代表作巴黎凯布朗利博物馆（Musee du Quai Branly）充分将垂直绿化与建筑物相互融合。在面积为 800m² 的行政大楼外墙上，种植来自世界主要温带地区 150 种 1.5 万株植物，构建出一面青葱翠绿并点缀着五彩缤纷花朵的垂直花园，形成远景埃菲尔铁塔与钢结构博物馆之间在视觉上完美过渡，使人产生强烈的空间感，极大地体现出植物幕墙的艺术创造力（图 3-50）。

图 3-50　巴黎凯布朗利博物馆垂直花园

3.2.2.2　垂直绿化的功能

垂直绿化有缓解城市热岛效应、提高建筑的节能效益、改善城市景观、丰富城市物种多样性等方面的功能。加拿大"多伦多屋顶绿化研究团体"的一项研究表明：如果多伦多市屋顶面积有 $650 \times 10^4 m^2$ 被绿化，其结果是热岛效应降低 $1 \sim 2 ℃$、温室气体排放每年减少 $2.12 \times 10^6 t$，减少雾霾天气 $5\% \sim 10\%$、通过植物吸附灰尘每年 30t，创造了 $650 \times 10^4 m^2$ 公共的和私人的绿色空间（图 3-51）。

（1）生态功能

① 缓解城市热岛效应　随城市建设加快，建筑物密集增多导致通风不利，交通、日常

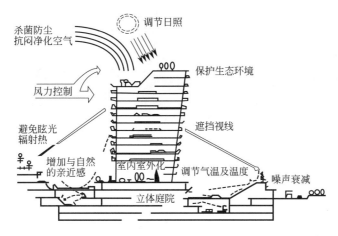

图 3-51　垂直绿化的功能

生活释放出大量的热能，水泥、沥青、砖石等材料吸收储存太阳辐射的热量等一系列原因，导致城市温度逐渐升高。植物具有遮阳、降低太阳的辐射强度、吸收和蒸腾太阳辐射、增加空气湿度、净化空气等作用（图 3-52、图 3-53）。因此，垂直绿化可以降低建筑物（构筑物）对周围环境太阳辐射的反射和总热量的转移，有利于改善建筑外部的热环境，减弱城市的热岛效应。此外，植物还可以控制和改变风速和风向，形成局部微风，从而加快空气的冷却过程。

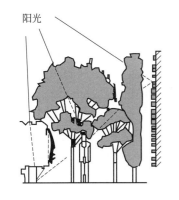

图 3-52　植物降低太阳辐射

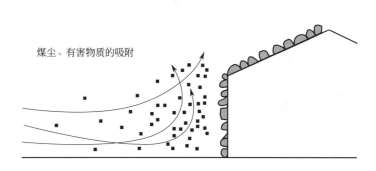

图 3-53　植物净化空气

②　净化空气、治理 PM2.5　随生态环境的日益恶化，空气中粉尘、病菌、直径小于 $2.5\mu m$ 的细颗粒物（PM2.5）污染增多，城市环境空气质量显著下降。植物叶片表面布满绒毛的特性和本身的湿润性对灰尘有很强的吸附和截留作用，还有降低风速的作用，既可大量吸附飘浮在空气中的灰尘、细颗粒，还可使空气中飘浮的较大颗粒落下，实现滞尘效应，提高空气质量（图 3-54）。

③　减少噪声　噪声污染是城市环境污染之一，严重影响人们的工作生活质量和身体健康。绿色植物具有吸收声量、改变声音的传播方向、干扰声波等功能，可以减弱 20％～30％的噪声。此外，室内绿化能较明显地降低受噪声污染者的烦恼度。垂直绿化相当于在建筑物立面上增设了一层优质的隔声材料，增强了建筑表面的隔声性能。如图 3-55 日本垂直绿化隔声实例。

(a)   (b)

图 3-54　植物实现滞尘效应

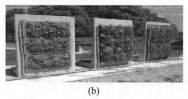

(a)   (b)

图 3-55　日本垂直绿化隔声实例

　　④ 调节温湿度　建筑外饰面材质多为质地较硬的石料、混凝土、砖、瓦等蓄热量较大的材料等，有较强的热辐射性能。绿色植物在夏季可以通过叶面的遮挡和蒸腾作用，降低建筑立面温度，改善室内热环境；在冬季可以降低建筑周边的风速和风压，减少建筑热损失，起保温作用。此外，绿色植物的蒸腾和基质中水分的蒸发会增加建筑的蒸散热量，进而增加空气中的绝对湿度。西北农林科技大学生命科学学院的魏永胜教授携其余两名教授对于此理论曾进行过试验以此来验证。实验表明不同的绿色植物对墙体的降温效果是不同的，这种差异的产生是由蒸腾作用导致的，与此同时叶片对光的反射、透射和利用能力对降温效果也有一定贡献。有绿植攀附的墙壁，在裸露表面温度（A）、冠层下墙体表面温度（B）、冠层表面的温度（C）是不同的，依次呈现温度降低的趋势（图 3-56）。此外，从另一项关于垂直绿化降低热岛效应的数据中发现，夏季覆盖有适当植被的垂直绿化墙体能够使其表层温度降低、室内温度降低（图 3-57）。

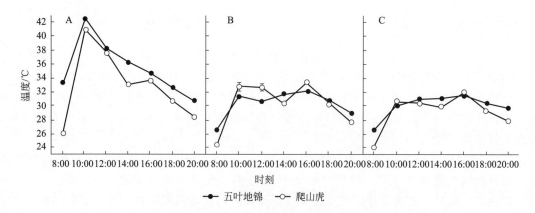

图 3-56　墙体西立面有无覆盖爬山虎的墙体表面的温度变化

(a) 悬挂植物墙　(b) 攀爬植物墙　(c) 裸露的混凝土墙体

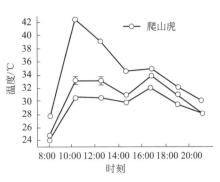

图 3-57　西向墙体各表面及温度变化曲线

(2) 社会效益

① 节能环保　夏季，热墙会导致建筑物室内温度上升，需要降温系统等降温；冬季，需要加温系统（空调、风扇暖气等）来取暖，需要消耗大量的能源。垂直绿化建筑物内冬暖夏凉的功能，可以减少能源的消耗，同时保护环境。加拿大多伦多大学一项试验研究表明，通常情况下覆盖有垂直绿化的建筑墙壁会降低 20％～23％ 的能耗。

② 美化城市　垂直绿化将城市绿化由二维平面延伸到三维空间，可以增加绿化层次，丰富城市景观，有效地提高绿化覆盖率（图 3-58）。由于植物有柔化建筑外形的效果，可以消减生硬的建筑群产生的严重压迫感，使城市空间环境变得富有生命感和亲和力（图 3-59）。

图 3-58　垂直绿化构成的三维景观效果

图 3-59　伦敦雅典娜酒店的外立面的景观

③ 保护建筑物（构筑物）　垂直绿化通过降低风速、抵御风吹雨打减轻建筑物（构筑物）防水层的老化和表面的风化，防止建构筑物表面产生裂缝，延长外墙的平均使用寿命（图 3-60）；可以有效抵挡和吸收环境污染产生的酸雨对建筑物的侵蚀。当墙体有较大面积植物层和喷淋系统覆盖时，可以在发生火灾时防止火势蔓延（图 3-61）。

④ 促进身心健康　垂直绿化能够消化城市中压力和不和谐因素，促进人们的身心健康，诱发乐观舒畅的心态，陶冶人们的情操（图 3-62）。有研究表明，住在敞亮且有开满花的树包围的病房里的病人，比住在有直接光亮但四面都是水泥墙的病房里的病人恢复得更快。室内植物幕墙对长期从事室内工作的人有直接或间接的影响，可以降低环境胁迫压力，提高工作效率和改善工作人员的健康状况。对建筑物外部进行垂直绿化，能有效减少光污染，将城市空间光环境亮度调控到较为舒适的程度，营造更加美好的城市环境。

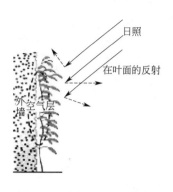

图 3-60　植物的隔热作用图

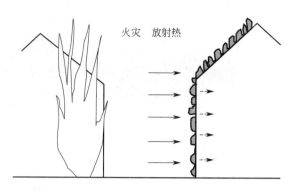

图 3-61　植物保护建筑物的作用图

图 3-62　里约热内卢的高架桥垂直绿化

(3) 经济价值

① 品牌效应　随经济水平提高，人们对生活品质提出更高的要求。在商业空间中，融入大量的绿色元素，同时结合产品或是某种服务可吸引消费者（图 3-64）。垂直绿化本身可作为艺术品，以某一角度将它们嵌入环境中或是使其作为一块市容空间装饰，能让大众能够直接享用。

图 3-63　法国 Musee duquaff Branly

② 提升价值　高质量绿化或景观设施可以为一栋建筑物增值 15%～20%。在商业和住宅装饰装修中，一面植物幕墙能为建筑物增加明显的价值。尤其处于一个巨大的混凝土丛林

图 3-64 佛罗伦萨 Replay 新概念店的垂直绿化

中，垂直绿化的建筑更能凸显建筑的个性，提升建筑的知名度，聚集人们前往，从而提高建筑所有者的经济效益（图 3-65）。

图 3-65 马德里 CaixaForum 的垂直绿化

3.2.2.3 国内外的相关研究

（1）欧洲

在欧洲，垂直绿化有着悠久的历史，比如一些城堡宫廷上的紫藤。17～18 世纪，垂直绿化从特权阶级推广到市民。19 世纪，藤本植物作为庭院绿化达到了顶峰，利用攀援于墙面或支架上的藤本植物，构成竖向绿荫。在产业革命以后，高效利用和发挥建筑空间潜能的垂直绿化成为现代发展趋势。比如法国"垂直花园"的创始人著名植物学家 Patrick Blanc 与建筑师 Jean Nouvel 合作设计的巴黎 Musee du quaff Branly（图 3-63）。目前世界上拥有"建筑物大面积植被化"的技术成果和科研开发中，大约 90% 为德国的专利。

图 3-66 巴西里约热内卢"绿草墙"

（2）美洲

美洲的垂直绿化起步较晚，比如在 1959 年，美国加利福尼亚州奥克兰市凯泽中心才出现了屋顶绿化。在巴西里约热内卢使用一种"绿草墙"的巴西独有的植物墙，是采用空心砖，在里面填入基质和草籽，在内部接通喷水管，按一定时期喷水，草生长良好，起到了美化环境、净化空气、减少噪声和隔热降温的作用（图 3-66）。

（3）日本、马来西亚、韩国和新加坡

日本、新加坡等人多地少的国家对垂直绿化绿化越来越重视。

① 日本　明治维新将西洋建筑的垂直绿化引入。比如，1924 年在兵库县西宫市甲子园棒球场用常春藤进行垂直绿化。2000 年以后，日本墙面垂直绿化达到了 10.1hm²。2005 年日本全国的建筑物垂直绿化面积至少是 2000 年的 13 倍。例如福冈的 ACROS 楼（图 3-67），设计者有意把整个建筑的 1/4 处理为地下空间，把地上 1～13 层（60m）设计成台阶状，郁郁葱葱的绿色植被从一层覆盖到最高层。

② 马来西亚　马来西亚的建筑师杨经文是一位著名的"空中花园"实践者，他始终如一地贯彻生物气候设计原则创造了众多具有垂直绿化空间，生态效应显著的建筑。1992 年吉隆坡的梅纳拉商厦是他的代表作品之一（图 3-68）。

图 3-67　福冈的 ACROS 楼

图 3-68　梅纳拉商厦

③ 韩国　从 20 世纪 80 年代韩国开始普及屋顶绿化，20 世纪 90 年代末重视墙体绿化。1999 年，首尔开展了名为"城市构筑物墙体绿化"的工作。

④ 新加坡　在 20 世纪 80 年代开始，新加坡就开始享受绿化的成果，赢得"花园城市"的美称。现今，新加坡在继续强调绿树花园、维持现状的基础上，推进一地多用以及屋顶和垂直绿化。

图 3-69　上海世博会的中国宁波滕头馆墙体绿化

（4）国内

我国垂直绿化应用历史悠久，可追溯到 2400 年前春秋时期吴王夫差利用薜荔藤本植物建造苏州城墙。近几年来，全国各地大小城市的垂直绿化得到较大发展。比如上海世博会的中国宁波滕头馆墙体绿化（图 3-69）。但规模比较小，工艺技术与国外先进水平相比存在较大差距，对垂直绿化的研究特别是设计方法上的研究还有待进一步深入。

3.2.2.4 垂直绿化的类型

垂直绿化可以使建筑的立面有绿色的点缀，使优美的大自然渗入室内，增添生活环境的美感和生气。主要有表 3-24 所示的几种方式。

表 3-24 垂直绿化的几种方式

方式	阳台绿化	墙面绿化	绿门与绿廊绿化
特点	①形式上有凹、凸、半凹半凸三种；②通风、日照的情况不同，需要盆景架和种植箱等管理植物	①根据墙面结构和粉饰材料选择不同植物品种和绿化形式；②种植植物容易见效、生长迅速，可根据喜好每年更换绿化材料，管理较为简单	①公园庭院中常用垂直绿化的典型布局；②常用在入口或小规模庭院通道、广场，与自然式庭院相配合，有得天独厚的自然景观
种植方式	①向下垂挂形成绿色垂帘；②将绿色藤本植物引向上方窗台、阳台构成绿幕	①用绳索、枝条、铁丝牵引，制成简易棚架、花架及与墙面保持一定距离的垂直支架等；②直接种植，沿石壁、墙面或篱笆攀爬	常以石、竹、木、砖等材料为主要骨架，绿廊（凉棚、花架、花栅、亭榭）一般宽 2.5～4m，高 2.7～3m
选用植物种类	一、二年生草本植物，如牵牛、茑萝、豌豆等或者盆景、花木等花美鲜艳、叶片茂盛的植物	草本蔓生植物，如牵牛、茑萝、观赏瓜；吸盘或气根藤本植物，如地锦、爬山虎、凌霄；缠绕性能的蔓性藤本植物，如葡萄、紫藤等	草本蔓生植物，如牵牛、茑萝、观赏瓜；吸盘或气根藤本植物，如地锦、爬山虎、凌霄；缠绕性能的蔓性藤本植物，如葡萄、紫藤等
实例			

垂直绿化的植物品种具有不同的生态习性和观赏价值。根据环境特点，选择植物种类进行合理布置。如大门花墙、亭、廊、花架、栅栏、竹篱等处，可选择蔷薇、木香、木通、凌霄、紫藤、扶芳藤等，美观又遮阴纳凉。在白粉墙及砖墙上选择爬山虎、络石、常春藤等，它们生长快，效果好，秋季可观赏叶色的变化，保护墙面；西墙绿化可以使室内冬暖夏凉。

3.2.2.5 垂直绿化技术

垂直绿化按照技术的不同分为攀爬式、模块式、水培介质型三类。垂直绿化系统一般由种植容器、造景植物、栽培介质、结构系统、灌溉系统及施工维护等几个方面组成。

种植容器因各系统设计有差异，造景植物要依据垂直绿化设置的地域、朝向及设计效果、预计使用年限等因素而选择；栽培介质需要综合考虑绿墙的整体设计及其搭配的系统结构，通常采用轻介质材料；灌溉系统根据各自系统结构特点配置不同，有喷雾、喷灌、滴灌以及新型的非滴灌系统。结构系统固定和支撑整个垂直绿化，需要考虑结构组件取得的难易、设计高度。一般来说，好的系统是低度维护保养、操作简单的控制系统，成本相对较低。

（1）攀爬式垂直绿化

利用藤蔓类植物的吸附、缠绕、下垂、卷须、钩刺等特性在一定空间范围内，借助于各种栏杆支架、建筑物墙面和桥柱、护坡等构筑物进行的垂直绿化形式（图3-70）。根据植物攀爬方式、攀缘能力和技术手段的不同，将攀爬式垂直绿化分为附壁式、牵引式和附架式，如表3-25所示。

 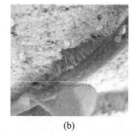 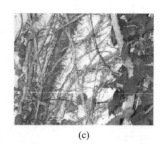

| (a) | (b) | (c) |

图 3-70　攀爬式垂直绿化

表 3-25　攀爬式垂直绿化的形式

形式	附壁式	牵引式	附架式
特点	①不需要支架或其他牵引措施，依靠攀缘植物自身特点在物体上自由攀爬，形成自然形态的垂直绿化效果； ②技术要求不高，只需在建筑设计过程中预留种植空间，满足植物生长需求； ③植物生长周期较长，生长形态、效果难以控制，可能会影响建筑的正常使用	①在附壁式基础上，通过铁丝网、绳索等材料对攀爬植物进行牵引形成； ②最大特点是引导植物生长方向，控制生长形态，避免覆盖建筑物重要部位，提高植物的覆盖速度，一般需要3～5年实现全面覆盖。 ③牵引绳索与建筑物之间应保持至少20mm的间距（应大于选用植物成景稳定后主干的直径），使植物不会损坏建筑墙面材料	①在牵引式基础上，通过金属构架、木架等以及附属构件形成攀爬架供植物攀爬以达到绿化效果。 ②附架式结构可以根据理念和构图的需求设计出各种的形状，布置方式灵活，功能多样，能更好地与建构筑设计结合，构成新颖、独特的绿化空间
实例			

① 牵引式绿化技术　牵引结构（特别是大型绳索网中间结构）安装时，必须考虑荷载、风力等作用。使用适当类型和数量的固定附件优化结构负载，结构所需固定附件的数量和位置取决于它的大小和类型。由于攀援植物生态习性及绳索、固定附件本身承受能力的限制，绳索左右、上下之间的最大距离分别为1000mm、3000mm（图3-71～图3-74）。

由于牵引式绿化效果的可控性，使设计手法较为灵活多样。一方面可以大面积地对建筑立面进行覆盖，既不会损坏建筑表面材料，影响建筑的正常使用功能，也能使建筑表现出特殊的效果。另一方面，可对建筑局部进行绿化装饰，注重设计建筑立面的艺术构成，形成植物和建筑表面材料的材质对比（图3-75）。

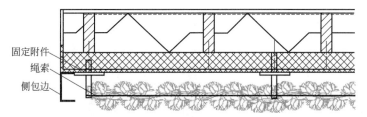

图 3-71 牵引式垂直绿化结构平面图

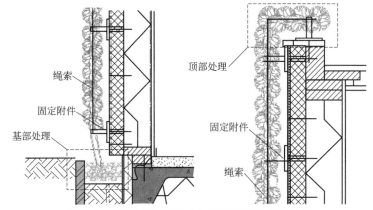

图 3-72 牵引式垂直绿化结构剖面图及局部处理

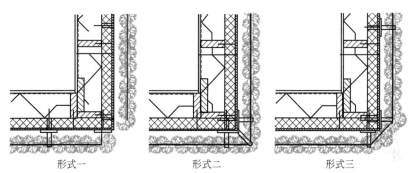

图 3-73 牵引式垂直绿化结构拐角处理大样图

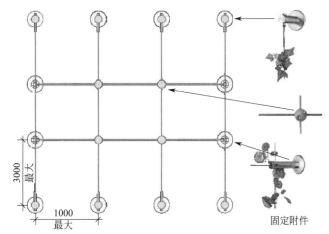

图 3-74 牵引式垂直绿化布置示意

图 3-75　牵引式垂直绿化成景效果

　　② 附架式绿化技术　三维立体金属构架在附架式垂直绿化技术设计中是核心，决定了绿化效果。在整个系统设计中，会突出构架构图的特点，与攀缘植物形成混合的材质肌理。原理构造技术如图 3-76～图 3-78 所示。

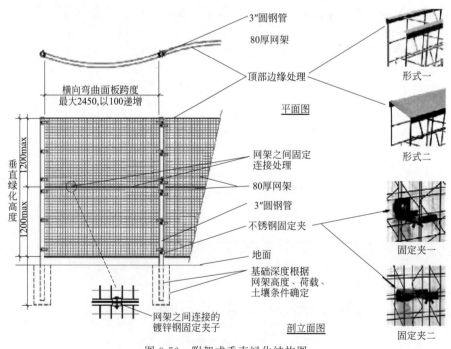

图 3-76　附架式垂直绿化结构图

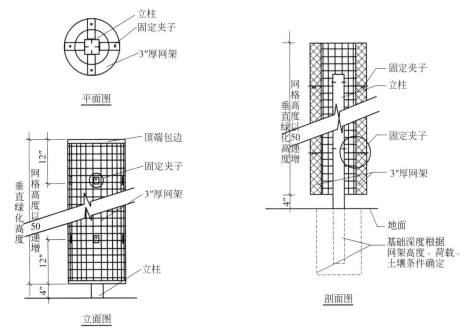

图 3-77　圆柱形附架式垂直绿化结构图

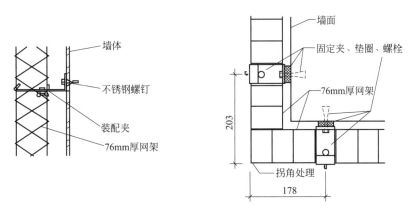

图 3-78　附架式垂直绿化节点大样图

（2）模块式垂直绿化

模块式垂直绿化是一种标准化模式，一般主要由单元模块、灌溉系统和结构系统组成，其中单元模块包括容器基盘、介质和植物。它的工作原理是将植物种植在装有其生长所需栽培介质的种植基盘、种植槽、种植箱等种植容器中，再垂直安装在墙体结构或框架上进行绿化。这些种植容器可由塑料、弹力聚苯乙烯塑料、合成纤维等制成，可种植大密度、多样性的植物。其绿化种类丰富，可以应用于各种结构类型，拼成任何形状（图 3-79）。

图 3-79　模块式垂直绿化效果

目前的模块式垂直绿化共有三种类型，如表 3-26 所列。

表 3-26　模块化垂直绿化种类

类型	特点	效果图
GSKY 绿化模块系统	①有专业的面板,设计形式灵活,适用性强,可用于多种气候区,广泛运用。 ②模块由聚丙烯制成,是耐腐蚀耐冲击 PP 板框、特制不易燃织物的无纺布、专有培养基组成。常用规格为 300mm×300mm×70mm。每个种植 9 株或 13 株植物,多达 25 株。 ③支撑架由垂直方向的 304 不锈钢和水平方向木头排列而成,规格为 300mm×600mm 和 300mm×900mm。 ④灌溉采用 1L/h 压力补偿聚乙烯滴灌溉系统,由电脑程序自动控制,根据植物状况自动供给植物生长所需物质	日本爱知世博会
ANSystem 模块化绿墙	①模块简洁、独立安装,采用全自动灌溉系统。可安装在任何结构和建构筑物上。可以方便移动替换、维护修理。系统定期维护可以有 10 年的使用寿命。 ②单元模块规格有 500mm×500mm×60mm 和 500mm×250mm×100mm。采用高分子聚乙烯材料制成,80% 是由回收的工业废弃物制造而成的。 ③灌溉系统主要运用水箱,通过营养液分配泵按比例供应植物所需的营养来确保其良好的生长。 ④土壤以泥炭土灰为基础,种植深度 150mm,支持强根系生长和广泛的植物种类选择	Ann Demeulemeester 零售商店
壁挂植物种植模块系统	①模块满足植物生长空间需要,可以自由快速拼装组合使用,配有自动化滴管喷雾等辅助构件,形成大规模垂直绿化景观。 ②模块种植槽前面板上端向外倾斜 45°~70°,符合植物生长生物学特性和结构系统。 ③模块整体为全镂空结构,下方留有 20mm 的封闭式蓄水槽,供水均匀平衡,能够长效灌溉,并且节能节水环保。 ④系统牢固可靠、易装易拆,同时操作安全简便,安装简易,不需要脚手架	

① GSKY 绿化模块系统　GSKY 绿化模块系统的种植容器如图 3-80 所示,是一个独立的种植基盘,安装时不会对植物根系造成伤害,可以增加植物存活率,快速形成绿化效果。模块的支撑架关键取决于围墙高度和承载能力,支撑架上的孔洞应离边缘 150mm 处,使支撑架与墙体结合更牢固结实（图 3-81）。灌溉系统如图 3-82 所示,水管沿结构框架或直接在结构构件中布置,通过压力补偿器补压将水分送到分布在墙面上各个位置的植物上,由主供水管路开始,在绿化面上分为若干的小组（图 3-83）。其安装过程与结构节点如图 3-84~图 3-87 所示。

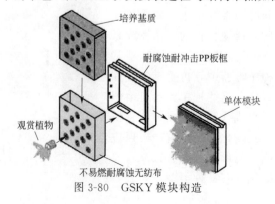

图 3-80　GSKY 模块构造

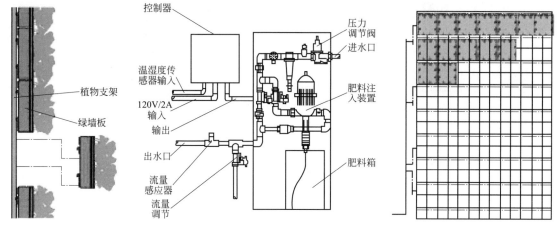

图 3-81　模块与支架组合　　　　图 3-82　控制系统图　　　　图 3-83　灌溉系统

图 3-84　GSKY 模块垂直绿化安装过程

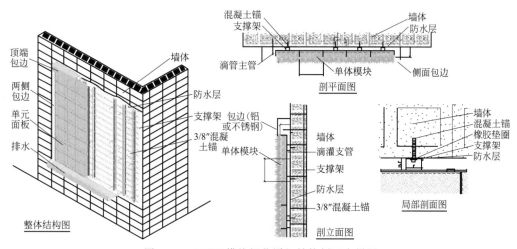

图 3-85　GSKY 模块绿化详细结构剖面大样图

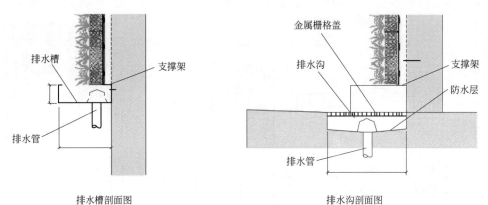

排水槽剖面图   排水沟剖面图

图 3-86   两种排水形式结构剖面大样图

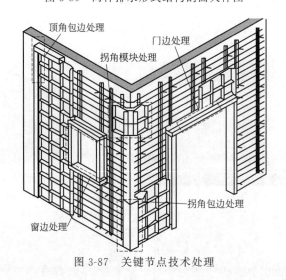

图 3-87   关键节点技术处理

　　② ANSystem 模块化绿墙   ANSystem 模块式由可回收材料聚乙烯和聚丙烯混合制作而成的固定杆提供支持单元模块依附在墙面上的力（图 3-88）。一旦安装到墙体上，就必须保证水流量均衡，使营养物质分配到每个单元格上。模块具有抗紫外线性，可以在-40~80℃温度范围内使用，并且可再循环。ANS 模块的两种常用规格的各项指标规范见表 3-27。

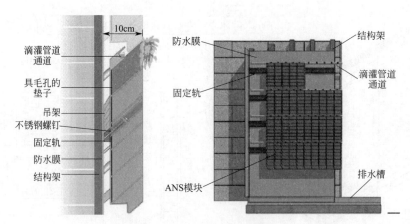

图 3-88   ANSystem 结构

表 3-27　ANSystem 单元模块两种常用规格的各项指标

规格/mm	模块深度/mm	种植深度/mm	植被区域范围/mm	单元格数/个	饱和重量/(kg/m²)
500×500×60	60	90	500×500	14	64
500×250×100	100	150	500×250	45	72

　　每个单元模块内部都有一层防水透气薄膜，具有耐腐蚀、抗紫外线、密封性强、质轻（60g/m²）、易安装等特性（图 3-89）。其结构立面图如 3-90 所示，固定轨采用高分子聚乙烯材料，100％是由回收的工业废弃物制造而成的，具有抗紫外线性，可以在 −40～80℃ 温度范围内使用。软木压条固定在表面 250mm 中心，起压力作用，运用 FSC 软木材，可以减弱表面的腐蚀作用。

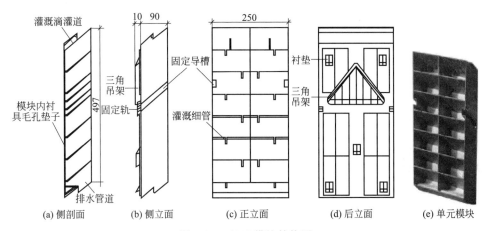

图 3-89　ANS 模块结构图

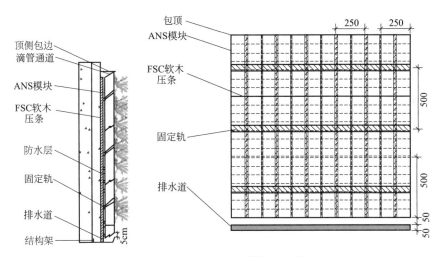

图 3-90　ANSystem 结构立面图

　　ANSystem 中的灌溉系统中排水通道规格是 107mm×71mm，其主要工作原理如图 3-91 所示。水的压力需不断校准和调整，确保水的流失量最小，利用率最大。同时，流失的小部分会经过排水系统汇入到指定排放地点。安装过程是首先安装支撑模块的框架，按照 FSC 软木压条、防水膜、固定轨、提前种植好的 ANS 模块、灌溉滴灌管、排水等顺序依次安装（图 3-92）。完成后，整个支撑架会被植物遮盖住，即刻成景。最后，根据植物的长势及系统的误差对其进行检查调整、修剪维护，以保持成景最佳效果。

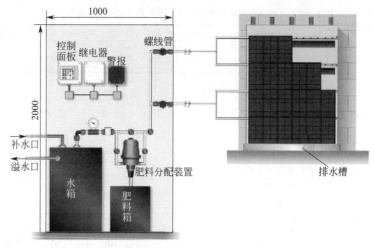

图 3-91　灌溉系统

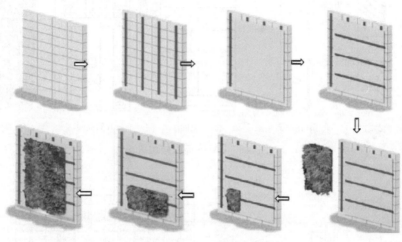

图 3-92　ANSystem 垂直绿化安装过程

③ 壁挂植物种植模块系统　壁挂植物种植模块系统单元包括一个固定面板,沿固定面板长度方向设置二隔板,平行于固定面板的隔板前段设置面板,两侧分别设置侧板,形成三个植物种植槽(图 3-93)。栽培容器是使用废纸浆、防腐化学成分等特殊材料制作而成,透气、可降解回收(图 3-94)。其各个部分的安装过程如图 3-95 所示。

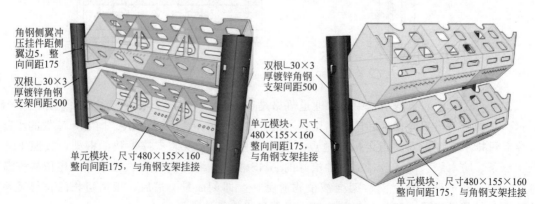

图 3-93　单元模块连接(单位:mm)

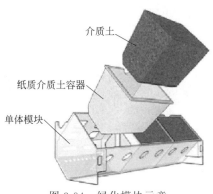

介质土

纸质介质土容器

单体模块

图 3-94　绿化模块示意

(a)

(b)

(c)

(d)

图 3-95　壁挂植物种植模块垂直绿化安装过程

（3）水培介质型垂直绿化

水培介质型垂直绿化采用水培灌溉，灵活运用在不同结构形状的建构筑物的垂直立面，对结构墙面的负担最小，主要有两种系统模式（表 3-28）。

表 3-28　水培介质型垂直绿化系统模式

种类	特点	实例
Fytowall 垂直绿化系统	①该系统是完全集成的水培灌溉系统，以人造三聚氰胺尿素甲醛树脂为材料的介质基盘，具有生物降解、轻质、无菌、保持含水 60%，通气 37% 的稳定比例等优质特性。 ②单元模块大小可以根据项目需求制定，常用规格是 1000mm×500mm×150mm，模块外包裹 3 层防紫外线遮阳布，增强模块稳定性，减少蒸发量。 ③该系统从储存罐或雨水收集系统中获得灌溉水，允许植物根系遍布整个模块。此外水箱和阀门可以适应霜冻环境	

种类	特点	实例
植生毯系统	①系统由支撑构架、PVC板、布毡、自动喷淋系统及附属构件组成。支撑构架尺寸设计为610mm×610mm×40mm。可以防止植物的根茎侵蚀墙体，起到保护墙体、隔热隔声的作用。 ②开放式结构利于植物根系生长，形成整体的垂直景观效果，能成功解决垂直绿化的墙面负荷、抗风防冻和养料供给等问题。	

① Fytowall 垂直绿化系统　Fytowall 系统源于荷兰 Verheijen Resins，2002 年以来广泛应用于澳大利亚、新加坡等地区。该系统是以人造三聚氰胺尿素甲醛树脂为材料的介质基盘模块专利产品（图 3-96），具有生物降解、轻质、无菌，保持含水 60%、通气 37% 的稳定比例等优质特性。结构组成如图 3-102 所示，重量在成景以后很轻。

固定钩
镀锌网
Fytowall 模块
滴灌管

(a)　　　　　　　　(b)

图 3-96　Fytowall 系统单元模块

Fytowall 系统的结构剖面图、节点处理、与支撑框架之间的关系大样图及详细数据见图 3-97～图 3-100。

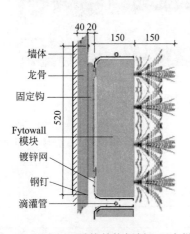

墙体
龙骨
固定钩
Fytowall 模块
镀锌网
钢钉
滴灌管

40 20　150　150
520

图 3-97　Fytowall 系统结构侧剖立面大样图

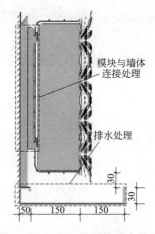

模块与墙体连接处理
排水处理
150　150　150
30　30

图 3-98　Fytowall 系统节点处理

Fytowall 系统的独特设计是水遍布在整个面板上（图 3-101），全部由计算机控制，根据特定情况而设立的灌溉系统（图 3-102），剩余的灌溉水排到污水处理坑中。

② 植生毯系统　植生毯系统以法国植物学家、设计师派屈克·布朗克先生发明的"垂直花园（Vertical Garden）技术"为代表，是用布毡取代土壤或其他传统的栽培介质，缩小绿墙厚度，减少重量。其施工过程如图 3-103 所示。

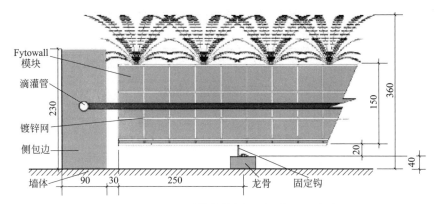

图 3-99　Fytowall 系统结构剖面图及侧面包边处理

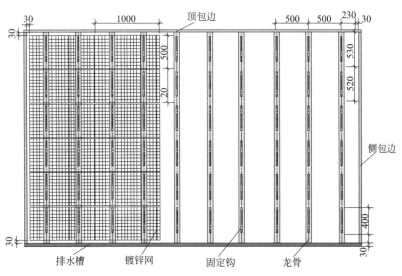

图 3-100　Fytowall 系统框架结构

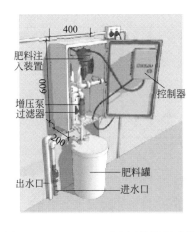

图 3-101　Fytowall 垂直绿化灌溉系统

图 3-102　Fytowall 系统安装构造

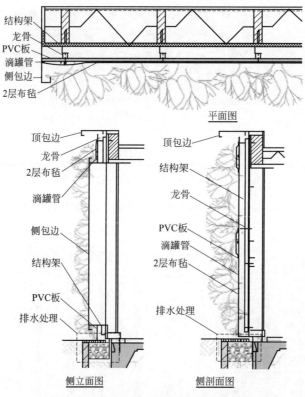

平面图

侧立面图　　　　侧剖面图

图 3-103　植物毯系统垂直绿化结构图

3.2.2.6　不同垂直绿化技术比较

垂直绿化技术是不断演变、更新的。攀爬式、模块式、水培介质式等技术均存在着优缺点，对它们进行比较、总结，提取其中共同的规律性并进行归纳总结，可为垂直绿化技术的进一步发展提供思路，为植物幕墙的设计实践提供可借鉴的方法（表 3-29）。

表 3-29　不同垂直绿化技术比较

种类	攀爬式		模块式		水培介质型	
	附壁式	牵引附架式	模块式	斜放置式	介质基盘型	植生毯型
植物覆盖率	一般	一般	较高	较高	较高	高
成景时间	慢	慢	一般	一般	较快	快
植物选择种类	少	少	多	多	较多	多
后期养护更换	不便利	不便利	便利	便利	便利	较便利
代表性技术		Xeroflor Westblaak	GSKY	ANSystem Greenwave	Fytowall	Patrick Blanc
重量/(kg/m²)	5.5	4.3	100	64,72	88	＞30
总厚度/mm	200	100	450	500	400	300
结构简图						

种类	攀爬式		模块式		水培介质型	
	附壁式	牵引附架式	模块式	斜放置式	介质基盘型	植生毯型
景观效果	一般	一般	较快	较快	较快	良好
成本费用	低	较低	较高	较高	高	中等
优点	植物成活率高;水土流失少;工艺简单;造价低;易于养护		现场安装快;成活率高、植物选择多及后期更换植物快		重量轻,绿化墙的厚度可以自由控制;绿化整体效果强	
缺点	绿化技术和植物种类单一;垂直绿化效果的维护与保养问题困难;运用范围较窄;攀爬时间长,植物选择面窄,植物搭配组成图案难度高		在不规则的周边环境里施工难度较大、滴灌不均匀、植物死亡率高、水土流失严重及培养基外露影响美观		毡布易腐烂变质;水培植物冬天很难存活日;检修困难,需对整面墙进行检修,不易将绿墙上之植物暂时性搬离;在灌溉过程时,造成周边环境的问题,营养液易造成垂直绿化墙上、下水分不均	

3.2.2.7 垂直绿化的设计手法

(1) 构图形式

植物是构成植物幕墙景观的主要元素,为了营造更好的幕墙景观效果,需要进行合理有效的植物配置构图。建筑师阿尔伯蒂(L-B-Alberti)在《论建筑》中强调将植物景观与建筑作为一个整体来考虑,建筑构图与植物构图相互关联的整体。因此,植物幕墙的构图常与建筑立面的构图结合运用,来增强装饰感、高度统一性。

植物幕墙的构图形式主要有规则式构图和自然式构图两种(表 3-30)。

表 3-30 植物幕墙的构图形式

形式	特点	实例
规则式	①概念:又称几何式、图案式,是把植物按照一定的几何图形栽植的构图形式 ②优点:构图形式雄伟、严谨、庄重,主要体现植物的整体美和图案美,视觉冲击力较强 ③缺点:有时压抑和呆板	
自然式	①概念:又称风景式、不规则式,植物呈现出自然形态,栽植自由变化,没有一定的模式 ②优点:构图形式灵动、优雅、自然,富于变化,体现柔和、舒适、亲近的空间艺术效果。与(建筑)环境要素自然融合	

垂直绿化在构图时应注意到构图比例的问题,应结合整个建筑立面的尺度大小来设计绿化的形式手法,以便达到美的标准。其构图艺术法则主要包括主从关系的处理、调和与对比手法的运用,渐变、韵律和均衡手法的把握等,要注意统一性和有节奏与韵律的变化,以及层次上疏密之分和体量上大小之别,做到步移景异,增加趣味性。

(2) 色彩设计手法

植物的生长习性和地域性等属性决定了自身的独特性,能够随着季节的变化呈现出不同形态,能够给植物幕墙带来了无限生机。

植物幕墙设计中,色彩设计手法通常为单色处理、多色处理和对比处理(表 3-31)。

表 3-31　植物幕墙色彩设计手法

形式	特点	实例
单色处理	①指在种植过程中采用同一种色相的植物进行配置 ②当采用单色处理尤其是大面积的单色处理时,有突出强调作用,引起人们的注意	
多色处理	①指在设计过程中运用多种多样的颜色协调配置 ②在配置中,根据色相、明度或彩度元素的共同性将不同植物相互关联起来得到调和的色彩效果	
对比处理	①指将两种互补色或两种主色调的植物一起配置 ②在设计实践过程中,既可以通过两种色相间的对比,也可以同一色调之间不同明度进行对比处理	

在植物幕墙色彩设计中,应注意要充分考虑好植物季节性带来的面貌变化,既取决于周围环境,包括自然环境和人文环境,又取决于环境的性质、功能等实际要求。一般主色调为绿色,起着统一的作用。重点色配置时所占比重较小。

(3) 质感设计手法

植物的质感取决于植物各个器官外表的大小、形状、纹理及粗糙程度等自身因素和环境中其他材料相互映衬、观赏者视距等外在因素。内外因素可分为粗质型、中粗型及细质型三类（图 3-104）。运用不同类型质感的植物营造出植物幕墙的效果不同,给人的视觉及触觉感受不同,唤起的心理感受也就不同。

图 3-104　从下向上依次为粗质型、中粗型及细质型植物搭配

在植物幕墙设计中，大面积运用细质型的植物可加大空间伸缩感，显示出整齐、清晰的气氛，常给人以恬静之感；采用明暗变化较大的粗质型植物，突出重点，给人以朴实、坚定、亲切之感。（图 3-105）采用材料轮廓形象和明暗对比居中的中粗型植物作为质感粗糙和质感细腻的植物之间的过渡或者按照适当的比例均衡地将不同质感的植物搭配在一起，能够起到相互补充和相互映衬的作用，给人以赏心悦目的心理感受。

图 3-105　不同质感植物的协调搭配

（4）植物形态的设计

垂直绿化选取的植物材料侧重于草本植物，主要是观叶植物。叶的形态是最主要的植物形态设计。叶形有心形、盾形、圆形、戟形，有单叶、复叶，有全缘叶、有裂叶、掌状裂叶，波状叶、牙齿叶等；排列方式有互生、对生和轮生等（图 3-106）。植物叶的形态可看作各种点、线、面，通过点、线、面的相互穿插交错，就产生了丰富的形态语言，使人产生不同的心理感受。

在设计中，大多以群体取胜，应注意形态间的对比与调和以及轮廓线的变化，合理搭配，构成画面，创造整体美感效果（图 3-107）。

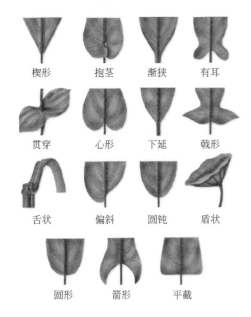

楔形　　抱茎　　渐狭　　有耳

贯穿　　心形　　下延　　戟形

舌状　　偏斜　　圆钝　　盾状

圆形　　箭形　　平截

图 3-106　叶的各种形态

图 3-107　不同形态叶的搭配

（5）灯光雾化效果的设计

图 3-108　植物幕墙的灯光夜景

灯光照明效果有助于烘托城市环境温暖和谐的氛围，增强建筑物、园林景观的艺术感染力（图3-108）。在灯光的照明下，植物会由于表面质感不同、色彩差异以及形状千姿百态，形成富有变化和生动律动感的光影效果。最常用的照明方式有泛光照明、上射照明、下射照明和轮廓照明等。

雾化设计能起到保湿、降温等生态效应，也能结合环境空间的主题营造景观，起到烘托气氛的作用。根据喷头设备不同，大致分为微雾、冷雾和雾森系统三类（表3-32）。

表 3-32　雾化效果种类

种类	特点
微雾、冷雾	水态雾，雾化颗粒较大，以降温、除尘等功能为主，造景功能次之
雾森	气态雾，易随周围气流变化而漂移，不易凝结成水，多用于园林造景，形成细腻变幻的空间氛围

3.2.3　透水地面及场地内水径流的布置

随着城市建设的发展，城市大部分的土地都被建筑和沥青、水泥铺装的道路所覆盖。由于降水不能渗入土壤及用水的激增，导致城市地下水位下降，河湖枯竭。城市水平衡系统的破坏带来了许多城市环境问题，城市过热、过燥、污染等现象日趋严重，并使城市树木出现焦叶、干叶、树皮灼伤及盐害使树木死亡的现象。因此，在城市园林绿化建设中，要建设节约型园林，鼓励建造透水透气性路面，此举措对节约水资源意义重大。

3.2.3.1　透水地面的概述

透水地面是指无铺装的裸露地面、绿地，通过铺设透水铺装材料或以传统材料保留缝隙的方式进行铺装而形成的透水型地面。这个概念包括了无铺装地面，孔洞形铺装和无缝隙的铺装地面形式，可以称之为广义的透水地面。狭义上指能使雨水直接渗入路基的人工铺筑路面，具有使水还原于地下的性能。不同路面与透水透气性路面的差异如图 3-109 所示。而这种路面适用范围：多用于人行道、居住区小路、公园路、休闲性广场和轻型交通停车场等路面。

根据《绿色建筑评价标准》，透水地面包括裸露地面、公共绿地、绿化地面和镂空面积≥40％的镂空铺地（如植草砖）。

室外透水地面可以分为裸露地面、绿地和透水铺装地面，见表 3-33。

无铺装的裸露地面和绿地的透水效果最好，但是由于建筑室外用地功能的多样化，狭义的透水地面形式不能满足各种地面环境的要求，因此透水铺装地面也是重要的透水地面形式。

3.2.3.2　各国透水地面的开发

透水铺装最早是为了避免路面积水径流所造成的事故，尽快地排除积水。随着后来的相关研究，发现可渗透地面对于地下水的补充、居住区微环境降温等有着良好的生态效应。由于下垫面的性质作为城市热环境主要的研究对象之一，可透水地面对于改善微环境的生态作用得到人们越来越多的重视。

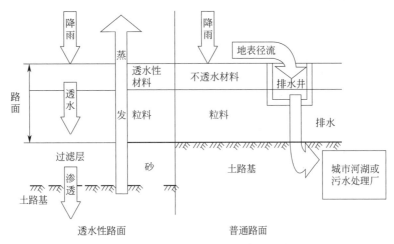

图 3-109　普通路面与透水性路面的对比

表 3-33　室外透水地面示意图

名称	示例	特征
裸露地面		无植被覆盖、无铺装,透水效果好,但不能满足建筑室外各种地面环境的要求
绿地		有植被覆盖、无铺装,透水效果好,对建筑周边微环境有良好的调节效果,但不能满足各种地面环境的要求
透水铺装地面		透水效果一般,形式多样,能满足多种地面环境的要求,对设计和施工有一定的要求

(1) 国外透水地面的研究

1944年，美国进行了透水性沥青混凝土的路段实验，这时透水地面的主要作用是防止擦滑，提升安全性，降低路面噪声。透水性混凝土被大量应用在广场、护坡等地。

1992年，日本正式将雨水渗沟、渗塘及透水地面作为城市总体规划的组成部分。

在德国，透水地面广泛应用于人行道、自行车道等，90％的路面将被改造为透水地面。

(2) 国内透水地面的研究

1993年，中国建筑材料科学研究院开始进行《透水混凝土与透水性混凝土路面砖的研究》，1995年开始试点应用，2000年在北京、上海等地应用。2004年国家建设部规定城市建成区广场用地中透水地面面积的比例≥50％。上海世博园与北京奥运场馆区都大量使用了透水地面技术。

3.2.3.3 透水地面形式与结构特点

(1) 透水地面的分类

根据透水地面的材料的不同，可以分为石质嵌草路面、植草砖路面、彩色混凝土透水透气路面、透水沥青、裸露地面、绿地等（如表3-34、表3-35所示）。

表3-34 透水地面的种类

种类	特点	实例
石质嵌草路面	①多为天然石材经人工开采成几何形状或不规则形状，在铺砌时留有一定间隙种植草皮的路面 ②因块材大小、形状的不同，铺置方式的不同，形成千变万化风格各异的嵌草路面	
植草砖路面	①通过预制铺置，具有一定几何形状可植草的空隙和一定强度的钢筋混凝土基本构件，经统一拼装铺砌形成 ②广泛应用于休闲性广场和停车场中停车位置上，强度与平整度不够，不宜作为机动车道或人行道 ③一般能达到40％以上的孔洞率，可进行植草	
彩色混凝土透水透气性路面	①采用预制彩色混凝土异型步道砖为骨架，与无砂水泥混凝土组合而成的组合式面层。由天然级配砂砾、碎石或矿渣等组成 ②具有强度较高，透水效果好的性能。其基层选用透水性和蓄水性能较好的材料，其中过滤层是在雨水向下渗透过程中起过滤作用，并防止软土路基土质污染基层	

种类	特点	实例
透水砖铺地	①主要生产工艺是将煤矸石、废陶瓷、长石、高岭土、黏土等颗粒状物与结合剂拌合,压制成型再进行高温煅烧而成具有多孔的砖 ②其材料强度高、耐磨性好	
透水沥青	铺装材料本身即具有良好的透水效果,兼具景观性和生态型	
裸露地面	无铺装或植草,透水效果好,但容易有灰尘产生和造成水土流失	
绿地	全植被覆盖,透水效果好	

表 3-35　透水地面的结构特点

基层为级配砂石的构造	基层为透水水泥混凝土的构造	基层为透水水泥稳定碎石的构造
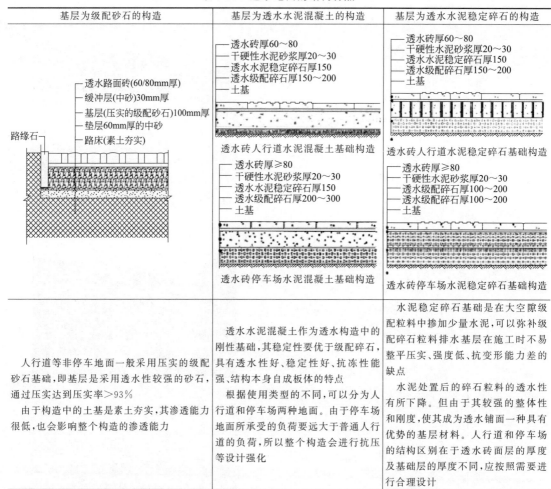		

透水砖人行道水泥混凝土基础构造（左中）／透水砖人行道水泥稳定碎石基础构造（右上）

— 透水路面砖(60/80mm厚)
— 缓冲层(中砂)30mm厚
— 基层(压实的级配砂石)100mm厚
— 垫层60mm厚的中砂
— 路床(素土夯实)
路缘石

— 透水砖厚60～80
— 干硬性水泥砂浆厚20～30
— 透水水泥稳定碎石厚150
— 透水级配碎石厚150～200
— 土基

— 透水砖厚60～80
— 干硬性水泥砂浆厚20～30
— 透水水泥稳定碎石厚150
— 透水级配碎石厚150～200
— 土基

透水砖人行道水泥混凝土基础构造

透水砖人行道水泥稳定碎石基础构造

— 透水砖厚≥80
— 干硬性水泥砂浆厚20～30
— 透水水泥稳定碎石150
— 透水级配碎石厚200～300
— 土基

— 透水砖厚≥80
— 干硬性水泥砂浆厚20～30
— 透水级配碎石厚100～200
— 透水级配碎石厚100～200
— 土基

透水砖停车场水泥混凝土基础构造

透水砖停车场水泥稳定碎石基础构造

| 人行道等非停车地面一般采用压实的级配砂石基础，即基层是采用透水性较强的砂石，通过压实达到压实率＞93%

由于构造中的土基是素土夯实，其渗透能力很低，也会影响整个构造的渗透能力 | 透水水泥混凝土作为透水构造中的刚性基础，其稳定性要优于级配碎石，具有透水性好、稳定性好、抗冻性能强、结构本身自成板体的特点

根据使用类型的不同，可以分为人行道和停车场两种地面。由于停车场地面所承受的负荷要远大于普通人行道的负荷，所以整个构造会进行抗压等设计强化 | 水泥稳定碎石基础是在大空隙级配粒料中掺加少量水泥，可以弥补级配碎石粒料排水基层在施工时不易整平压实、强度低、抗变形能力差的缺点

水泥处置后的碎石粒料的透水性有所下降。但由于其较强的整体性和刚度，使其成为透水铺面一种具有优势的基层材料。人行道和停车场的结构区别在于透水铺面层的厚度及基础层的厚度不同，应按照需要进行合理设计 |

（2）透水地面的结构特点

其中透水砖铺地和彩色混凝土透水透气性路面的结构如图 3-110 和图 3-111 所示。

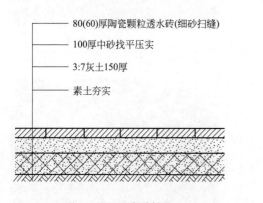

— 80(60)厚陶瓷颗粒透水砖(细砂扫缝)
— 100厚中砂找平压实
— 3:7灰土150厚
— 素土夯实

图 3-110　透水砖铺地

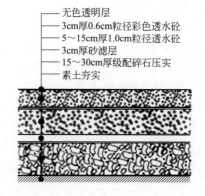

— 无色透明层
— 3cm厚0.6cm粒径彩色透水砼
— 5～15cm厚1.0cm粒径透水砼
— 3cm厚砂滤层
— 15～30cm厚级配碎石压实
— 素土夯实

图 3-111　彩色混凝土透水透气性路面

3.2.3.4　透水地面的生态效益

透水透气性路面可以截留降水，减少自来水灌溉，节约水源，蓄养地下水源，保持土层含水量，使空气中维持一定的湿润度，起到良好的气候调节功能；此外，能够改善植物生长条件和土壤微生物的生存环境，增强植物的生理生化作用，从而提高整个城市生态环境效益。

（1）提高土壤的通气透水性和有效养分含量

城市行道树以 $1m^2$ 左右的树池灌溉给水，很难满足根冠较大的树木需水量。透水透气性路面能使降水渗入土壤中，经观测得到：从表层到基层年渗出的重力水占年总降水量的 35.3%。且这 35.3% 的天然降水以全方位的形式渗入地下，解决了树池灌溉给水率小、湿润土体小的问题。

土壤的透水透气性能够使固态养分转化为游离养分，增加土壤有效养分含量。透水透气性路面土壤速效氮含量比混凝土路面土壤速效氮高 3.8%，速效磷高 11.5%，速效钾高 25.8%，有效养分的增加有利于城市绿化植物对养分的吸收利用。

（2）降低土壤温度、盐分

由于透水透气性路面铺装的含水率高于混凝土路面，因此透气透水地面的土壤热容量，高于混凝土路面，使土壤温度有所降低，从而减轻由于土温过高给园林植物带来的危害，也可缓解城市过热现象。

透水性铺装通过本身与铺地下垫层相通的渗水路径将雨水直接渗入下部土壤，可以有效缓解城市不透水硬化地面对于城市水资源的负面影响。透水性铺装下垫层土壤中丰富的毛细水通过自然蒸发蒸腾作用，吸收大量的显热和潜热，使地表温度降低，从而有效地缓解了"热岛现象"。

（3）调节近地面相对湿度、温度、蒸发强度

透水透气性路面使用无砂混凝土的透水透气性面层和毛细管力极弱，透水透气性强的砂砾质基层，起到雨季充分地向土壤中蓄水的作用，减少由毛细管上升力引起的水分向上的过度蒸发，保持一定的蒸发量，提高空气的相对湿度。

透水透气性路面土体物理状况的改善，使土壤通透性增加，含水率提高，热容量增大，地面光滑度下降，反射强度降低，从而地面温度降低。随之近地面相对湿度的提高，地面蒸发强度也降低。

因此，透水透气性路面的使用有利于调节城市气温，提高空气的相对湿度，降低地面温度，提高城市生态环境的舒适度，对减轻干冷季节树木生理失水造成的危害和燥热季节树木焦叶、树皮灼伤等危害起到积极的作用。

（4）透水性路面加强了树木生理生化作用

① 树木叶片含水率、干物重、叶绿素含量增加。透水性路面的树木叶片含水率平均比混凝土路高 2.2%，叶片干重比混凝土路高 38.2%，每克鲜叶含叶绿素比混凝土路高 $4.85mg$。因此，透水性路面周围树木的生理生化过程明显好转，树木吸收水分增多，同化产物增多，绿量增多，促进树木的光合作用过程，有利于净化城市空气，提高城市空气质量。

② 扩大了根系的生长范围。

③ 根系数量增加。在透水透气性路面中，$100cm \times 100cm$ 的剖面内根径 $0.1cm$ 的一级根是原混凝土路树的 2.3 倍，根径 $0.1 \sim 0.4cm$ 的二级根是原混凝土路面树的 3.1 倍，根径 $0.5 \sim 0.9cm$ 的三级根是原混凝土路树的 2.3 倍，根径 $1 \sim 3cm$ 的四级根比原混凝土路增加 2 倍，改善了树木生长的土壤环境，改善树木根系生长发育状况。

④ 树木胸径增粗、生长加快。

总之，透水透气性路面，改善了城市树木生长的诸多因子；促进了树木的代谢作用，使城市行道树根、茎、叶的生长量都有明显的增加；解决了城市绿化树木长期以来在恶劣的环境中生长受阻的矛盾。达到了截留天然降水、蓄养土壤水源、增加城市绿量、提高城市生态环境效益的目的。

3.2.3.5 透水地面存在的问题

对于透水性铺装地面，由于砂土、灰尘、油污等异物在表层堆积，渗透雨水的同时过滤了空气中的灰尘、道路中的异物等，在透过透水铺装通道孔时一定会在孔中或下面的砂石垫层中产生吸附和沉淀。长时间的沉积容易导致通道孔堵塞，透水率下降，甚至完全失去透水能力。

砂浆找平层也容易形成透水的瓶颈，包括自身透水性差和对基层的堵塞。

路面排水功能保持时间不长，一般具有良好排水功能的时间只有一年，2年后性能降低60%以上，4年后基本完全丧失。

透水铺装地面的应用要考虑到透水率的衰减，并采取相应的养护措施，定期冲洗。

第 4 章
建筑水资源利用

4.1　非传统水源利用

　　地球上的水主要受太阳辐射和地心引力的两种作用而不停地运动，在太阳热能的作用下，不断蒸发而成水汽，上升到高空，随大气运动而散布到各处。这种水汽如遇适当条件和环境，则凝结而成降水，下落到地面。到达地面的雨水，除部分为植物截留并蒸发外，一部分沿地面流动成为地面径流，一部分渗入地下沿含水层流动成为地下径流，最后，它们之中的大部分都流归大海。然后，又重新蒸发，继续凝结形成降水，运转流动，往复不停。这种过程，称为自然界的水文循环，如图 4-1 所示。

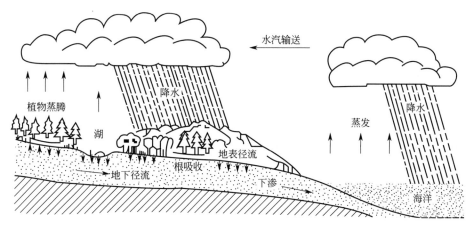

图 4-1　水文循环示意

　　水文循环中蕴含着丰富的可供人们利用的水资源，除了传统意义上的地表水源和地下水源外，还包括雨水、海水等非传统水源。

　　近年来，随着城市化进程的加快，导致开发建设区域急剧扩大，从而产生了大量不透水地面，雨水下渗量急剧减少，土壤含水量减少，地下水补给不足，水位逐年下降，雨水径流增加，城市内涝现象严重，人为地破坏了传统意义上的水文循环，致使淡水资源大幅度减少，同时人们对水资源需求也在持续增加，单纯依靠传统水源已然满足不了人们的用水需求。对于非传统水源的开发和利用可以在缓解人们的用水需求的同时，改善水文的良性循环，实现水资源的可持续利用。

4.1.1 雨水资源利用

我国水资源分布严重不均：占全国陆地面积约 2/3 的西北地区水资源占有量仅为全国的 4.6%，而面积相对较小的南方地区却拥有全国 4/5 的水资源量，这种分布不均严重制约了我国经济的可持续发展。并且，水资源分布还与矿产资源和耕地分布组合不相协调：北方水资源短缺但矿产资源多，耕地面积大；而南方水资源丰富，但矿产资源少，耕地面积小。其中，西北地区是人口密集的地方，人均水资源占有量仅为几百立方米，远低于世界贫水国家的平均水平。

据估算，我国多年平均降水量为 6.19 万亿立方米，年降水量最大的地方超过 6000mm，而约有 1/3 的面积降雨量低于 200mm。根据历史降雨资料统计，我国降雨较多的区域是：台湾东北部，喜马拉雅山东南坡。年降雨量的最高纪录是台湾的火烧寮，年最大降雨量多达 8409mm，年平均降雨量 6558mm；年降水量最少的地方是吐鲁番盆地西部的托克逊，年平均降雨量仅 5.9mm。可见，我国降雨总量丰富，但分布不均且差异悬殊。中国城市化进程及其部分水量预测见表 4-1。

表 4-1　中国城市化进程及其部分水量预测

| 年份 | 城市化率 /% | 城市总人口 /亿 | 城市需水总量 /×10^8m³ | 相对于1997年需新增的供水量 /×10^8m³ | 城市雨水总量 /×10^8m³ | 20%利用率 | | 40%利用率 | |
						可利用雨水量 /×10^8m³	可利用雨水量占需新增供水量的比例 /%	可利用雨水量 /×10^8m³	可利用雨水量占需新增供水量的比例 /%
1997	30	3.7	630		110	22		44	
2010	40	5.5	910	280	190	38	13.6	76	27.1
2030	52	7.5	1220	590	283	56.6	9.59	113.2	192
2050	60	9.6	1540	910	348	69.6	7.65	139.2	15.3

雨水是一种最根本、最直接、最经济的水资源，已经得到世界各国的认可，雨水作为一种补充水资源越来越受重视。随着城市不断扩大和完善，不透水面积逐年增加，造成大量的雨水资源流失。如果能够将雨水合理、充分地利用，将成为解决城市与水资源短缺的有效措施之一。人们逐渐重视对各种再生水资源的开发，其中包括对雨水资源的利用，目前已初步显示出雨水资源开发利用的巨大潜力。

场地未开发前，约 80% 降雨被地面截留，约 20% 降雨由地表径流排出。城市化建设改变了这一自然循环，60% 以上的降雨随地表径流排出，被截留的雨水急剧减少，地下水补给量减少，城市用水量严重不足，周边水源枯竭，需要建设引水工程解决用水短缺问题，耗费了巨大的人力和财力。雨水资源利用应遏制这种改变，维持原有自然水文循环，保证水资源的可持续利用。

建筑小区占据着城市 70% 的面积，并且是城市雨水产生的源头。建筑小区的雨水利用是城市雨水利用工程的重要组成部分，对城市雨水利用的贡献效果明显，并且相对经济。城市雨水利用先要解决好建筑区的雨水利用，可以有效地减少城市内涝和城市水资源短缺的问题。对于一个多年平均降雨量 600mm 的城市来说，建筑区拥有 300mm 左右的降雨可以利用，而以往这部分资源直接排走并未被有效利用。

建筑小区的雨水利用，是通过土壤入渗调控和地表（包括屋面）径流调控，实现雨水资源化，使水文循环向着有利于城市生活的发展方向发展。雨水利用有几个方面的功能：①维护自然界原有的水循环环境；②节水功能，用雨水冲洗厕所、浇洒路面、浇灌草坪、水景补水，甚至用于循环冷却水和消防水，可节省城市自来水；③水及生态环境修复功能，强化雨水的土壤入渗增加土壤的含水量，甚至利用雨水回灌提升地下水的水位，可改善水环境乃至生态环境；④雨洪调节功能，土壤的雨水入渗量增加和雨水径流的储存，都会减少进入雨水排除系统的流量，从而提高城市排洪系统的可靠性，减少城市洪涝。

雨水资源利用中，应根据降雨、气候、地质等自然条件选择雨水收集回用系统、雨水入渗系统、调蓄排放系统或其组合来实现对雨水资源的利用。

雨水收集回用系统是对雨水进行收集、储存、处理，将雨水用于可供人们使用的供水资源。

雨水入渗系统是通过一系列措施将雨水进行就地入渗，如采用透水铺装、渗水管渠、景观绿化等把雨水转变土壤水，保持地下水土涵养量。

调蓄排放系统是通过储存调节设施延缓洪峰时间，降低洪峰流量。

4.1.1.1 雨水量计算

（1）雨水设计径流总量按下式计算：

$$W = 10\psi_c h_y F \qquad (4-1)$$

式中　W——雨水设计径流总量，m^3；

ψ_c——雨量径流系数；

h_y——设计降雨厚度，mm；

F——汇水面积，hm^2。

（2）雨水设计流量应按下式计算：

$$Q = \psi_m q f \qquad (4-2)$$

式中　Q——雨水设计流量，m^3；

ψ_m——流量径流系数；

q——设计暴雨强度，$L/(s \cdot hm^2)$。

雨水设计总量为汇水面上在设定的降雨时间段内收集的总径流量，雨水设计流量为汇水面上降雨高峰历时内汇集的径流流量。

（3）径流系数

雨量径流系数和流量径流系数按表 4-2 采用，汇水面积的综合径流系数按地面种类加权平均计算。

表 4-2　径流系数

地面种类	雨量径流系数 ψ_c	流量径流系数 ψ_m
硬屋面、未铺石子的平屋面、沥青屋面	0.8～0.9	1.0
铺石子的屋面	0.6～0.7	0.8
绿化屋面	0.3～0.4	0.4

地面种类	雨量径流系数 ψ_c	流量径流系数 ψ_m
混凝土和沥青路面	0.8～0.9	0.9
块石等铺砌路面	0.5～0.6	0.7
干砌砖、石及碎石路面	0.4	0.5
非铺砌的土路面	0.3	0.4
绿地	0.15	0.25
水面	1	1.0
地下建筑覆土绿地(覆土厚度≥500mm)	0.15	0.25
地下建筑覆土绿地(覆土厚度<500mm)	0.3～0.4	0.4

（4）汇水面积

雨水汇水面积应按地面、屋面水平投影面积计算。高出屋面的毗邻侧墙，应附加其最大受雨面正投影的一半作为有效汇水面积计算。窗井、贴近高层建筑外墙的地下汽车库出入口坡道应附加其高出部分侧墙面积的 1/2。

雨量总量计算时只需按水平投影面积计，不附加竖向投影面积和侧墙面积，因总雨量的计算不涉及排水安全问题，不需考虑最不利风向的情况。

（5）暴雨强度

设计暴雨强度应按式(4-3) 计算：

$$Q=[167A_1(1+C\lg P)]/(t+b)^n \tag{4-3}$$

式中　　　Q——设计暴雨强度，$\mathrm{L/(s \cdot hm^2)}$；

　　　　　t——降雨历时，min；

　　　　　P——设计重现期，a，见表 4-3；

A_1、b、C、n——参数，根据统计方法进行计算确定。

向各类雨水利用设施输水或集水的管渠设计重现期，应不小于该类设施的雨水利用设计重现期。

表 4-3　各种汇水区域的设计重现期

汇水区域名称		设计重现期/a
室外场地	小区	1～3
	车站、码头、机场的基地	2～5
	下沉式广场、地下车库坡道出入口	5～50
屋面	一般性建筑物屋面	2～5
	重要公共建筑屋面	≥10

注：1. 工业厂房屋面雨水排水设计重现期应根据生产工艺、重要程度等因素确定。

2. 下城市广场设计重现期应根据广场的构造、重要程度、短期集水即能引起较严重后果等因素确定。

（6）雨水管渠的降雨历时

应按式(4-4)计算：

$$t=t_1+t_2 \tag{4-4}$$

式中　t——降雨历时，min；

　　　t_1——地面集水时间，min，应根据汇水距离、地形坡度和地面种类计算确定，一般采用5~15min，在地面平坦、地面种类接近、降雨强度相差不大的情况下，地面集水距离是决定集水时间长短的主要因素，地面集水距离的合理范围是50~150m，采用集水时间为5~15min；

t_2——管渠内雨水流行时间，min。

4.1.1.2 雨水收集回用

近几年来国家出台了一系列政策法规，推动雨水回收利用。在绿色建筑标准中，雨水回收利用已经成为必选的项目。

（1）雨水收集回用限制条件

根据《建筑与小区雨水控制及利用工程技术规范》（GB 50400—2016）中规定，雨水收集回用系统，宜用于年均降雨量400mm以上的地区。就这项技术本身而言，只要有天然降雨的城市，这种技术都可以采用，但是雨水收集回用应考虑多方面的可行性。对于降雨量较少的城市，应考虑对雨水的过量收集对地下水和河流的径流补给是否会减少，破坏原有的生态平衡同时应考虑经济适用性，如果投资大、水价高，显然这种技术不合理；如果投资少、收集水量少，这种技术可实施亦然降低。

（2）雨水收集回用系统

雨水收集系统是将雨水根据需求进行收集后，经过对收集的雨水进行处理后达到符合设计使用标准的系统。目前多数由弃流过滤系统、蓄水系统、净化系统组成。各不同的雨水收集流程都具有针对性，可以有效处理不同汇水面的雨水。雨水收集回用系统既可以有效收集雨水，又可以合理节约成本，兼顾系统的雨水预处理、雨水蓄水、雨水深度净化、雨水供水、补水和系统控制，全面科学。采用大量新型专利、专业装置，材料，可以方便地解决雨水收集中特殊问题，如弃流、蓄水、供水等。收集设计中尽可能避免电气设备的使用，更多利用雨水自流的特点完成污染物的自动排放、净化、收集，做到真正节能、环保、高使用寿命、低成本的特点。整套系统都由雨水控制器进行控制，完成收集、净化、供水、补水、安全保护等功能。雨水收集回用系统如图4-2所示。

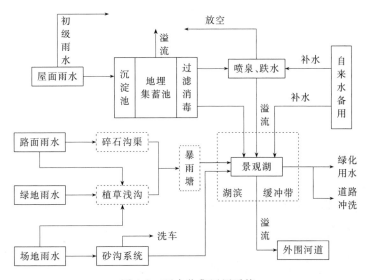

图 4-2　雨水收集回用系统

（3）雨水收集系统分类

雨水收集系统根据雨水源不同，可粗略分为两类（表4-4）。

表 4-4　雨水收集分类

分类	特点	示意图
屋顶雨水	屋顶雨水相对干净,杂质、泥沙及其他污染物少,可通过弃流和简单过滤后,直接排入蓄水系统,进行处理后使用	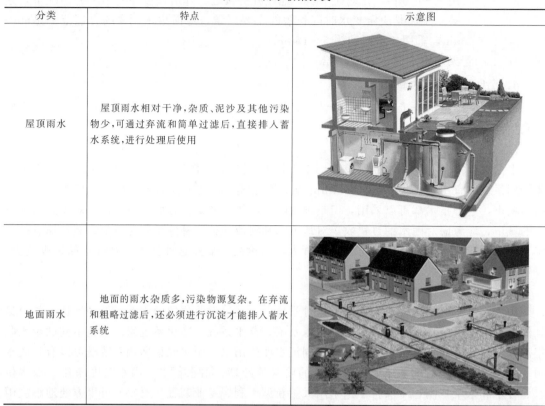
地面雨水	地面的雨水杂质多,污染物源复杂。在弃流和粗略过滤后,还必须进行沉淀才能排入蓄水系统	

① 屋面雨水收集　屋面是住宅建筑中常用的雨水收集面,屋面雨水收集除了通常的屋顶外,根据建筑物的特点,有时候还需要考虑部分垂直面上的雨水。屋面雨水的利用是开源节流的重要途径,技术经济分析显示,屋面雨水利用方案设计简单、便于实施、效益显著。屋面雨水利用是对传统雨水直接排放设计的变革,并且能有效缓解地下水位下降、控制雨水径流污染等。屋面的水收集系统如图 4-3 所示。

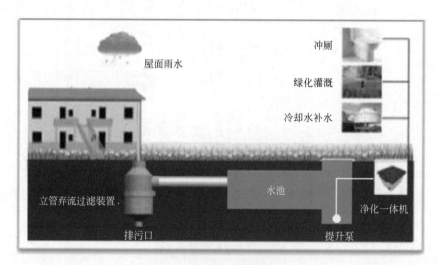

图 4-3　屋面雨水收集系统

a. 屋面雨水收集方式分为重力流集水沟收集系统、半有压屋面雨水收集系统、虹吸式屋面雨水收集系统三种方式。

b. 普通屋面雨水外收集系统由檐沟、收集管、水落管、连接管等组成。其优点是可减少甚至不设室内雨水悬吊管，是经济可靠的屋面雨水集水形式。

半有压屋面雨水收集系统是该系统中的雨水斗采用半有压式雨水斗，65型、87型属于半压雨水斗，该斗具有优良的排水性能，典型标志是排水时掺气量小。半有压屋面雨水系统的设置规则以这些雨水斗基础而建立。

虹吸式屋面雨水收集系统一般由虹吸式雨水斗、无坡度悬吊管、立管和雨水出户管（排出管）组成。屋面雨水在管道内负压的抽吸作用下以较高的流速被排至室外。虹吸式屋面雨水排放系统，排水管道均按满流有压状态设计，因此虹吸排水系统中雨水悬吊管可做到无坡度铺设。同时，当产生出虹吸作用时管道内水流流速很高，因此系统具有较好的自清作用。而重力式排水设计计算不按满流计算，雨水悬吊管的铺设坡度不得小于0.005。虹吸排水系统中排水管泄流量要远大于重力排水系统中同一管径排水管的泄流量，也即排除同样的雨水流量，采用虹吸排水系统的排水管管径要小于采用重力排水系统的排水管管径。

c. 为了使屋面雨水收集取得良好的效果，屋面表面应采用对雨水无污染或污染较小的材料，不宜采用沥青或沥青油毡，也可以在居住建筑屋面进行屋顶绿化设计。在实际工程中，进行屋顶绿化有以下几点优势：能够延缓各种防水材料老化，增加了屋面的使用寿命；削减雨水径流量，减少雨水资源的流失，调节雨水的自然循环和平衡；削减雨水污染负荷，其产生的径流具有良好水质，有利于后续的收集利用。

d. 雨水收集注意事项。除种植屋面外，雨水收集回用系统均应设置弃流设施，屋面雨水收集系统应独立设置，严禁与建筑污、废水排水连接，严禁在室内设置敞开式检查口或检查井，阳台雨水不应接入屋面雨水立管。为了确保屋顶不漏水和屋顶排水的通畅，可以考虑双层防水和排水系统，即除了建筑物屋顶原设的防水、排水系统外，在种植层底部再增加一道防水和排水措施。种植区的排水通过排水层下的排水管或排水沟汇集到排水口，再通过雨水管排入地面雨水池或雨水渗透设施。在靠近雨水收集管的种植区表面还要考虑溢流口，遇到暴雨，超出土壤渗透能力的降雨可通过溢流口直接下排，不会造成屋顶过量积水。

② 地面雨水收集系统　地面雨水收集主要是收集硬化地面上的雨水和屋面排到地面的雨水。收水场地要在坡度和标高上对雨水进行有组织排放并通过雨水管渠进行收集，最终排入雨水收集池，雨水经处理后进行回收利用。

（4）雨水储存和回用

雨水储存回用前，应进行初期弃流，水质应根据回用需求进行适当的处理，处理后的雨水进入储水设施用于回用（如图4-4所示）。雨水收集回用系统可采用物理法、化学法或多种工艺组合等。根据原水水质和回用水的用途，雨水处理工艺一般选用以下三种。

第一种，收集雨水→初期径流弃流→景观水体。此工艺的出水当达不到景观水体的水质要求时，考虑利用景观水体的自然净化能力和水体的处理设施对混有雨水的水体进行净化。当所设的景观水体有确切的水质指标要求时，一般有水体净化设施。

第二种，收集雨水→初期径流弃流→雨水蓄水池沉淀→消毒→雨水清水池。此处理工艺科用于雨水较清洁的城市，比如环境质量较好或雨水频繁的城市。

第三种，收集雨水→初期径流弃流→雨水蓄水池沉淀→过滤→消毒→雨水清水池。当原水COD_{Cr}在100mg/L左右时，此工艺对于原水COD_{Cr}的去除率一般可达到50%左右。

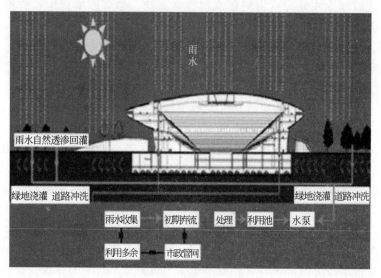

图 4-4　雨水收集流程示意

① 初期弃流　屋面雨水污染物主要来源为屋面材料分解、大气中的沉积物和天然降水。由于屋面径流雨水经常表现出初期冲刷效应，初期径流雨水中污染物浓度较高，水质混浊，随着降雨的持续，一旦冲刷效应完成，径流雨水的水质将明显提高。所以要对初期雨水采用弃流措施。如图 4-5 所示，初期屋面径流雨水流入分水井后，经弃流器进入弃流池，弃流器中的浮球随着弃流池中的水位提高而逐步上升，当弃流池中的水位到达设计水位时，浮球也上升至弃流器顶部，堵住了弃流器的进水口，之后产生的径流雨水便改道流入储水池。从而完成初期弃流过程。

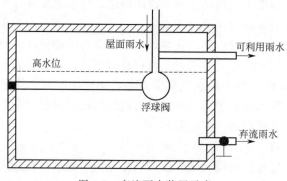

图 4-5　弃流雨水装置示意

初期径流弃流量应按照下垫面实测收集雨水的 COD_{Cr}、SS、色度等污染物浓度确定。当无确切资料时，屋面弃流可采用 2～3mm 径流厚度，地面弃流可采用 3～5mm 径流厚度。

初期径流弃流量按式(4-5) 计算：

$$W_i = 10\delta F \tag{4-5}$$

式中　W_i——设计初期径流弃流量，m^3；

　　　δ——初期径流厚度，mm。

② 储存设施　雨水储存设施的有效储水容积不宜小于集水面重现期 1～2 年的日雨水设计径流总量扣除设计初期径流弃流量。当资料具备时，储存设施的有效容积也可根据逐日降雨量和逐日用水量经模拟计算确定。

当雨水回用系统设有清水池时，其有效容积应根据产水曲线、供水曲线确定，并应满足消毒的接触时间要求。在缺乏上述资料时，可按雨水回用系统最高日设计用水量的 25%～35% 计算。

4.1.1.3 雨水渗透利用

(1) 雨水渗透利用限制条件

雨水入渗技术的应用限制主要考虑的是环境卫生的约束，对经济方面的约束未进行深入的研究。它不适用于土壤渗透系数小于 10^{-6} m/s 和大于 10^{-3} m/s 的场所，也不适用于地下水位高、距渗透面小于 1.0m 的场所。另外，需防止陡坡坍塌、滑坡灾害的危险场所，对居住环境以及自然环境造成危害的场所，重湿陷性黄土场地也不可采用土壤渗透技术。

(2) 雨水入渗设施

雨水入渗设施包括绿地入渗、透水铺装入渗、浅沟和洼地入渗、浅沟渗渠组合入渗、渗透管沟、入渗井、入渗池、渗透管-排放系统等方式。

绿地（包括非铺砌地面）和铺砌的透水地面的使用范围广，可优先采用；当地面入渗所需要的面积不足时采用浅沟入渗；浅沟渗渠组合入渗适用于土壤渗透系数不小于 5×10^{-6} m/s 时；当采用浅沟入渗所需要的面积不能满足要求时，一般可采用渗透管入渗。

我国黄河以北地区年降雨量小于 600mm，月降雨极度不均匀，每年雨季集中在 6～9 月份，鉴于以上特点，对大部分建筑物及小区而言，雨水收集利用的成本高、效率较低，投资回报周期较长。因此采用雨水就地入渗是较好的雨水利用方式。北方地区连年缺水，地下水位下降明显，大部分城市地下水位较深，有利于雨水渗透。

雨水渗透设施距建筑物基础边缘不应小于 3m，并对其他建筑物、管道基础不产生影响。

① 绿地入渗　小区内路面宜高于路边绿地 50～100mm，并应确保雨水顺畅流入绿地。绿地入渗可分为狭义和广义下沉绿地两类。狭义的下沉式绿地指低于周边铺砌地面或道路在 200mm 以内的绿地（如图 4-6 所示）；广义的下沉式绿地泛指具有一定的调蓄容积（在以径流总量控制为目标进行目标分解或设计计算时，不包括调节容积），且可用于调蓄和净化径流雨水的绿地，包括生物滞留设施、渗透塘、湿塘、雨水湿地、调节塘等。

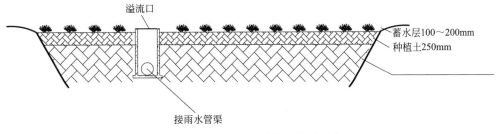

图 4-6　狭义的下沉式绿地构造示意

绿地雨水入渗设施应与景观设计结合，边界应低于周围硬化面。在绿地植物品种选择上，根据有关试验，应选择耐盐、耐淹、耐旱的乡土植物。下沉式绿地内一般应设置溢流口（如雨水口），保证暴雨时径流的溢流排放，溢流口顶部标高一般应高于绿地 50～100mm。

② 透水铺装　根据垫层材料的不同，透水地面的结构分为透水面层、找平层和透水垫层三层。透水铺装地面结构形式见表 4-5。透水面层可采用透水混凝土、透水面砖、草坪砖等。

透水地面面层的渗透系数均应大于 1×10^{-4} m/s，找平层和垫层的渗透系数必须大于面层。透水地面设施的蓄水能力不宜低于重现期为 2 年的 60min 降雨量（如图 4-7 所示）。

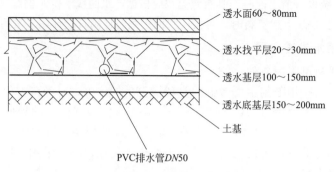

图 4-7　透水铺装地面结构示意

面层厚度宜根据不同材料、使用场地确定，孔隙率不宜小于 20％；找平层厚度宜为 20～50mm；透水垫层厚度不小于 150mm，孔隙率不应小于 30％。

铺装地面应满足相应的承载力要求，北方寒冷地区还应满足抗冻要求。

表 4-5　透水铺装地面结构形式

编号	垫层结构	找平层	面层	适用范围
1	100～300mm 透水混凝土	①细石透水混凝土	透水性水泥混凝土	人行道、轻交通流量路面、停车场
2	150～300mm 砂砾料	②干硬性砂浆	透水性沥青混凝土	
3	100～200mm 砂砾料	③粗砂、细石厚度 20～50mm	透水性混凝土面砖	
	50～100mm 透水混凝土		透水性陶瓷路面砖	

③ 浅沟与洼地　浅沟与洼地入渗系统是利用天然或人工洼地蓄水入渗（如图 4-8 所示）。通常在绿地入渗面积不足，或雨水入渗性太小时采用洼地入渗措施。洼地的积水时间应尽可能短，因为长时间的积水会增加土壤表面的阻塞和淤积。一般最大积水深度不宜超过 300mm。进水应沿积水区多点进入，对于较长及具有坡度的积水区应将地面做成梯田形，将积水区分割成多个独立的区域。积水区的进水应尽量采用明渠，多点均匀分散进水。

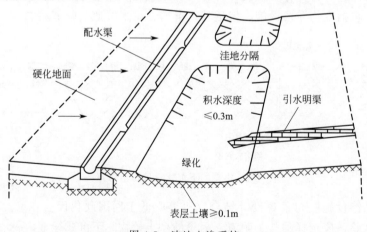

图 4-8　洼地入渗系统

④ 渗透管沟　建筑区中的绿地入渗面积不足以承担硬化面上的雨水时，可采用渗水管沟入渗（图 4-9）或深水井入渗。

渗管/渠开孔率应控制在 1％～3％之间，无砂混凝土管的孔隙率应大于 20％。

渗透层宜采用砾石，砾石外层应采用土工布包覆。

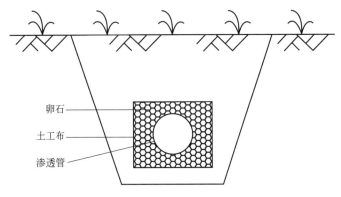

图 4-9 渗透管沟示意

渗透管沟不宜设在行车路面下，设在行车路面下时覆土深度不应小于 0.7m。

地面雨水进入渗透管前宜设渗透检查井或集水渗透检查井。

⑤ 入渗塘 当不透水面的面积与有效渗水面积的比值大于 15 时可采用渗水塘（图 4-10）。边坡坡度不宜大于 1∶3，表面宽度和深度的比例应大于 6∶1；植物应在接纳径流之前成型，并且所种植物应既能抗涝又能抗旱，适应洼地内水位变化。一般要求池底渗透系数 $K \geqslant 1 \times 10^{-5}$ m/s，当渗透系数太小时会延长其渗水时间与存水时间。对于不设沉淀区的池塘在设计时应考虑 1.2 的安全系数，以应对由于沉积造成的池底透水性的降低，但池壁不受影响。

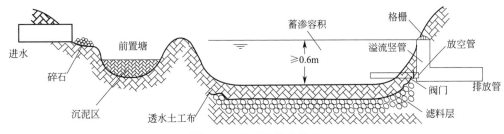

图 4-10 渗透塘构造示意

⑥ 入渗井 入渗井底部及周边土壤渗透系数应大于 5×10^{-6} m/s；渗透面应设过滤层，井底滤层表面距地下水位的距离不应小于 1.5m。入渗井一般用成品或混凝土建造，其直径小于 1m，井深由地质条件决定。井底距离地下水位的距离不能小于 1.5m。辐射渗井构造如图 4-11 所示。

（3）渗透设施计算

渗透设施的渗透量应按下式计算：

$$W_s = \alpha K J A_s t_s \qquad (4\text{-}6)$$

式中 W_s——渗透量，m³；

α——综合安全系数，一般可取 0.5～0.8；

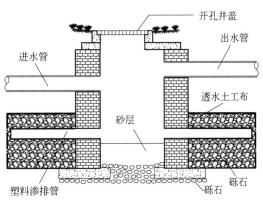

图 4-11 辐射渗井构造示意

K——土壤渗透系数，m/s；

J——水力坡降，一般可取 $J=1.0$；

A_s——有效渗透面积，m^2；

t_s——渗透时间，s。

水力坡降 J 是渗透途径长度上的水头损失与渗透途径长度之比，其计算式为：

$$J = \frac{J_s + Z}{J_s + \dfrac{Z}{2}} \tag{4-7}$$

式中 J_s——渗透面到地下水位的距离，m；

Z——渗透面上的存水深度，m。

当渗透面上的存水深度 Z 与地面到地下水位的距离 J_s 相比很小时，则 $J \approx 1$。为安全计，当存水深度 Z 较大时，一般仍采用 $J=1$。

土壤渗透系数应以实测资料为准，在无实测资料时，可参照表 4-6 选用。

表 4-6　土壤渗透系数

地层	地层颗粒		渗透系数 $K/(m/s)$
	粒径/mm	所占重量/%	
黏土			$<5.7\times10^{-8}$
粉质黏土			$5.7\times10^{-8}\sim1.16\times10^{-6}$
粉土			$1.16\times10^{-6}\sim5.79\times10^{-6}$
粉砂	>0.075	>50	$5.79\times10^{-6}\sim1.16\times10^{-5}$
细砂	>0.075	>50	$1.16\times10^{-5}\sim5.79\times10^{-5}$
中砂	>0.25	>50	$5.79\times10^{-5}\sim2.31\times10^{-4}$
均质中砂			$4.05\times10^{-4}\sim5.79\times10^{-4}$
粗砂	>0.5	>50	$2.31\times10^{-4}\sim5.79\times10^{-4}$
圆砾	>2.00	>50	$5.79\times10^{-4}\sim1.16\times10^{-3}$
卵石	>20.0	>50	$1.16\times10^{-3}\sim5.79\times10^{-3}$
稍有裂隙的岩石			$2.31\times10^{-4}\sim6.94\times10^{-4}$
裂隙多的岩石			$>6.94\times10^{-4}$

4.1.1.4　典型建筑雨水收集模式

学校用水特点是：冲厕、室外绿化、室内消防用水量较大，且用水量变化有很大的季节性，寒暑假用水量最小。雨水可收集区域较大，除了能收集建筑屋面雨水外，运动场因为雨水水质相对较好，也可作为雨水收集区域。屋面雨水采用管道收集系统，运动场雨水则可用渗透或运动场周围环沟收集雨水，雨水经初期弃流后进入蓄水池，经沉淀、过滤、消毒后回用于校区内绿化浇洒、室内冲厕。

办公楼用水特点是：冲厕、盥洗、室外绿化、消防用水量较大，用水量大小随季节变化较小。因此，办公楼雨水回用量相对较大，雨水利用率较高。办公区屋顶采用管道收集系统，路面雨水采用渗透或植被浅沟收集，经初期弃流后的雨水进入蓄水池，经沉淀过滤后进入清水池，消毒后回用、绿化浇洒、道路冲洗、景观用水、室内冲厕等。

场馆拥有雨水收集面积大且集中的优势，使得雨水具有水质好、收集处理简单、回用方便等优点，非常适合雨水的回收利用。

场馆收集的雨水主要用于冲厕、绿化、景观、道路等冲洗用水。可采用管道系统收集建筑屋顶雨水，当雨水量不够时考虑回收绿地、道路等雨水。

商业区人流量大，污染物类型复杂，用水主要集中在室内冲厕和盥洗。

收集回用系统：建筑屋面雨水采用管道系统收集，回用于室内冲厕，广场、停车场采用透水铺装，绿地雨水采用下凹式渗透浅沟。屋面面源污染控制可采用绿化屋顶，绿地面源污染可采用生物滞留带控制。

4.1.1.5 雨水收集利用成本计算

(1) 固定资产投资 C

固定资产投资包括土建工程费用、管道费用、设备及安装费用以及其他费用等。

① 土建工程费用　土建工程费用主要指雨水利用工程中的构筑物的建造费用，主要构筑物有地下式蓄水池、清水池、渗透式构筑物、弃流和动力等辅助设施。

a. 地下式蓄水池、清水池。采用国标图集 05S804-矩形钢筋混凝土蓄水池中方形覆土 1.0m 的蓄水池，进行造价计算，并进行曲线拟合，可得到地下存储池的造价公式为：

$$C_v = 3339(V_蓄 + V_清)^{0.7326} \tag{4-8}$$

式中　C_v——总造价，元；

$V_蓄$，$V_清$——雨水水池，雨水清水池容积，m^3。

b. 渗透式构筑物。渗透式构筑物的造价可参照公式进行估算。

（a）渗透井。渗透井根据覆土的厚度不同，采取的造价计算公式也不同。

当覆土深 1m 时，造价采用公式(4-9) 计算：

$$C_{s1} = 2.826D - 214.54 \tag{4-9}$$

当覆土深 1.5m 时，造价采用公式(4-10) 计算：

$$C_{s2} = 3.1869D - 85.2 \tag{4-10}$$

式中　C_{s1}，C_{s2}——单座渗透井的造价，元；

D——渗透井内径，mm，取值范围 700～5000mm。

（b）渗透沟。渗透沟的造价可采用公式(4-11) 计算：

$$C_{s3} = 774.64L \tag{4-11}$$

式中　C_{s3}——渗透沟的造价，元；

L——渗透沟的长度，m。

（c）渗透管。渗透管的造价可采用公式(4-12) 计算：

$$C_{s4} = 4.2692D \times 0.8758L \tag{4-12}$$

式中　C_{s4}——渗透管的造价，元；

L——渗透管管长，m；

D——中心管内径，mm，取值范围 300～1000。

② 雨水收集管道费用　建筑小区雨水收集利用管道分为单体建筑雨落管、埋地雨水收集管和雨水回用管道。影响管道造价的主要因素是管材和管径，其中雨落管的费用应计入小区建设费用中。

a. 埋地雨水收集管。埋地雨水收集管道通常采用钢筋混凝土管。

b. 雨水回用管道。雨水回用管一般采用 PVC 塑料管。

(2) 年运行成本 C'

运行成本包括动力费用、药剂费用、维护管理费用等。

① 动力费用　动力费用主要是指水泵运行电费。

$$C_1 = \sum NTD \tag{4-13}$$

式中　C_1——水泵运行产生电费，元/年；

N——水泵功率，kW；

T——水泵年运行时间，h；

D——电费单价，根据《关于公布居民阶梯电价和峰谷电价价目表的通知》，元/（kW·h）。

② 药剂费用

$$C_2 = Q \times \sum ab \tag{4-14}$$

式中　Q——处理水量，m^3/a；

a，b——药剂量与药剂单价。

③ 维护管理费用 C_3　雨水利用系统的管理费用参照设备维护管理条例，人工费视当地工资而定。清淤费按 300 元/次。

年运营成本：$C_{总费用} = C_1 + C_2 + C_3$

4.1.2　中水回用技术

4.1.2.1　中水系统概念

建筑中水即再生水是指污水经适当处理后，达到一定的水质指标，满足某种使用要求，可以进行有益使用的水。建筑物应设有完善的污水收集和污水排放等设施，靠近或在市政排水管网的公共建筑，其生活污水可排入市政污水管网与城市污水集中处理；远离或不能接入市政排水系统的污水，应进行单独处理（或分散处理），处理后排放至附近受纳水体，其水质应达到国家相关排放标准，缺水地区还应考虑再生水利用（如图 4-12 所示）。

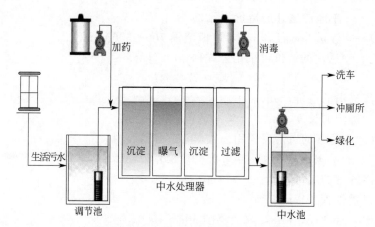

图 4-12　中水系统回用流程图

4.1.2.2　中水系统的水源及水质要求

（1）中水系统水源来源

① 中水水源选择应根据原水水质、水量、排水状况和中水回用的水质水量来确定。例如原水和回用水的水量不仅要平衡，原水还应有 10%～15% 的余量；原水水源要求供水可靠；原水水质经处理后能达到回用水的水质标准等。

② 中水水源一般为生活废水、生活污水、冷却水等。医院污水（尤其是传染病和结核病医院的污水）、生产污水等由于含有多种病菌病毒或其他有毒有害杂质，成分较为复杂，不宜作为中水水源。

③ 中水水源按污染程度不等一般可分为下述六种类型。选择中水水源时可以根据处理

难易程度和水量大小按照下列顺序进行排列。

　　a. 冷却水。

　　b. 沐浴排水。

　　c. 洗排水。

　　d. 洗衣排水。

　　e. 厨房排水。

　　f. 厕所排水。

实际中水水源一般不止单一水源，多为上述六种原水的组合。一般可以分为下列三种组合。

　　a. 盥洗排水和沐浴排水（有时也包括冷却水）组合。该组合称为优质杂排水，为中水水源水质最好者，应优先选用。

　　b. 盥洗排水、沐浴排水和厨房排水组合，该组合称为杂排水。比冷却水、洗排水和洗衣排水三者组合水质差一些。

　　c. 生活污水，即所有生活排水之总称。这种水水质最差。

（2）中水系统水质要求

中水不同于生活饮用水，根据中水水质标准的规定，中水只能在一定范围内使用。目前在国内中水主要回用于冲洗厕所、绿化、洗车、浇洒道路和冷却用水等作杂用水使用。中水回用除了满足水量要求外，还应符合下列要求。

　　a. 首先应满足不同的用途，选用不同的水质。

　　b. 卫生标准是中水回用的重要指标，卫生上要安全可靠，必须达标。卫生指标有大肠菌群数、细菌总数、悬浮物、生化需氧量、化学需氧量等。回用水的水质必须在安全可靠的前提下，达到《城市污水再生利用分类》（GB/T 18919—2002）、《城市污水再生利用城市杂用水水质》（GB/T 18920—2002）和《城市污水再生利用景观环境用水水质》（GB/T 18921—2002）的水质要求。

　　c. 中水还应符合人们的感官要求，即无不快感觉，以解除人们使用中水的心理障碍。主要指标有浊度、色度、臭味、表面活性剂、油脂等。

　　d. 中水回用的水质不应引起设备和管道腐蚀和结垢。主要指标有 pH 值、硬度、蒸发残渣、溶解性物质等。

4.1.2.3　中水系统分类

建筑中水系统主要包括源水系统、处理系统和供水系统三个部分，是三部分组成一体的系统工程，不可分割。因此，中水工程是一个系统工程，是给水技术、排水技术、水处理技术和建筑环境技术的有机综合，是在建筑物或小区内运行上述技术，实现使用功能、节水功能及建筑环境功能的统一。它既不是污水处理厂的小型化搬家，也不是对排水设备和水处理设备的简单连接，而是工程上的有机系统。绿色建筑中水系统按照系统的服务范围可分为以下三类。

① 建筑单循环中水系统　　建筑单循环中水系统是单栋建筑物或几栋相邻建筑物所形成的中水系统。这种系统宜采用生活污水单独排入城市排水管网或者化粪池，以优质杂排水作为中水水源的完全系统形式。建筑单循环中水系统具有流程简单、投资少、见效快的特点，主要适用于宾馆、饭店、大型公共建筑及办公楼等。建筑单循环中水系统如图 4-13 所示。

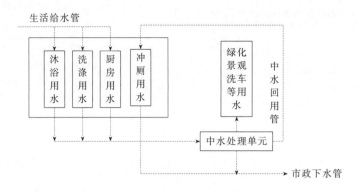

图 4-13　建筑单循环中水系统

② 建筑小区中水系统　小区循环方式是以建筑小区、学校、宾馆、机关单位等大型公共建筑为重点建设的小区中水回用系统，将小区产生的各种生活废水等进行综合处理、消毒以达到所需的中水回用水质标准，由中水供水系统进行供水。建筑小区中水系统具有工程规模较大、水质和管道较复杂、集中处理费用较低等特点。

③ 城镇中水系统　城镇中水系统属于城镇污水处理厂，出水已经达到中水回用水质要求，城镇建有中水回用管道，建筑或小区可以直接接入中水的半完全系统。此种系统运转费用低，日常管理方便，但是一次性投资大，主要适用于那些需设计中水管道的严重缺水城市。

4.1.2.4　中水管道系统

(1) 中水水源的集流方式

当中水水源来自生活排水，根据建筑物所排放污水的水质、水量和中水用途所需水量，可采用不同集流方式。污水集流方式有以下三种可供选用。

① 全集流、全回用方式　全集流系统是把建筑物所排放的污水全部集流，经水处理后达到中水水质标准后回用。

全部集流回用系统因集流水中含粪便而且水质很差，因而中水工程费用大、水价较高，中水建设初步阶段可采用全集流、全回用的简易系统，即中水不进居民的房内，中水只在地面绿化、喷洒道路、地下车路、地面冲洗和汽车冲洗等过程中使用。由于中水不用上楼，使楼内的管网设计更为简化，投资也比较低，居民易于接受，但限制了中水的使用范围，降低了中水的使用效益。该系统使住宅内的管线仍维持原状，适用于增设中水工程的建筑小区或区域性中水工程。

② 全集流、部分回用方式　当建筑物内的污水采用合流管道排放，根据中水用水量情况，仅使用部分合流的排水量即可满足需要时，可以采用这种系统。系统的优点是增设一套中水供水管网，但集流的水质差，适用于增设中水工程的建筑小区，可根据投资情况，分期分批改建或扩建。采用生活污水为中水水源，可省去一套污水收集系统，但是中水仍要单独的供水系统。

③ 部分集流、部分回用方式　这种方式系统集流的污水中，一般不含粪便冲洗后的排水和厨房排水。

这部分优质杂排水或杂排水因不含粪便，水质较好，因而工程造价低、水费低，但是需要双管排水管网和双配水管网，即自来水和中水系统、杂排水收集系统和其他排水收集系统，管线上比较复杂，给设计施工增加的难度，也增加管线投资。在缺水比较严重或水价比较高的地区是可行的，适用于办公楼、宾馆、饭店、综合商业大厦等新建工程或者高档住宅区，尤其适用于中水建设的起步阶段。

（2）中水水源的集流管网

以民用或建筑小区中人们生活过程中用过的或生产活动中属于生活排放的污水、冷却水等为中水水源时，集流管网一般由以下几部分组成：①建筑物室内分流污水集流管道和设备；②建筑小区集流污水管道；③污水泵站及有压污水管道；④中水处理设施。建筑物室内分流污水的集流管道和设备作用是将建筑物内的污废水集流到室外集流管道，经建筑物中水处理设施或小区中水处理站处理达标后，经中水配水管供建筑物本身或小区应用。

建筑小区内集流污水管道可布置在庭院道路或绿地下，尽可能靠重力流把污水送到中水处理站。污水泵站及污水压力管道是当排水管网的重力流管段不能自流到建筑小区中水站时而设置的，泵站用来提升压力，泵站至中水处理设施间的集流污水管往往设计压力管道。中水工程中的水处理设施，在小区范围内一般设在地形较低处，单栋建筑物多设在该建筑物地下室内。

（3）中水配水系统的用途

中水配水管网中配水管网的任务是把处理达标的中水从中水处理站输送到各个用水点。中水管网系统按其用途可分为两类。

① 生活杂用水管网系统供民用、公共建筑和工厂生活间冲洗便器、洗涤、浇洒路面绿化、水景工程和冷却水补充等杂用。

② 消防管网系统供建筑小区、大型公共建筑独立的消防系统的消防设备用水。

上述两种中水管网也可组成共用系统，即生活杂用、消防共用中水系统。

4.1.2.5 中水回用方式

合理的建筑中水回用方式应根据建筑物高度、室外中水配水管网可靠压力、室内管网所需压力等因素确定。其中，最主要的因素是室内中水系统所需总水压 H 和室外中水配水管网所具有的水压 H_0。当 $H_0 > H$ 时，表明室外中水管网水压能够满足室内中水管网所需水压。反之，当 $H_0 < H$ 时，室内中水管网应设加压设备。中水的供水方式一般有以下几种。

① 简单的供水方式　当 $H_0 > H$ 时，而且水量在任何时间都能满足室内中水管网需要时，可采用简单的供水方式，如图 4-14 所示。该供水方式具有设备少、维护简单、投资少等一系列优点。这种供水方式的水平干管可布置在首层地下、地沟内或地下室天花板下，也可布置在建筑物最高层的天花板下、吊顶内或技术层中。

② 设置水泵和屋顶水箱的中水供水方式

这种供水方式适用于室外中水管网的水压经常低于室内管网所需水压，而用水泵提升到屋顶水箱供水，应设吸水井或中水储水池。

③ 单设屋顶水箱的中水供水方式　当室外储水配水管网的压力大部分时间（一日

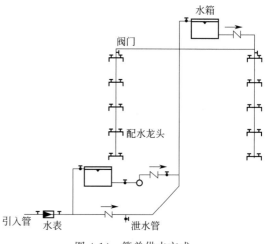

图 4-14　简单供水方式

内）能够满足室内管网需要的水压，仅在一日高峰时间，由于水量的增加，使室外中水管网压力下降，不能保证室内供水，这时可采用单设屋顶水箱的供水方式。在室外中水配水管网压力高时，可供水到室内中水管网及水箱。当室外中水管网水压由于用水高峰而降低时，满足不了室内最高层用水，则可由水箱供水。应注意，这种方式的进户管除设置必要的闸门外，一定要设置单向阀。

分区供水的中区供水方式对于多层和高层建筑，为减缓管中供水压力过高，常将建筑物竖向分为两个或两个以上供水区，较低区域直接由室外中水配水管网供水，上面各区由水泵、水箱联合供水。

4.1.2.6 中水处理技术

目前，我国中水处理系统一体化设施应用较少，多数城市污水处理系统类似，都是在城镇市政污水处理厂的研究基础之上，将城市污水处理中成熟的工艺运用于中水处理。中水系统主要是包括预处理（一级处理）、主处理（二级处理）和后处理（三级处理）三个部分，其中，预处理主要是去除污水中的漂浮物和呈悬浮状态的固体物质，减轻管道和后续处理构筑物的工作负荷，包括筛滤截留和重力分离两种方法，主要的手段包括格栅、毛发聚集、调节沉淀和隔油等；主处理通过物化、生物、膜分离和土地处理等方法处理污水中呈胶体和溶解状态的有机物质；后处理是采用过滤、吸附和消毒等措施，去除水中残留的有机物、无机物和细菌、病毒等，进一步提高中水水质。

中水处理一般采用的方法见表 4-7。

表 4-7　中水处理方法

处理技术	具体操作
物理处理法	膜滤法，是在外力的作用下，被分离的溶液以一定的流速沿着滤膜表面流动，溶液中溶剂和低分子量物质、无机离子从高压侧透过滤膜进入低压侧，并作为滤液而排出
物理化学法	砂滤、活性炭吸附、浮选、混凝沉淀等
生物处理法	采用活性污泥法、接触氧化法、生物转盘等生物处理方法

另外，值得一提的是膜生物反应器工艺（MBR 工艺），是现代膜分离技术与生物技术有机结合的一种新型废水生物处理技术，它利用膜分离装置将生化反应池中的活性污泥和大分子有机物质有效截留，替代二沉池，使生化反应池中的活性污泥浓度（生物量）大大提高；实现水力停留时间（HRT）和污泥停留时间（SRT）的分别控制，将难降解的大分子有机物质截留在反应池中不断反应、降解。

4.1.2.7 中水处理的运行控制

(1) 控制目的

中水处理站控制的目的是在保证满足设计流量、水质、水压的前提下，使设备设施正常运行，努力降低水处理成本，减轻劳动强度，而且充分利用能源。另外，保证水处理过程中产生的废料、废渣实现无害化和可再用资源化。

(2) 控制内容

中水处理站控制内容由设备设施的种类和设备设施所要求的运行参数来决定。由于设备设施种类繁多，其运行参数也各不相同，控制内容也不相同。

(3) 控制方法

中水处理站控制类型有三种。

① 就地手动　在中水处理站内，操作人员根据站内装设的就地指示仪表对阀门、机电设备进行手动操作。这种控制投资较小，但耗费的人力较多。

② 现场监控　信号通过各种自控仪表显示并输送到中水处理站的监控中心，采用自动

或手动对阀门、机电设备进行控制。

③ 远程监控　信号通过各种远程自控仪表显示并输送到中水处理站的监控中心，通过可编程（PLC）和系统网网络（SCADA）对远端设备阀门进行遥控、遥测。

现场监控和远程监控自动化程度较高，给管理带来方便，同时也使运行系统的可靠性提高。

4.1.3　海水利用技术

地球表面 2/3 的面积被水覆盖，但水储量的 97% 为海水和苦咸水。如果能将海水的资源有效地利用，全球淡水资源紧缺的问题将会迎刃而解。海水利用的主要技术是海水淡化，目前海水淡化的主要技术方法有蒸馏法、电渗析法、反渗透法等。目前因为海水淡化技术技术含量、成本高，并未大规模普及。海水淡化不仅可以增加淡水总量，且不受时空和气候影响，水质好，可以保障沿海居民饮用水和工业锅炉补水等稳定供水。

截至 2009 年，全球海水淡化日产量为 3500 万立方米左右，其中 80% 用于饮用水，解决了全球 1 亿多人的供水问题，及世界上的 1/50 的人口靠海水淡化提供饮用水；全球直接利用海水作为工业冷却水总量每年约为 6000 亿立方米，替代了大量宝贵的淡水资源；海水淡化事实上已成为世界许多国家解决缺水问题普遍采用的一种战略选择，其有效性和可靠性已经得到越来越广泛的认同。

截至 2012 年底，我国海水淡化产能约为 75 万立方米/日，距 2015 年目标 220～260 万立方米/日仍存在巨大提升空间。从全球来看，我国目前已建成的海水淡化装机容量占比在 1% 左右，而同期沙特占 22%、美国占 13%、欧洲占 15%，表明我国海水淡化仍有较大发展空间。

《中国海水淡化产业深度调研与投资战略规划分析报告前瞻》显示，我国已建和即将建成的工程累计海水淡化能力约为 60 万吨/日，从政策规划来看，未来十年内行业市场容量有 5 倍以上的成长空间，前景较为乐观。淡化海水成本已降到 4～5 元/吨，经济可行性已经大大提升，考虑到未来技术进步带来的成本下降，以及政策扶持等因素，未来海水淡化产业有望出现爆发式增长。

4.2　节水其他措施

4.2.1　合理设计热水和开水供应系统

4.2.1.1　完善集中热水供应循环系统

① 住宅设集中热水供应时，应设立管循环；当室内供水支管长度大于 10m 时，宜设支管循环系统。

② 单栋建筑的热水供应系统，循环管道宜采用同程布置的方式，应在用户表前设置循环管路，当户内用水点相距较远时，可考虑增加热水表，以减少冷水的空放。

③ 新建建筑的集中热水供应系统在选择循环方式时需综合考虑节水效果与工程成本，根据建筑性质、建筑标准、地区经济条件等具体情况选用支管循环方式或立管循环方式，尽

可能减小乃至消除无效冷水的浪费。

④ 水加热设备站房应根据小区内建筑物的分布，给水系统的设置等因素确定水加热设备站房采用集中、相对集中或按单体建筑分散等布置方式。

4.2.1.2 开水供应系统

开水供应一般是在每层开水间设电开水器或燃油燃气开水器。电开水器较灵活，宜作供水量少时用；燃油燃气宜于耗开水量大时用。对于办公楼也可采用小型开水器，由用户在房间通电使用，这更为方便而且节能。

4.2.2 设置用水计量水表

4.2.2.1 按照使用用途分别设置水表

① 住宅建筑每个居住单元、景观及灌溉用水等均应设置水表，分别统计用水量。

② 公共建筑中对不同用途的用水进行分别计量：餐饮、洗浴、中水补水、空调补水分设水表计量。

③ 所有水表计量数据宜统一输入建筑自动化管理系统（BMS），以达到漏水探查监控的目的。

④ 大专院校、工矿企业的公共浴室、大学生公寓、学生宿舍公共卫生间的淋浴器宜采用刷卡用水。

⑤ 增加小区进户总水表的设置：对于供水方式为水池-水泵-水箱的高层建筑，有条件时，应在水箱出水管上设置水表；高区给水系统每根给水立管上设置分水表（或两根立管合设一个分水表）。

4.2.2.2 提高水表计量的准确

由于选型和水表本身的问题，水表计量的准确性较差。如有的建筑物水表型号过大，用水量较小时，水表指针基本不动。为此应采取选用高灵敏度计量水表提高水表计量的准确度。

4.2.2.3 限制使用年限

由于水表自身零件的机械磨损，水表的使用年限越长，其准确度就越低。所以为了保证水表的工作精度，物业部门和自来水公司有必要对水表进行经常性检查。

4.2.3 管道系统和洁具

4.2.3.1 设置合理、完善的室内给水系统

① 采用合理的供水系统 低区充分利用市政给水压力；高层建筑给水系统合理分区供水，控制超压出流。

在我国现行的《建筑给水排水设计规范》中，虽对给水配件和入户支管的最大压力作出了一定的限制性规定，但这只是从防止因给水配件承压过高而导致损坏的角度来考虑，并未从防止超压出流的角度考虑，因此压力要求过于宽松，对限制超压出流基本没有起作用。如果设计时没有考虑这一方面的话会造成极大的水资源浪费。所以应根据建筑给水系统超压出流的实际情况，对给水系统的压力作出合理限定。

《建筑给水排水设计规范》第 3.3.5 条规定，高层建筑生活给水系统应竖向分区，各分区最低卫生器具配水点处的静水压不宜大于 0.45MPa，特殊情况下不宜大于 0.55MPa。而

卫生器具的最佳使用水压宜为 $0.20\sim0.30\mathrm{MPa}$，大部分处于超压出流。根据有关数据研究，当配水点处静水压力大于 $0.15\mathrm{MPa}$ 时，水龙头流出水量明显上升。建议高层分区给水系统最低卫生器具配水点处静水压大于 $0.15\mathrm{MPa}$ 时，采取减压措施。

a. 各分区最低卫生器具配水点处的静水压不宜大于 $0.45\mathrm{MPa}$，特殊情况下不宜大于 $0.55\mathrm{MPa}$；水压大于 $0.35\mathrm{MPa}$ 的入户支管（或配水横管）上宜采取适当的减压措施。

b. 各分区低层部分的卫生间，入户管（或配水横管）上宜采取适当的减压措施。不宜采用共同供水立管串联减压分区供水的方式；推荐支管减压作为节能节水的重要措施。

c. 给水分区低层部分卫生间入户管处支管减压后的供水静压力在满足卫生器具给水配件额定流量要求的情况下，尽量取低值；采取减压限流的节水措施，居住建筑生活给水系统入户管表前供水压力不大于 $0.2\mathrm{MPa}$。

② 选用优质的管材、阀门　使用低阻力优质阀门和倒流防止器等，淘汰劣质产品。避免因管道锈蚀、阀门的质量问题导致大量的水跑冒滴漏。

a. 管材，给水系统中使用的管材、管件，必须符合现行产品国家标准的要求。

b. 阀门，选用高性能的阀门、零泄漏阀门。恒温混水阀用于冷、热水的自动混合，为淋浴系统提供恒温洗浴用水。

c. 室外管道，管道铺设时要采用质量好的管材，并采用橡胶圈柔性接口。并增强日常的管道检漏工作。

d. 做好管道基础处理和覆土，并控制管道埋深。软土地基敷设管道时可采取下列几种保障措施：增设加固墩和穿管井；必要时可设置综合管沟；室外直埋管线局部设置软连接。

③ 节水器具　所有用水器具必须满足《节水型生活用水器具》（CJ/T 164—2014）及《节水型产品通用技术条件》（GB 18870—2011）的规定，节水率不得低于 20%。节水装置见图 4-15。

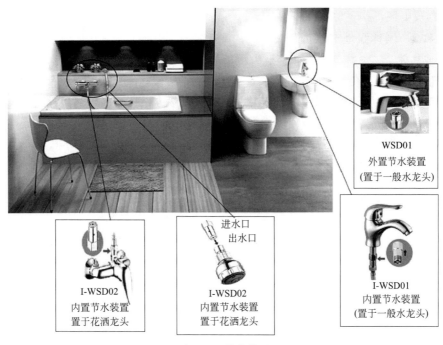

图 4-15　节水装置

a. 给水水嘴应采用陶瓷芯等密封性能好，能限制出流率并经国家有关质量检测部门检测合格的节水水嘴。

b. 大、小便器应采用节水型产品，坐便器水箱容积不大于 6L，优先采用双挡冲洗阀。

c. 公共浴室及设公共淋浴的场所，水温调节器、节水型淋浴头等节水淋浴装置；宜采用恒温混合阀等阀件或装置的单管供水，有条件的地方宜采用高位混合水箱供水；多于 3 个淋浴器的配水管道，宜布置成环形。

d. 感应式或脚踏式高效节水型小便器和两档式坐便器，免冲洗小便器；光电感应式等延时自动关闭水龙头、停水自动关闭水龙头。公共卫生间宜采用红外感应水嘴、感应式冲洗阀小便器、大便器等能消除长流水的水嘴和器具；厨房的洗涤盆、沐浴水嘴和盥洗室的面盆龙头选用加气式节水龙头。洗衣房可选用高效节水洗衣机。

4.2.4 合理利用市政管网余压

4.2.4.1 分区给水

优先采用管网叠压供水等节能的供水技术，避免供水压力过高或压力骤变。使用无负压给水设备加压与传统二次加压方式比较（传统加压方式为市政管网供水至水池，然后由水泵供应至屋顶水箱），有以下优点。

① 可减少投资，原有的供水方式要建水池，设置水箱，而且水池中二次污染严重，需要设水处理消毒等装置，定期清理水池、水箱，增加日常开支。使用无负压给水设备可取消水池及水箱。

② 可减少污染，自来水在水池及水箱内增加停留时间，水中余氯余量低，微生物含量高，使用新型设备后水质同自来水，达到节水的目的。

③ 可节省大量能源，传统二次加压方式是将自来水直接放入水池或水箱中，使原有压力全部为零，再从零重新加压供水；而无负压变频设备完全利用原有市政管网压力供水，与供水管网直接串接，差多少，补多少。

4.2.4.2 园林绿地节水灌溉设施

① 园林绿地节水灌溉应遵循的基本原则是节水、实用、可靠、节能和经济，这些原则之间存在着相互制约的关系，当不能同时满足时应首先是节水。绿地灌溉系统包括喷头、管材及管件、控制设备、加压设备和水源。水源应优先采用地表水、雨水及经过处理后的中水。

② 节水灌溉技术有喷灌、微灌、滴灌等方式。

a. 喷灌是一种机械化、高效节水灌溉技术，具有节水、省劳力、节地、适应性较强等特点，有固定式、半固定式和喷灌机等。

b. 微喷是通过喷头将水喷在枝叶上或树冠下地面下的一种灌水方式。微喷还具有调节小气候和美化环境的功能。具有节水、节能、适应性强的特点。喷洒形式有旋转式、折射式和脉冲式三种。

c. 滴灌是通过安装在毛细管上的滴头、孔口式滴灌带等灌水器使水流呈滴状进入土壤，滴灌又分为地表滴灌和地下滴灌。地表滴灌，即常规滴灌，其管网及灌水器布设于地表或地面以上。地下滴灌，其管网及灌水器均布埋在地下。具有减缓毛细管及灌水器老化，方便作业、防止损坏等优点。

4.2.5 真空卫生排水节水系统

为了保证卫生洁具及下水道的冲洗效果，将真空技术运用于排水工程，用空气代替大部分水，依靠真空负压产生的高速气水混合物，快速将洁具内的污水、污物冲洗干净，达到节约用水、排走污浊空气的效果。真空泵在排水管道内产生 $40\sim50kPa$ 的负压，将污水抽吸到收集容器内，再由污水泵将收集的污水排到市政下水道。生活污水真空收集系统主要由以下几部分组成。

（1）真空泵站

真空泵站是一个由生产厂家组装成的一体化装置。它的作用是使真空收集器和管道系统产生负压，并维持这个负压在一个设定的范围内。

（2）真空坐便器

它是一种特制的并和系统配套的坐便器。它的核心部件是 1 个气动的真空控制阀，作用是负责连接或切断真空。真空阀打开的时间是可调的，1 次排水一般为 2s。真空阀关闭后，给水管自动向坐便器补入约 1L 自来水，浸润坐便器底部。

（3）真空控制装置

它直接连接于卫生洁具（如脸盆、小便器、净身盆、浴盆、淋浴盆等），这些洁具产生的废水靠重力流入真空控制阀，当控制阀内的水位上升到设定位置时，液位控制器依靠弹簧打开真空阀，并向外排水。

（4）序批处理器

序批处理器的作用就是积累每次冲洗产生的污水，当到达一定量时，依靠液位传感器的指令打开真空阀，对真空管道进行水力冲洗，以防止其结垢。

（5）真空收集管

用以传递真空状态和传输污水。其材质可以是进口或国产的 PVC-U 或 PE 管等，连接方式随管材而定。生活污水真空收集系统的使用在国内尚属起步阶段，国外已有冲洗水量仅为 0.2L 的新一代生活污水真空收集装置，这方面我们还存在着较大差距。此外，与生活污水真空收集系统配套的接收设施尚不完善。因此，推广这项技术的关键在于设备的国产化和配套设施的完善。

第5章
建筑结构体系与建筑材料使用

5.1 资源消耗和环境影响小建筑结构体系

5.1.1 建筑结构体系概述

建筑结构是指在建筑物（包括构筑物）中，由建筑材料做成用来承受各种荷载或者作用，以起骨架作用的空间受力体系。

5.1.1.1 建筑结构的分类

(1) 按承重结构的类型分类

① 框架结构　这种结构用纵梁、横梁及立柱组成框架，作为承重结构（图5-1）。然后在纵梁、横梁间铺上梁板形成楼盖和屋盖。在框架结构中，墙体是作为填充材料（板材或砌体）设置在立柱之间，因而墙体不是承重结构。框架结构平面布置灵活，可以按使用要求任意分割空间，且构造简单、施工方便。因此，不论是钢筋混凝土结构的房屋还是钢结构的房屋，框架结构应用都十分广泛。

② 剪力墙结构　利用建筑物墙体作为承受竖向荷载、抵抗水平荷载的结构，称为剪力墙结构体系。这种结构用纵向及横向的钢筋混凝土墙，以及用作楼盖和屋盖的梁板组成房屋的承重结构，因而称为剪力墙结构。剪力墙结构由于用整个墙体作为承重结构，因此其抗侧移刚度很大，可以用来建筑高度更大（如10~30层）的房屋。但是，由于布置门、窗需要在墙体上开洞口，影响其强度，因此剪力墙结构的缺点是空间划分不够灵活。如图5-2所示。

③ 框架-剪力墙结构　这种结构是在框架结构的基础上，沿框架纵、横方向的某些位置，在柱与柱之间设置数道钢筋混凝土墙体作为剪力墙.因此它是框架和剪力墙的有机结合。它综合了两者的优点：一个布置灵活，一个抗侧移能力高。其建筑高度可以比单一的框架结构或剪力墙的结构要高得多。框架结构是利用梁、柱组成的纵、横两个方向的框架形成的结构体系，它同时承受竖向荷载和水平荷载。如图5-3所示。

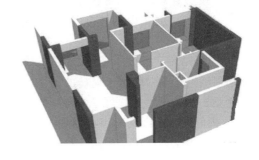

图 5-1　框架结构　　　　　　　　　　　　　图 5-2　剪力墙结构

④ 筒体结构　用钢筋混凝土墙组成一个筒体作为房屋的承重结构，这就是筒体结构。筒体也可以由密柱和深梁组成，即将柱子密集排列，并在柱间布置深梁（高度较大的梁）使之形成一个筒体。除采用一个筒体作承重结构外，也可以用多个筒体组成筒中筒结构、束筒结构，还可以将框架和筒体联合起来组成所谓框-筒结构。筒体结构在各个方向的侧移刚度都很大，是目前高层建筑中采用较多的结构形式。如图 5-4 所示。

各类高层建筑宜采用的结构体系见表 5-1。

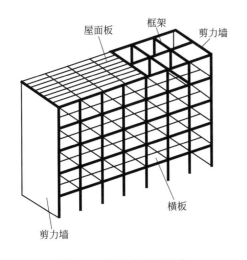

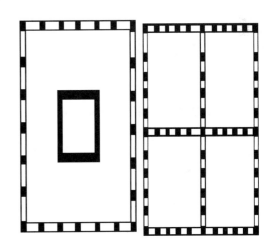

图 5-3　框架-剪力墙结构　　　　　　　　　　图 5-4　筒体结构

表 5-1　各类高层建筑宜采用的结构体系

区别	建筑类型		宜采用的结构体系
非地震区	住宅		剪力墙、框架、框剪
	旅馆、公寓		剪力墙、框剪
	公共建筑		框架、框剪、筒体
	综合楼		框剪、框架、框筒
地震区	住宅	$H<50$m	剪力墙、框剪
		$H>50$m	剪力墙、框剪
	旅馆、公寓	$H<50$m	剪力墙、框剪
		$H>50$m	剪力墙、框剪、筒体
	公共建筑	$H<50$m	框剪、筒体
		$H>50$m	框剪、筒体
	综合楼	$H<50$m	框剪、筒体
		$H>50$m	框剪、筒体

（2）按房屋建筑结构材料分类

① 钢结构　是指以钢材为主制作的结构，也是资源消耗和环境影响小的建筑结构体系，下节有详细介绍。

② 砖混结构　顾名思义就是砖和钢筋混凝土的混合结构。由于砖的生产能够就地取材，因而房屋的造价相对较低。但砖的力学性能较差，承载力小，房屋的抗震性能不好。设计中通过圈梁、构造柱等措施可以使房屋的抗震性能提高，但一般只能建造7层以下的房屋。

③ 钢筋混凝土结构　当在混凝土中配以适量的钢筋，则为钢筋混凝土。钢筋和混凝土这种物理、力学性能很不相同的材料之所以能有效地结合在一起共同工作，主要靠两者之间存在黏结力，受荷后协调变形。再者这两种材料温度线胀系数接近，此外钢筋至混凝土边缘之间的混凝土，作为钢筋的保护层，使钢筋不受锈蚀并提高构件的防火性能。

5.1.1.2　建筑结构选型

（1）结构选型影响因素体系

结构选型应该考虑的因素众多而且复杂，我们将结构选型的目标级因素归为六类：结构的功能适应性、结构的受力合理性、结构的经济有效性、结构的施工方便性、结构的抗灾减灾能力和结构的美学效应。目标级因素确定以后，需要把目标级因素分解为各级子因素，直到相当具体、直观，并可以直接或间接地用备选方案本身的属性来表征的层次为止。设定因素体系是为了评价、优选备选方案，所以因素体系最底层是直接或间接表征方案性能或参数的属性级因素。目标级因素、各子因素以及备选方案属性因素构成了具有层次结构的结构选型影响因素体系模型-因素关系图，建立因素体系模型的主要方法是层次分析法（AHP）。

（2）结构选型影响因素体系的量化

为了对结构选型决策服务，需要在对影响因素体系及其相对应的基本因素进行深入分析及专家调查的基础上，结合工程实际和现行规范、规程等，对因素体系建立具体的量化标准，给出各基本影响因素的量化值（定性的词语或定量的数值）。由于结构选型的基本影响因素具有强烈的不确定性（随机性、模糊性和未知性），因此需要用不确定性数学的方法对其进行量化。

（3）影响因素的重要性程度

在结构选型的推理和决策过程中，需要逐层地综合同层因素与结构方案的关系，因此，合理地确定同层因素的重要性程度（即权重向量）是进行高层建筑结构选型决策时应重点考虑的问题，这种权重向量是诸因素在决策中相对重要程度的一种主观评价和客观反映的综合度量。权重向量确定的合理与否，直接影响到决策结果的正确性。确定权重向量的方法主要有德尔菲法、判断矩阵法、层次分析法和专家调查统计法等。

（4）结构选型的知识获取方法

知识获取的知识源主要有三种：专家、书本和数据库；而知识获取方法主要有两大类：人工知识获取和机器学习知识获取，前者是通过知识工程师进行知识获取，后者是让计算机本身从环境（包括专家、实例等）或自身的实践（解题过程）中获取知识。

5.1.1.3　高层建筑新结构体系的发展

随着社会的发展、技术的进步，新的结构体系不断涌现。人们逐渐将形式创造的重点转移到运用新结构体系，提高形体造型的吸引力、增强其识别性上来，更注意挖掘其本身所具有的特性。具体表现在以下几个方面。

(1) 建筑结构轻型化

目前我国高层建筑多采用的普通钢筋混凝土，普通混凝土自重偏大，给设计、施工、材料运输、抗震性能及结构技术经济指标带来较多不利因素，因此，减轻建筑物的自重很有必要。减轻自重的途径主要有以下三个途径。

① 选用合理的楼盖结构形式，楼盖重量约占高层建筑总重量的40%，选用合理的楼盖结构形式，恰当地确定楼盖结构的截面尺寸，是减轻高层建筑总重量的有效途径。

② 尽量减轻墙体的重量，在高层建筑框架结构体系中，四周的围护墙及内部的隔断均属于非承重构件，是采用轻质材料最适合的部位，对减轻建筑自重十分有利。

③ 采用轻质高强的结构材料。众所周知，在传统的建筑材料中，钢材符合既轻质又高强的条件，在国外高层建筑中，很多采用钢结构体系。鉴于我国国情和条件，绝大部分高层建筑都采用钢筋混凝土结构体系，对于钢筋混凝土结构的轻质高强的结构材料，主要是轻骨料混凝土及高强混凝土。

(2) 柱网、开间扩大化

随着经济的发展和社会需求的不断变化，近年来，高层框架的柱网尺寸及高层剪力墙的开间尺寸有扩大之势，采用大开间或大柱网方案，可提高房屋的可改造性及灵活性；可使建筑布置更为灵活自由，有利于充分利用建筑空间；另外据数据分析比较，采用大开间方案更节省建筑材料，具有更好的经济效益。

(3) 结构转换层在高层建筑中的应用

现代高层建筑发展的一大趋势是兴建多功能综合性建筑，将各种使用功能的建筑单元集合布置并上下组合在一起，使用上更方便省时，能适应现代社会高效率、快节奏生活的需要，另外也能节约建设投资及减少能源消耗，有利于物业管理。这种综合性建筑结构体系的特征是，为了满足建筑不同的使用功能，而常在下部设置大柱网，上部设小柱网。如何将它们之间通过合理的转换过渡，沿竖向组合在一起，就成为这种建筑结构体系的关键技术。这对高层建筑结构设计提出了新的问题，需要设置一种称为"转换层"的结构形式，来完成上下不同柱网、不同开间、不同结构形式的转换，这种转换层广泛应用于剪力墙结构框架-剪力墙结构体系中。

(4) 加强层在高层建筑结构体系中的应用

目前在我国高层公共建筑中，钢筋混凝土筒体结构体系是最常用的结构体系之一。筒体结构体系集中布置在平面核心部位服务用房的位置，占楼层总面积的15%~20%，因此，平面内实腹墙筒体的截面尺寸受到限制。随着房屋高度的增加，筒体的抗侧力刚度减弱，势必增加周边框架结构的负担，使框架结构的梁柱截面尺寸增大，以至于超出经济合理的范围。设置加强层可以使外柱参与整体抗弯，增加结构体系整体抗侧能力，减小芯筒的弯矩，减小结构的侧移。利用水平刚臂增强芯筒抗侧能力的做法最早用于框架-芯筒的结构体系，是从钢结构开始的，现已推广到钢筋混凝土结构中。常用加强层的结构形式有：梁式加强层、桁架式加强层、空腹桁架式加强层、箱式加强层。

5.1.2 资源消耗和环境影响小的建筑结构体系

根据建筑的类型、用途、所处地域和气候环境的不同，可能需要采用钢结构体系、砌体结构体系、木结构体系和预制混凝土结构体系，从而达到资源消耗和环境影响小的目标。

5.1.2.1 钢结构

钢结构是主要由钢制材料组成的结构，是主要的建筑结构类型之一（如图5-5所示）。结构主要由型钢和钢板等制成的钢梁、钢柱、钢桁架等构件组成，各构件或部件之间通常采用焊缝、螺栓或铆钉连接。因其自重较轻，且施工简便，广泛应用于大型厂房、场馆、超高层等领域。

（1）钢结构特点

① 材料强度高，自身重量轻　钢材强度较高，弹性模量也高。与混凝土和木材相比，其密度与屈服强度的比值相对较低，因而在同样受力条件下钢结构的构件截面小、自重轻，便于运输和安装，适于跨度大、高度高、承载重的结构。

② 钢材韧性，塑性好，材质均匀，结构可靠性高　适于承受冲击和动力荷载，具有良好的抗震性能。钢材内部组织结构均匀，近于各向同性匀质体。钢结构的实际工作性能比较符合计算理论，所以钢结构可靠性高。

③ 钢结构制造安装机械化程度高　钢结构构件便于在工厂制造、工地拼装。工厂机械化制造钢结构构件成品精度高、生产效率高、工地拼装速度快、工期短，钢结构是工业化程度最高的一种结构。

④ 钢结构密封性能好　由于焊接结构可以做到完全密封，可以做成气密性、水密性均很好的高压容器，大型油池、压力管道等。

（2）钢结构的应用

轻钢结构住宅的墙体主要由墙架柱、墙顶梁、墙底梁、墙体支撑、墙板和连接件组成。建筑轻钢结构住宅一般将内横墙作为结构的承重墙，墙柱为C形轻钢构件，其壁厚根据所受的荷载而定，通常为0.84~2mm，墙柱间距一般为400~600mm，建筑轻钢结构住宅可有效承受并可靠传递竖向荷载，且布置方便，但轻钢结构住宅墙体结构不能承受水平荷载（如图5-6所示）。

图5-5　钢结构

图5-6　钢结构的应用

5.1.2.2 砌体结构

砌体结构是由块材和砂浆砌筑而成的墙，柱作为建筑物主要受力构件的结构。砌体结构是最古老的一种建筑结构。我国的砌体结构有着悠久的历史和辉煌的纪录，在历史上有举世闻名的万里长城，它是两千多年前用"秦砖汉瓦"建造的世界上最伟大的砌体工程之一。如图5-7、图5-8所示。

（1）砌体结构的优缺点

① 砌体结构的主要优点如下。

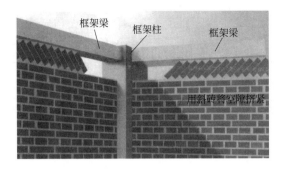

图 5-7 砌体结构

图 5-8 长城

● 容易就地取材。砖主要用黏土烧制，石材的原料是天然石，砌块可以用工业废料矿渣制作，来源方便，价格低廉。

● 砖、石或砌块砌体具有良好的耐火性和较好的耐久性。

● 砌体砌筑时不需要模板和特殊的施工设备，可以节省木材。

● 砖墙和砌块墙体能够隔热和保温，节能效果明显。所以既是较好的承重结构，也是较好的围护结构。

● 当采用砌块或大型板材作墙体时，可以减轻结构自重，加快施工进度，进行工业化生产和施工。

② 砌体结构的缺点如下。

● 与钢和混凝土相比，砌体的强度较低，因而构件的截面尺寸较大，材料用量多，自重大。

● 砌体的砌筑基本上是手工方式，施工劳动量大。

● 砌体的抗拉、抗剪强度都很低，因而抗震较差，在使用上受到一定限制。此外，砖、石的抗压强度也不能充分发挥，抗弯能力低。

● 黏土砖需用黏土制造，在某些地区过多占用农田，影响农业生产。

（2）砌体结构的应用

在地震设防区建造砌体结构房屋要合理地设计、保证施工质量、采取构造措施。经震害调查和研究表明：地震烈度在六度以下地区，一般的砌体结构房屋能经受地震的考验；按抗震设计要求进行改进和处理，可在七度和八度设防区建造砌体结构的房屋。此外，配筋砌块建筑表现了良好的抗震性能，在地震区得到应用与发展。

（3）砌体结构的发展

砌体结构发展的主要趋向是要求砖及砌块材料具有轻质高强的性能，砂浆具有高强度，特别是高黏结强度，尤其是采用高强度空心砖或空心砌块砌体时。在墙体内适当配置纵向钢筋，对克服砌体结构的缺点，减小构件截面尺寸，减轻自重和加快建造速度，具有重要意义。相应地研究设计理论，改进构件强度计算方法，提高施工机械化程度等，也是进一步发展砌体结构的重要课题。

5.1.2.3 木结构

木结构是指用木材制成的结构。木材是一种取材容易、加工简便的结构材料。木结构自重较轻，木构件便于运输、装拆，能多次使用，故广泛地用于房屋建筑中，也还用于桥梁和塔架。近代胶合木结构的出现，更扩大了木结构的应用范围。如图 5-9 所示。

(1) 木结构的特点

① 得房率高 由于墙体厚度的差别，木结构建筑的实际得房率（实际使用面积）比普通砖混结构要高出 5%～8%。

② 工期短 木结构采用装配式施工，这样施工对气候的适应能力较强，不会像混凝土工程一样需要很长的养护期，另外，木结构还适应低温作业，因此冬季施工不受限制。

③ 节能 建筑物的能源效益是由构成该建筑物的结构体系和材料的保温特性决定的。木结构的墙体和屋架体系由木质规格材、木基结构覆面板和保温棉等组成，测试结果表明，150mm 厚的木结构墙体，其保温能力相当于 610mm 厚的砖墙，木结构建筑相对混凝土结构，可节能 50%～70%。

④ 隔声性能 基于木材的低密度和多孔结构，以及隔声墙体和楼板系统，使木结构也适用于有隔声要求的建筑物，创造静谧的生活、工作空间。另外，木结构建筑没有混凝土建筑常有的撞击性噪声传递问题。

图 5-9 木结构

图 5-10 应县木塔

(2) 木结构的保护措施

① 防火 木结构及其构件的防火主要是测定其耐火极限，并根据建筑物耐火等级的要求，采取提高木构件耐火极限的措施。

对于无保护层的木构件来说，应尽量采用截面尺寸较大的整体木构件，以提高耐火极限。试验证明，层板胶合构件的耐火性能与整体截面的木构件相似。所以采用截面大的层板胶合木结构，有利于提高木结构的耐火极限，途径有两种：一种是加抹灰层或石膏板，另一种是采用防火药剂浸注或涂防火漆。

② 防腐 木材腐朽是受木腐菌侵害的结果。木腐菌体内的水解酶能将组成木材细胞壁的纤维素、木质素及细胞内含物分解作为养料，使木材的强度逐渐降低，直至失去全部承载能力。

埋入土中的木电杆或木桩，在土层表面上、下一个区段内，被土中的水分浸湿，又有氧气供应，所以遭易腐朽。深埋于土中的部分不腐的原因是缺氧。地表以上较高部分不腐的原因是缺水（即含水率低于 18%）。因此，对于经常受潮或间歇受潮的木结构，以及不得不封闭在墙内的木梁端头或木砖等，都必须用防腐剂处理以防木腐菌繁殖生长。

防腐剂是由具有一定毒性的化学品配制的，分水溶性、油溶性、油类及浆膏等几种。对于经常受潮的木构件，宜采用属于油类防腐剂的混合防腐油，也称蒽油［由煤杂酚油（即木材防腐油）和煤焦油配制］，遇水不易流失，药效较长。

③ 防虫　蛀蚀木材的昆虫主要有白蚁和甲虫。为了保证木结构的耐久性，世界各国都采用既能防腐又能防虫的药剂。如用硼酸、硼砂和五氯酚钠配制的硼酚合剂，是一种水溶性的药剂，可将木构件浸泡在药剂的水溶液中，若每立方米木材能吸收 4.5～6kg 的药剂（干剂重量），则能达到防腐防虫的目的。由于这种药剂遇水容易流失，故只宜用于不受潮的木构件。

（3）木结构的发展

木材作为一种一直被使用的建材，古老而又现代，图 5-10 应县木塔为我国现存最早的木建筑。木结构建筑在风格特性上与城市特点相呼应，彰显人文特点。天然材质使建筑具有一种特别的亲和力，消除建筑本身作为外来物的冰冷感觉，木结构建造的灵活性可以充分发挥个性化、人性化特点。木结构在园林景观中的应用更有利于结合中国文化特点，焕发历史神韵又不失现代气氛。

在对木材的防腐、防虫、防火措施日臻完善的条件下，充分发挥木材自重轻、制作方便的优点，做到次材优用、小材大用，提高木材的利用率，除继续用于一般建筑外，在大跨度建筑屋盖结构方面有其一定的前途。

5.1.2.4　预制混凝土结构

预制混凝土结构建造方法简单说来，就是用起重机及其他运载施工机械将工厂化生产的预制混凝土构件进行组合安装的一种施工技术。其施工分为两个阶段：第一阶段在工厂中预制构件，第二阶段在工地上安装。图 5-11 与图 5-12 分别为预制楼梯与外墙板。预制混凝土结构的建造工序为：设计、制造、运输、安装、装饰等。

图 5-11　预制楼梯　　　　　　　　　　图 5-12　预制外墙板

（1）预制混凝土结构具有的特点

① 施工方便，模板和现浇混凝土作业很少，预制楼板无须支撑，叠合楼板在建筑工地现场使用模板很少。采用预制及半预制形式，现场湿作业大大减少，有利于环境保护和减少施工扰民，更可以减少材料和能源浪费。

② 建造速度快，对周围生活工作影响小。尤其是在闹市区施工，如百货公司、闹市区停车场、过街天桥等，这种工程工期紧，施工文明要求高，采用预制混凝土结构可使长期困扰市民的工地噪声、粉尘污染等问题迎刃而解。

③ 预制构件表面平整、外观好、尺寸准确，并且能将保温、隔热、水电管线布置等多方面功能要求结合起来，有良好的技术经济效益；平整的表面使外墙装修以及室内内墙装修更简单方便，带来良好的经济效益与社会效益。这种特点可适用于制作外墙墙板，也适用于制作便于安装的结构构件。

④ 预制结构工期短，投资回收快。由于减少了现浇结构的支模、拆模和混凝土养护等时间，施工速度大大加快。从而缩短了贷款建设的还贷时间，缩短了投资回收周期，减少了整体成本投入，具有明显的经济效益。

（2）预制混凝土框架结构的展望

预制混凝土框架结构已被广泛应用，但对于它的研究还不很充分，以下几方面内容有待进一步深入的研究。

① 新材料的应用　以高工作性能为本质特征的高性能混凝土使混凝土本身的力学性能、工作性能等得到了很大的改善。应用纤维塑料筋和环氧涂层钢筋等可以有效地提高结构的抗腐蚀性，改善结构的耐久性等，这些方面的探索将成为预制混凝土结构新的研究热点。

② 预制混凝土构件的连接　节点的不同设计可以控制荷载的传递路径，这样就可以比较容易地把抗侧向荷载构件和竖向承重框架区分开来，发扬这个优势可以给设计带来很大的便利。图 5-13 与图 5-14 分别为梁柱柔性节点结构与预制梁和柱的连接。

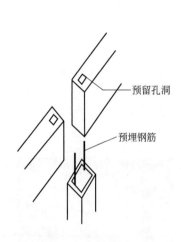

图 5-13　梁柱柔性节点结构

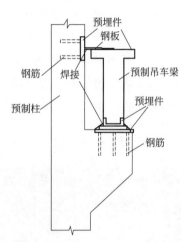

图 5-14　预制梁和柱的连接

③ 预制混凝土构件的工业化生产　为了适应工业化的发展，同时也为了设计、施工的方便，模数化的构件尺寸是比较好的解决办法。

5.1.3　建筑结构体系设计原理

5.1.3.1　概念设计原理

（1）延性与脆性

延性是一种物理特性，指的是材料在受力而产生破坏之前的塑性变形能力，与材料的延展性有关。延性好的结构，构件或构件的某个截面的后期变形能力大，在达到屈服或最大承载能力状态后仍能吸收一定量的能量，能避免脆性破坏的发生。举例来说，金、铜、铝等皆属于有较高延性的材料。

脆性是指当外力达到一定限度时，材料发生无先兆的突然破坏，且破坏时无明显塑性变形的性质。脆性材料力学性能的特点是抗压强度远大于抗拉强度，破坏时的极限应变值极小。砖、石材、陶瓷、玻璃、混凝土、铸铁等都是脆性材料。与韧性材料相比，它们对抵抗冲击荷载和承受震动作用是相当不利的。

实现延性与防止脆性的方法：

① 采用延性材料为建筑结构材料——钢结构；

② 采用延性材料改善脆性材料的性能——钢筋混凝土、劲性混凝土；

③ 避免细长结构杆件、薄壁构件，防止失稳；

④ 增大脆性材料的安全系数，偏于安全使用材料。

（2）刚度问题

刚度是指材料或结构在受力时抵抗弹性变形的能力。是材料或结构弹性变形难易程度的表征。材料的刚度通常用弹性模量 E 来衡量。在宏观弹性范围内，刚度是零件荷载与位移成正比的比例系数，即引起单位位移所需的力。它的倒数称为柔度，即单位力引起的位移。刚度可分为静刚度和动刚度。

多层建筑的侧向形变以剪切为主，型变量小，如图 5-15 所示。高层建筑的侧向形变以弯曲为主，型变量大，如图 5-16 所示。

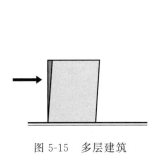

图 5-15　多层建筑　　　　　　　　　　　　图 5-16　高层建筑

刚度设计的注意事项如下。

① 随着建筑物的增加，侧向作用逐步成为主要影响因素，因此对于结构抗侧移刚度要求越来越高。

② 建筑物沿高度分布的各个层间的刚度应均匀或变化不大，避免刚度剧烈变化形成应力集中，如图 5-17 和图 5-18 所示。

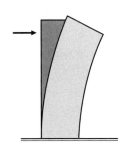　　　　　　　　　　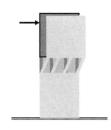

图 5-17　刚度均匀的建筑物的形变　　　　　图 5-18　刚度不均匀的建筑物的形变

a. 同层结构除特定设计的抗剪结构（剪力墙）外，其余构件不宜出现刚度不均匀；

b. 建筑物、构件在载荷方向上的尺度是刚度的基本要素，惯性矩的大小是十分关键的；

c. 建筑物局部可以设计成柔性结构以耗散地震的能量，但整体必须满足刚度要求；

d. 垂直构件的刚度不宜小于水平构件的刚度。

（3）形体问题

建筑物的形体设计的内容包括平面形状与组合和立面形状与组合两部分。平面形状与组合是指建筑物平面形状以及平面形状的形成。简单的、各方向尺度比较均衡的平面形状更有利于对侧向力的抵抗，复杂的平面应由简单的平面组合而成。

立面的形状与组合是指建筑物的竖向形状，简单的、各方向尺度比较均衡的竖向形状也是有利的，上小下大的金字塔形是最好的竖向结构模式。

不同对称性的结构，如几何中心与刚度中心重合的建筑物平面、几何中心与刚度中心不重合的建筑物平面。非对称性结构的处理是以简单的平面组合形成复杂平面，并以抗震缝在结构上分隔。

（4）场地与基础

坚硬、平整的场地是十分必要的，单一性的土层、岩层对于抗震是有利的，场地的震动周期应与建筑物的相错开，此外，还应避免可能滑坡、液化的场地。

在基础的处理方面其自身的刚度要满足要求，基础必须埋置至一定的深度。如图 5-19 所示。

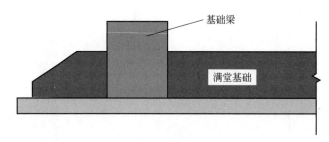

图 5-19　满堂基础垫

在我国基础埋置深度不少于建筑地上高度的 1/15，采用桩基础时不少于建筑地上高度的 1/18（桩长不计入埋深）。当不能满足埋深时，要采用特定的措施。

5.1.3.2　设计原则

高层建筑设计总的原则是结构选型简单规则。因为简单规则的结构刚度均匀，不会出现结构刚度突变，可以避免薄弱层的出现，可以避免在强地震或强风等作用下引起的结构扭转以及局部应力出现集中，对结构出现不利影响。设计中需要建筑尽量满足下列原则：整体性原则、刚柔协调原则、多道设防原则、轻质高强原则、优先原则。下面将对这些原则进行说明与描述。

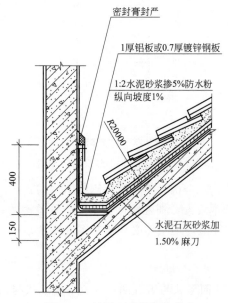

图 5-20　坡屋面建筑构造节点

① 整体性原则　从已有的地震对建筑物的破坏情况来看，导致结构发生破坏的主要因素可以分为三种，整体稳定性破坏，结构承载力不足导致强度破坏，地基的不均匀沉降引起的结构破坏。对于整体结构破坏引起的后果最为严重，在地震作用下，结构丧失整体稳定以后，结构构件尚未发挥其抗震能力，便因整个结构变为机动结构而倒塌。所以，在高层建筑结构中，应充分发挥结构的连续性和构件连接可靠，做到强节点构件。使结构在地震作用下不致因整体失稳而造成结构的破坏与倒塌。使结构在满足结构强度要求和延性要求的同时，保持结构的整体稳定，见图 5-20。

② 刚柔协调原则　地震作用和风荷载在高层建筑结构中，对结构起着控制作用，将决定构件的截面尺寸和配筋等各方面的要求。满足结构构

件承载力，刚柔协调和延性性能的要求。因此抗震抗风指标在高层建筑中显得很重要。具体包含以下几个方面。

a. 高层建筑在平面上两个主轴方向有足够的刚度，结构承载能力和相应的结构延性。如图5-21为结构基础隔震加固技术。

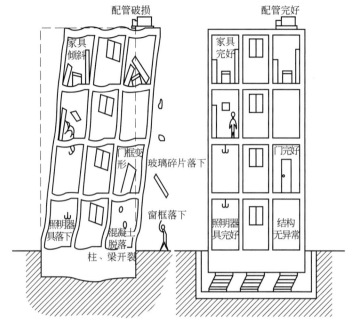

图 5-21　结构基础隔震加固

b. 结构刚柔协调原则是在结构的整体刚度选择时要综合考虑各方面的原因。

c. 高层钢筋混凝土结构的延性一般要求为 $4\sim8$，为此结构构件要具有足够大的截面尺寸、满足柱轴压比、梁和墙的剪压比限值及合理的截面配筋率。

③ 多道设防原则　地震作用在一定时间内是一个持续不断的过程。一次强震过后，可能还会有后续的强震或余震，也可能引发更多的不确定性地震。不同震级地震具有不同地震加速度，不同的加速度对结构进行多次往复式冲击，会造成结构的积累式损伤破坏。

④ 轻质高强原则　对地震震害的研究表明，结构在遭受地震作用以后，最直接的对结构造成破坏的原因是重力荷载。而高层建筑的特点之一便是结构自重大、重心高。所以，对高层建筑减小结构自重是很重要的一个考虑。

⑤ 高层建筑结构设计时应优先采用新的工艺技术，以提高整个建筑的工艺水平，同时取得良好的经济效益。我国近年来有组织、有计划地开展了新材料、新结构、新体系和新产品的研究，取得了大批先进、成熟、适用的科研成果，如蒸压轻质加气混凝土板材、FC平板、轻质复合墙板、H型钢钢结构建筑体系等，不仅能够提高结构强度、减轻结构自重，还具有降低结构造价、防火、防水等多项功能。

5.1.3.3　高层建筑结构设计的特点

不同建筑结构体系的选择直接关系到机电管道设置、建筑平面布置、楼层高度、立面体形、施工工期长短、施工技术要求和投资造价等。高层建筑结构具有自己的特点，相对于多层及低层建筑结构而言，高层建筑结构设计在各专业设计中占有更加重要的位置。

（1）水平荷载起着决定作用

多层和低层的房屋结构设计中，竖向荷载控制结构设计。虽然在高层建筑设计中，竖向荷载依旧对建筑结构设计产生比较重要的影响，但是起着决定性作用的确是水平荷载。对高度一定的建筑而言，水平荷载的数值会随着结构动力性的不同而变化，但是竖向荷载一般都是定值。另外，楼面使用荷载所引起的弯矩数值和轴力与建筑高度的一次方成正比；但是水平荷载对结构产生的倾覆力矩及由此引起的轴力与建筑高度的平方成正比。所以水平力是高层建筑设计中的主要因素。

（2）控制结构侧移是关键因素

水平荷载下结构的侧向变形会随着建筑高度的增加而迅速增大。所以在高层建筑设计中，结构侧移是关键因素。高层建筑随着高度的增加、轻质高强材料的应用，其侧向位移迅速增大。高层建筑的设计要求结构具有足够的强度，使结构在水平荷载下产生的侧移能够被控制在一定范围内。否则就会引起房屋侧塌、居住人员不适、主体结构构件出现损坏等问题。

（3）减轻高层建筑自重很重要

在同样地基或是桩基的前提下，减轻房屋自重就意味着基础造价不会增加，那么就可以多建一些层数，经济效益就凸显出来。另外，高层建筑的地震效应与建筑的自重是成正比的，于是提高建筑结构抗震能力的有效办法就是减轻建筑自重。所以高层建筑减轻自重比多层或是低层建筑更加有意义。

（4）轴向变形不容忽视

在高层建筑设计中，轴向变形不容忽视。在采用"框架-剪力墙体系"或是"框架体系"的建筑中，框架边柱的轴压应力往往小于中柱的轴压应力，并且边柱的轴向压缩变形也小于中柱的轴向压缩变形。高层建筑的轴向变形的差异会达到一个比较大的数值，从而引起跨中正弯矩值和端支座负弯矩值增大，连续梁中间支座处的负弯矩值减小。

（5）理论计算异常重要

抗震设计可以分为计算设计和概念设计两部分。尽管高层建筑建筑设计的分析原则不断完善，分析手段不断提高，但是地震、地基以及结构体系本身的复杂性时常引起理论分析计算与实际情况相差数倍之多，导致构件局部开裂破坏。

（6）结构延性是重要指标

高层建筑相对于低层或是多层建筑来说结构更柔一些，受到地震的影响后，结构变化更大一些。所以应采取恰当的措施保证结构具有足够的延性，使结构在塑性变形阶段仍然具有较强的变形能力。

5.1.3.4　高层建筑结构体系的优化层次

高层结构在设计阶段的优化可分为以下几个层次。

（1）结构功能的优化

建筑使用对结构功能的要求，对结构的造价影响很大，要求结构具有过高的功能会造成浪费，要求过低会影响整个建筑将来的使用。这是对整个建筑工程项目所形成的结构集合的全局的规划问题，它主要决定于工程建成后用户对工程总的使用功能上的要求，然后在实现总功能要求的目标和有关约束条件下进行对各个结构功能要求的优化。例如，对大跨空间结构，最重要的是确定结构所需覆盖的空间尺寸；对高层建筑，最重要的是确定其高度和每层的空间布局。

（2）结构体系选择的优化

决定对各个结构的功能要求之后，就要根据功能及其他要求为结构选型。例如要修建一座覆盖空间很大的大跨度结构，可以采用多种结构类型的方案，如拱型结构、悬索结构、网架结构、薄壳结构、薄膜结构甚至充气结构。对高层建筑而言，可选用框架结构、框-剪结构、剪力墙结构、筒体结构、悬挂结构等形式。

由于对结构的强度、刚度、动力特性、造价、抵御自然灾害的能力、美学效应以及其社会效应的众多要求，结构选型是一个综合性很强的决策问题，它要求力学、结构、建筑学、美学、经济学等学科的密切配合才能很好地解决。

（3）结构体系的优化

结构体系的优化是先从结构的概念设计入手，使结构的平面布置尽量规则、对称，立面和竖向规则，侧向刚度均匀变化。同时，通过计算和定量分析，对关系到体系整体性能的设计变量，如框架结构的柱网布置、框架-剪力结构中的剪力墙的数量、平面布置和刚度特征值等进行优化。

（4）结构尺寸的优化

结构尺寸的优化是在给定的几何形状、拓扑和材料的情况下，求出满足约束条件的最优构件截面，也就是在优化设计过程中将结构的尺寸参数作为设计变量，通过一系列的操作来求解出最优的构件尺寸。这种优化是对于单个构件而言的，不能对结构整体进行一次性的优化，人们可以多次运用这种方法，达到对结构的优化。但尺寸优化不能改变原结构的形状和拓扑，很难对原设计进行较大的修改。

5.1.4 新型绿色建筑结构体系在设计中的应用

高层建筑发展至今，涌现出很多结构体系，这些结构体系都是由框架结构、剪力墙结构、筒体结构三种基本单元变化组合而成的。但是，随着科学技术、结构设计理论、高强材料的迅速发展，人们对建筑造型、建筑设计和跨度的要求越来越高，对建筑结构的要求更高。为了解决这些问题，出现了一些新的结构体系，包括：钢-混凝土混合结构、巨型结构体系、膜结构、开合屋盖结构等。

5.1.4.1 钢-混凝土混合结构

钢-混凝土混合结构是我国目前在高层建筑领域里应用较多的一种结构形式。钢结构和混凝土结构各有所长，前者具有重量轻、强度高、延性好、施工速度快、建筑物内部净空高度大等优点；而后者刚度大、耗钢量少、材料费省、防火性能好。综合利用这两种结构的优点为高层建筑的发展开辟了一条新途径。统计分析表明，高层建筑采用钢-混凝土混合结构的用钢量约为钢结构的70%，而施工速度与全钢结构相当，在综合考虑施工周期、结构占用使用面积等因索后。混合结构的综合经济指标优于全钢结构和混凝土结构的综合经济指标。

图 5-22 为绍兴奥体中心场馆设计采用混凝土楼板与超大钢结构体系相结合的主体结构，配以弧形的幕墙玻璃及流线形的金属屋面，不但满足了体育运动的空间要求，同时也体现了运动的美。同时在奥体中心率先使用地热系统及光导管自然光采光系统，使奥体中心建成后通过地源热泵技术来实现场馆的制冷和采暖，比传统空调系统节能40%，突显场馆绿色建筑"二星级"的水准。

5.1.4.2 巨型结构体系

巨型结构是由大型构件（巨型梁、巨型柱和巨型支撑）组成的，是主结构与常规结构构件组成的次结构共同工作的一种结构体系。巨型结构按主要受力体系形式可分为巨型桁架结构、巨型框架结构、巨型悬挂结构和巨型分离式结构；按材料可分为巨型钢筋混凝土结构、巨型钢骨混凝土结构、巨型钢-钢筋混凝土混合结构及巨型钢结构。

巨型结构的特点：从平面整体上看，巨型结构的材料使用正好满足了尽量开展的原则，可以充分发挥材料性能；从结构角度看，巨型结构是一种超常规的具有巨大抗侧刚度及整体工作性能的大型结构，是一种非常合理的超高层结构形式；从建筑角度看，巨型结构可以满足许多具有特殊形态和使用功能的建筑平立面要求。使建筑师们的许多天才想象得以实施。

图 5-23 为中建钢构总部大厦，总建筑高度达 165m，地上建筑层数为 26 层，地下 4 层。其设计采用了巨型框架结构体系，充分发挥钢结构的特性。创造新颖、独特的建筑形象，使之成为深圳总部物业集群中的标志性建筑。

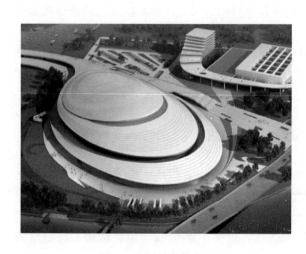

图 5-22　绍兴奥体中心

图 5-23　中建钢构总部大厦

5.1.4.3 膜结构

膜结构是张力结构体系的一种，它是用多种高强薄膜材料（常见的有 PVC 类、PTFE 类及有机硅类）及辅助结构（常见的有钢索、钢桁架或钢柱等）通过一定的方式使其内部产生一定的预张应力，并形成应力控制下的某种空间形态。作为覆盖结构或建筑物主体，并具有足够的刚度以抵御外部荷载作用的一种空间结构形式。

膜结构具有如下特点。①多变的支撑结构和柔性膜材使建筑物造型更加多样化，新颖美观。②膜工程中所有加工和制作依设计均可在工厂内完成，在现场只进行安装作业，与传统建筑的施工周期相比，它几乎要快一倍。③膜材有较高的反射性及较低的光吸收率，并且热传导性较低，这极大程度上阻止了太阳能进入室内。另外。膜材的半透明性可以充分利用自然光。④由于自重轻，膜建筑可以不需要内部支撑面大跨度覆盖空间，这使人们可以更灵活、更有创意地设计和使用建筑空间。

膜结构有以下三种形式。

①充气式膜结构　通过空气压力支撑膜体来覆盖建筑空间。它形体单一，运用较少。

② 张拉式膜结构　通过钢索与膜材共同受力形式稳定曲面来覆盖建筑空间，它是索膜建筑的代表和精华，具有高度的形体可塑性和结构灵活性。

③ 骨架式膜结构　通过自身稳定的骨架体系支撑膜体来覆盖建筑空间，骨架体系决定建筑形体，膜体为覆盖物。

图 5-24 为韩国釜山世界杯体育场，采用索膜顶结构，结构自身轻巧而美观，膜材本身良好的透光性很好地解决了采光问题。

5.1.4.4　开合屋盖结构

开合屋盖结构是一种在很短时间内部分或全部屋盖结构可以移动或开合的结构形式，它使建筑物在屋顶开启和关闭两个状态下都可以使用。它是将屋盖系统分成若干个可动和固定单元，通过可动单元按一定轨迹移动、转动，使各单元之间搭接、叠放来实现屋盖的开合。

开合屋盖结构的特点：将屋盖开启使人感觉回归自然，心情舒畅；遇有雨雪天气，可将屋盖关闭，从而使室内活动不受气候影响。

图 5-25 为绍兴奥体中心体育场，下部看台采用钢筋混凝土结构，屋顶采用钢结构。屋盖为开合结构，开启面积 12350m²，建成后成为国内座位数最多的开闭式体育场。屋盖外维护采用进口 PTFE 膜材，展开面积大 10 万平方米体育场屋盖整体平面投影为近似椭圆形。

图 5-24　韩国釜山世界杯体育场　　　　　图 5-25　绍兴奥体中心

5.2　可循环建筑材料的使用

5.2.1　建筑材料概述

建筑材料是人类建造活动所用一切材料，也是土木工程和建筑工程中使用的材料的统称。人类社会的基本活动无一不直接或间接地和建筑材料密切相关。建筑材料发展史如图 5-26 所示。

材料是一切建筑的物质基础，在建筑工程中建材所占的投资比例为 50%～70%，建筑材料的正确、节约、合理的运用直接影响到建筑工程的造价和投资。

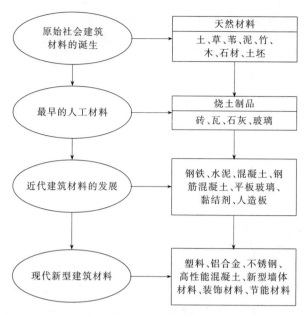

图 5-26　建筑材料发展史

材料与工程质量的关系可用下式表示：工程质量＝安全＋适用＋耐久＋美观＋经济。

建筑材料可分为结构材料、装饰材料和某些专用材料。结构材料包括木材、竹材、石材、水泥、混凝土、金属、砖瓦、陶瓷、玻璃、工程塑料、复合材料等；装饰材料包括各种涂料、油漆、镀层、贴面、各色瓷砖、具有特殊效果的玻璃等；专用材料指用于防水、防潮、防腐、防火、阻燃、隔声、隔热、保温、密封等。

建筑材料按材料来源可分为天然材料和人造材料，天然材料如石材、木材；人造材料如水泥、钢材。

按化学成分可分为有机材料、无机材料和复合材料。

按建筑功能可分为结构材料（如钢筋、混凝土等）、墙体材料、功能材料（如防水、防火、绝热材料等）和装饰材料。

按使用部位可把材料分为结构承重材料、墙体材料、屋面材料和地面材料。

化学成分和建筑功能分类具体见表 5-2、表 5-3。

表 5-2　建筑材料按化学成分分类

分类	品种		举例
无机材料	金属材料	黑色金属	钢、铁、不锈钢
		有色金属	铝、铜及其合金
	非金属材料	天然石材	花岗岩、大理石、砂岩、石灰岩等
		烧土制品	砖、瓦、陶瓷、玻璃
		无机胶凝材料	石膏、石灰、水泥
		无机人造石材	
有机材料	植物材料		木材、竹材
	合成高分子材料		塑料、涂料、合成橡胶
	沥青材料		石油沥青、煤沥青
复合材料	金属与非金属复合材料		钢纤维增强混凝土
	有机与非金属复合材料		聚合物混凝土、沥青混凝土
	金属与有机复合材料		轻质金属夹芯板

表 5-3　建筑材料按建筑功能分类

结构材料	用做受力构件和结构所用的材料	☐ 钢木结构:建筑钢材、木材等
功能材料	具有某些特殊功能的建筑材料	☐ 绝热材料:石棉、矿棉等; ☐ 吸声材料:泡沫塑料; ☐ 采光材料:窗用玻璃
墙体材料	用做墙体的材料	☐ 承重墙体材料:普通砖; ☐ 非承重墙体材料:石膏板
装饰材料	装饰界面的材料	☐ 装饰材料:涂料、陶瓷、玻璃

在实际工程中,对建筑材料的基本要求是:

① 具备足够的强度,能安全地承受设计荷载;

② 材料自身以轻为宜,尽量减少对下部结构和地基的负荷;

③ 具有与使用环境相适应的耐久性,以减少后期维修费用;

④ 具有较好的装饰性,美化建筑;有相应的功能性,如隔热、防水、隔声等。

5.2.2　传统建筑材料的再生

在科技快速发展的今天,现代建筑呈现多元化发展趋向。在光怪陆离的现代建筑纷繁出现的表象下,人们却始终时传统建筑文化保存着一份特有的感情。传统建筑材料对维系人们的历史情结、延续建筑文脉起到不可替代的作用。而它们的再生又将进一步推动建筑和建筑文化的发展。

5.2.2.1　传统建筑材料的概念

传统建筑材料主要包括烧土制品(砖、瓦类)、砂石、灰(石灰、石膏)、金属材料、木材和沥青等,在我国传统建筑中,主要以土、木、石、砖、瓦以及金属最为常用,其中的土、木、石是天然形成的材料,而砖、瓦以及金属等则需要人工加工制成。

土、木、石材料的推广应用,在讲求低碳环保与地域文化的今天,有很强的现实意义。土、木、石材料以其来源的自然性以及其拆除后可回收利用或融于自然的特点,有效地节省了能源,减少了建筑拆除后对环境的污染;土、木、石材料还是各地易得的地方材料,而以地方材料建造建筑,正是地域建筑所倡导的原则之一。

5.2.2.2　旧材料再利用的方式

对于旧建筑材料来说,在旧建筑拆除的过程中,有的材料(如砖石材料)能够得到较为完整的保留,而有的则会受到严重的破坏。对于那些在拆除工程中受损较为严重的材料,其再利用可以采取再生利用的方式进行;而对于保存较为完好的材料,其再利用则可以采取直接回收利用的方式进行。

旧建筑材料的再生利用,主要是指对不能直接再利用的旧建筑材料,在经过一定的加工之后做成新建筑材料的再利用方式。由于国内建筑拆除工程的工期较短,且采用的拆除方式多为机械拆除的方式,所以一般的建筑拆除完毕之后,大部分的建筑材料和构件都受到较大破坏,不能直接回收利用。在这种情况下,我们只能对有用的材料进行再加工处理,制成新的材料进行再利用。现在,国内对于常见的建筑材料的再生利用都有一定的研究。

(1) 废弃木材的再生利用

对于旧建筑中拆除下来的废弃木材,有很大一部分可以直接回收利用,如木柱、木梁、木地板等。而对于在拆除过程中受损比较严重的木构件,其碎木和木屑也能通过一定的加工，制成新的材料。如将废木料、黏土和水泥等质量较轻、热导率小的材料进行混合，生产成黏土-木料-水泥复合材料（黏土混凝土）。此外，废弃的木料还能加工制作成水泥纤维板、木屑板等其他的板材。

图 5-27 为奥林匹克公园百米环保长椅，这些长椅的塑木板，是用 123900 多个喝空的利乐牛奶包装盒再生制成的。利乐包装所用纸浆全部来自于严格管理并可持续发展的森林，是可再生资源，并可 100% 回收再利用，这是绿色循环经济的一个典型范例。

（2）废弃混凝土的再生利用

在建筑拆除产生的废料中，废弃混凝土占了很大的份额，所以废弃混凝土的再生利用，对于减少建筑垃圾排放具有很大的意义。现阶段，关于废弃混凝土再生利用的研究相对较多，其中最为成熟的是再生混凝土技术的研究。"再生混凝土技术是将废弃混凝土块经过破碎、清洗、分级后，按一定比例混合形成再生骨料，部分或全部代替天然骨料配制新混凝土的技术"。国外很多国家都开展了再生混凝土技术的研究，其中日本政府更于 1977 年制定了《再生骨料和再生混凝土使用规范》，对国内废弃混凝土的利用进行了规范。除此之外，废弃的混凝土经破碎后，还能用于道路基础的填埋以及混凝土砌块材料的制作。

图 5-28 为碎石化技术，是目前解决旧水泥混凝土路面反射裂缝问题最为经济有效的方法之一，根据公路具体交通状况因地制宜，采用"白加白"或"白加黑"的两种设计方案，尽可能利用原有路面基础的承载能力和路面材料，直接节省建设资金 15% 以上。

图 5-27　奥林匹克公园长椅　　　　　　图 5-28　旧水泥混凝土路面碎石化

（3）废弃砖石等材料的再生利用

对于建筑拆除中产生的砖石、砌体等烧结材料，其再生利用的方式主要有两种，一种是将砖石混合材料加工制作成粗骨料，用于新混凝土的拌制；另一种是将废旧的砖石材料破碎后与水泥等其他材料进行混合，制成免烧砌体材料。如在汶川大地震之后，建筑师刘家琨就针对地震后产生的大量混合废料，做了题为"再生砖与再生屋"的研究，如图 5-29。其主要是用破碎后的废墟材料作为骨料，掺和切断的麦秸作纤维，加入水泥，做成免烧的轻质砌块，并配合框架结构进行建设，以适应灾后重建的需要。

总体来说，再生利用的方式虽然能够回收一定的建筑废料，但在再利用的过程中，其不仅破坏了旧材料内部所固化的能量，还需要加入新的能量对材料进行加工、处理，在很大程度上造成了能量的浪费，并不是最理想的再利用方式。所以在旧材料的再利用中，我们应该尽量减少对材料的再加工，以进一步节约资源和能源。

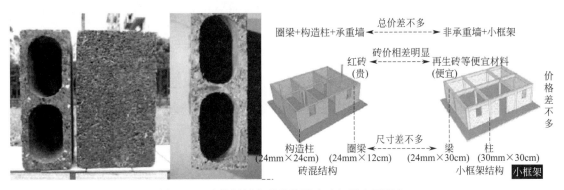

图 5-29　建筑师刘家琨做的再生砖与再生屋研究

5.2.2.3　材料再利用趋势展望

（1）从间接利用到直接利用

目前来说，废旧材料最为广泛的利用是将碎砖、瓦、建筑拆除后的混凝土等经过粉碎后重新生产为再生砖、再生水泥。这是一种典型的间接利用方式，破坏了材料的原始形状、内部含能，仅仅是将其作为一种矿石原料使用，忽略了材料在第一次加工后所具有的性能。这种方式比较简单而直接，从资源角度确实是一种节约的方式，但是从能源角度却造成了一定的浪费。

传统建筑中将废旧材料用于建筑实践大多是直接利用，并未对材料进行过多的改变内部结构的加工，而是根据材料的形式、特点等因材施工，使材料能够很好地发挥现有的能量。也许某些材料再经过一次使用后无法达到原来的强度、美观程度，但仍然能够在某些不需要过高强度或者美观性要求不高的部位使用。这种方式是一种真正的可持续再利用的方式，也更加依赖于建筑师对材料的了解和设计施工过程中的创造能力，是未来实现能源资源节约的低碳方式。

（2）注重肥料利用的地域性

传统建筑中废旧材料与乡土材料有着千丝万缕的联系，这样提醒我们在现代的建筑设计中需要注意废旧材料的地域性。虽然现代的城市面貌面临千篇一律的困局，废旧材料的种类也大致类似，但是因地域不同，即使相同的废旧材料在建造方式上也应该对不同的环境文化有所呼应。

而除了砖、混凝土等，各地的废旧材料种类又有着一定的差别，而这些有差别的材料往往是已经对环境、气候、文化等作出良好回应的材料，即使在其废弃之后也能够发挥更好的与当地环境适应的作用。例如传统建筑中，南方的蚌壳、北方的白玛草等，即使其废弃了仍然具有很好的隔热保温效果。现代设计中在多石块的地带有些建筑师将废弃的石块收集起来，用铁丝网网住，就成为良好的墙体维护材料。这种与地域性结合的传统材料再利用方式也是未来值得建筑师注意的方向。

（3）发掘非建筑类废料在建筑中的利用

提高废旧材料在建筑设计中的运用，人们往往会先入为主地认为废旧材料就是建筑废料，而忽略了非建筑类废料在建筑设计中的运用，而这些材料往往能够很好地适应建设条件达到意想不到的效果。这也是现代建筑设计中需要特别注意的部分。目前有些设计师用废弃的酒瓶和轮胎作为临时建筑的维护材料，达到了特别的建筑效果，可以满足一些特殊的建筑需要，这正是这一点的良好体现。这也是未来废旧材料在建筑中利用的一个趋势。发掘更多的非建筑类废旧材料在建筑中的利用不仅有利于资源循环利用，更有助于创造特别的建筑形式，开阔建筑师的思维，丰富人们的生活。

5.2.3 新型可循环建筑材料

秸秆建材是利用农林废弃物加工而成的，仅添加了强化材料和黏合剂，完全符合所有绿色建材标准。产品具备保温隔热、耐火隔声、轻质高强度等特点，由于主原料是稻草，板芯不使用黏合剂，拆除后可分解还原为稻草，是真正的绿色环保建材（图 5-30）。

建筑用纸面秸秆板在生产制造过程中不会对环境产生污染，产品本身也不含有害物质，被拆除时仍可还原为稻草秸秆。同时还具备施工方便快捷、成本低的优势。

相比普通的砖墙建筑，施工可节约能耗 40%、工程综合造价节省 20%、使用面积增加 20% 的优势。

建筑用纸面秸秆板具有保温隔热、耐火隔声、轻质高强度等特点。58mm 厚的秸秆板每平方米均布荷载达到 1t 以上、耐火达到 4h 以上。该厚度的秸秆板热导率为 0.267，墙体保温效果相当于传统 500mm 厚的砖墙，且隔声性能接近传统建筑材料，适合作为建筑外墙屋面材料。

图 5-30　可循环的新型建材秸秆

5.2.4 旧建筑材料再利用的设计手法

建筑材料的表现在受到材料自身色彩、纹理、质感、透明度等特征限制的同时，也受到设计者表现手法的影响。不同材料之间的对比、组合以及不同的材料拼贴方式，都是建筑师处理建筑材料常用的手法。而对于旧材料的再利用来说，通过使用不同的处理手法，或者对它们的表面特征进行一定的表现，往往也能取得很好的装饰效果。

5.2.4.1 Plattenbau 板材

致力于此项技术研究的德国建筑师 HerveBiele，经过三年的努力，于 2005 年完成了他的第一个作品，从而证明了 Plattenbau 板材再利用的可行性。新建筑是一座面积为 2280 平方英尺（211.812m²）的两层高平顶式住宅。建造过程中，首先选定附近一个即将摧毁的 Plattenbau 建筑（图 5-31），将其中一些建筑板材取出（图 5-32），切割成一定规格后运往基地，随后仅用七天时间进行装配，形成新建筑的主体（图 5-33）。研究表明，这种 Plattenbau 板材再利用具有安全、经济、生态及美学价值。首先，在新建住宅中（图 5-34），对 Plattenbau 要素的循环使用可比一个全新的建造节省 30%～40% 的费用；其次，在材料置换过程中，Plattenbau 板材能够被切割成任意尺度以满足新建筑的自由变化形式，亦可将原建筑材料的外表面覆以新的装饰，而获得新的建筑形态；最后，由于原 Plattenbau 中混凝土质量非常好，随着时间的推移混凝土不断硬化，而其本质将保持不变，使得新住宅建筑具有耐久性与低造价的特征。如今，混凝土循环利用理念在德国政府的支持下得以实现，但仍需要尽快地普及与推广，同时 Plattenbau 建筑材料又是一种有限的资源，需要给予重视并得到节约使用。

图 5-31　被摧毁的建筑

图 5-32　建筑中提取元素

图 5-33　建筑的主体

图 5-34　新住宅建筑

5.2.4.2　旧材料的重构

很多看似平淡的材料在通过一定的加工和组合之后往往能带来意想不到的效果。在旧材料的再利用中也有这样的一些例子，如对于一些并不适合直接利用到新建筑之中的旧材料，在对它们进行一定的简单加工和重新拼接之后，往往能产生一些特别的效果。如在德国北杜伊斯堡风景公园的改造工程中，设计者在对原来工厂中的废弃钢板进行切割、分解和处理之后，将它们铺设成为一个"金属广场"（图 5-35）。由于这些金属材料上有很多锈蚀的痕迹，其色彩也比较独特，所以建成后该广场成了整个空间的视觉中心。

5.2.4.3　新旧材料的对比与协调

由于新旧建筑材料之间的色彩和纹理都具有一定的差异，所以当新旧材料被放在一起的时候，它们之间关系的处理是我们必须要面对的一个问题。

材料的对比一直是建筑师处理建筑材料，产生特殊立面效果的一种方法。材料的对比一般是通过两种（或以上）不同色彩、纹理、质感或者透明度的材料的运用来实现。在旧建筑材料的利用中，使用材料对比的方式对旧材料进行再利用也是一种常见的手法。通过旧材料与新材料直接对比的设计方式，不但突出了旧材料特殊的色彩与纹理，还能使新旧之间的关系变得明确。如在北京德胜尚城的设计中，设计者就将原用地中四合院建筑拆除时所产生的旧砖用到了新的建筑之中，使新旧材料之间形成了强烈的对比，从而突显了新旧材料之间的关系（如图 5-36）。

图 5-35　德国北杜伊斯堡公园金属广场

图 5-36　北京德胜尚城

除了材料的对比之外，新旧材料之间也能做到协调一致。新旧材料之间的协调，一般是通过使用与旧材料有着相似色彩或者相似纹理的新材料来达成的。由于旧建筑材料一般色彩较为暗沉（特别是一些砖石材料和木材），所以当我们使用一些带有灰色调的材料时，可以比较容易地使新旧材料相互融合。如在中国美术学院象山校区的建设中，设计者就从浙江省内建筑拆除工程中收集了 300 多万块的旧砖瓦，并将它们作为新建筑的外立面材料进行使用。由于这些旧材料的色调总体为青灰色，所以在新材料的选择和建筑色彩的运用上，总体也保持了灰色的基调，使整个建筑群在保持自身形式协调的同时，还与周边的山水保持了良好的关系（图 5-37）。

5.2.4.4　色彩纹理的运用

每种材料都有其自身独特的质感以及一定的表现空间，只要运用得当，总能产生出各种独特的装饰效果。而对于旧建筑材料来说，由于它们所经历的时间较长，所以材料上一般都会因氧化和侵蚀而形成一定的色彩或者特殊的纹理效果。这样的材料只要运用得当，也能产生很好的立面效果，并给人带来一定的历史沧桑感。而当我们对用地中原

图 5-37   中央美术学院象山校区一期图书馆和 14 号楼

有建筑拆除所产生的旧材料和构件进行再利用时，则更是能引起人们对老建筑的回忆。如在上海的"八号桥"改造工程中，设计者在对旧厂房建筑的立面进行改造时，就充分地利用了原建筑中拆除下来的旧砖，并以独特的砌筑方法对它们所具有的纹理进行表现，从而形成了特殊的立面效果。

5.2.5   新型建筑材料在建筑设计中的应用

5.2.5.1   BS198

BS198 是一种特殊的合成有机硅的水溶液，无色、无味、透明，仅含有极低的有机挥发物，以甲基硅醇钾为主要成分，复配了具有润湿分散功能的特种有机硅。甲基硅醇钾在水中电离形成氢氧根离子，这是其能够调节 pH 值的原理，如图 5-38 所示。

BS198 是一种反应型 pH 调节剂，其中甲基硅醇在涂料膜干燥时在酸的催化下生成甲基硅树脂，具有提高耐擦洗性和改进涂料耐水性的特点。

BS198 具有以下特点。

① 净味环保，低 VOC   BS198 在生产过程中不添加任何含有 VOC 的原材料，所以其具有极低的 VOC，国家建筑材料质量监督检验中心的测试报告显示其仅含有 7g/L 的 VOC，添加到涂料中，对涂料的 VOC 贡献可以忽略不计。

② 改善涂料的耐水性   为了评估涂料的耐水性，本试验采用比较直观的试验方法，将 BS198 和有机胺分别涂刷在烧结的黏土砖上，干燥后滴水检验，涂刷过 BS198 的砖表面不吸水（见图 5-39）。这是因为 BS198 中的小分子自交联后生成了憎水的高分子物质，所以它可以提高涂料的耐水性，而水在涂有机胺的表面完全被吸收干净，这说明它没有交联生成憎水的高分子物质。

5.2.5.2   RPC

RPC 材料配制原理是：通过提高组分的细度与活性使材料内部的缺陷（孔隙与微裂缝）降到最少，以获得超高强度与高耐久性。

RPC 与普通混凝土相比较，不仅可以大量减少材料用量，降低建筑成本，节约资源，减少生产、运输和施工能耗，还具有很多现有的高性能混凝土无法具备的优越性。

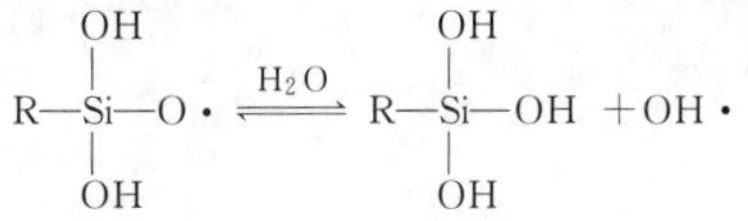

$$R-\overset{\displaystyle OH}{\underset{\displaystyle OH}{Si}}-O\cdot \ \overset{H_2O}{\rightleftharpoons}\ R-\overset{\displaystyle OH}{\underset{\displaystyle OH}{Si}}-OH\ +OH\cdot$$

图 5-38　BS198

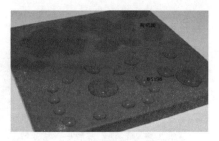

图 5-39　涂过 BS198 的砖面

(1) 力学性能

活性粉末混凝土由细石英砂、水泥、水、硅灰、钢纤维、高性能减水剂等组成，与 HPC 不同，RPC 中没有粗骨料，从而使材料内部的缺陷降到最少，并掺入细短钢纤维以提高韧性和体积稳定性，通过蒸汽养护来加速活性粉末的水化反应和改善微观结构，促进细骨料与活性粉末的反应，提高界面的黏结力，从而提高混凝土的各项性能。因此，活性粉末混凝土的显著特点是高强度、高韧性、高耐久性。这种混凝土抗压强度可达 200MPa 以上，是普通高强混凝土的 2 倍；抗折强度可达 30MPa 以上，是普通高强混凝土的 4 倍；弹性模量可达 50GPa 以上，比普通高强混凝土高得多；断裂能达 20000J/m^2，可与金属铝媲美。

(2) 耐久性

RPC 具有优异的耐久性，主要是由于：①多种掺合料的填充效应和高性能减水剂的加入，使得 RPC 水胶比非常小，拌合水几乎能完全反应，混凝土内部几乎没有多余水分；②RPC 结构致密、质地均匀、抗渗透性能好，外界侵蚀介质很难渗透到内部，其氯离子渗透系数分别为普通混凝土和高性能混凝土的 1/50 和 1/30；③RPC 的孔隙率非常低，孔径分布在纳米级，因而具有非常好的抗冻性、抗腐蚀性和良好的耐磨性。

(3) RPC 仿古砖制备技术

在天安门地面改造工程中（图 5-40），通过调整振捣工艺与蒸养制度等技术改造，解决了前期仿古砖孔洞多、色差大的技术难题，并针对工期紧、任务重的困难，开发出 EPS 高强模具，克服了钢模成本高、施工不方便的缺点，极大地提高了生产效率和产品质量，在 20d 内共生产 RPC 仿古砖 74768 块（约计 8600m^2），确保了工程如期竣工（图 5-41）。工程完成后，天安门地面设施得到改善，RPC 仿古砖不仅美观、防滑耐磨，而且耐久性极好，具有良好的环境、经济和社会效益。

图 5-40　天安门仿古砖施工现场

图 5-41　天安门仿古砖应用效果

第6章
室内环境质量

6.1 室内空气品质

6.1.1 室内空气品质的概念

室内空气质量是指在标准状况下干燥空气的纯度。纯洁干燥的空气应由氮、氧、氩、二氧化碳、氖、氦、甲烷、氪、氢、氙、臭氧、一氧化二氮 12 种气体按一定容积百分比和重量比组合而成的。其中氮、氧和氩三种气体占空气总量的 99.96%，氖、氦、氪、氢、氙等稀有气体也极为稳定，其他成分略有变动，空气中还存在一定量的水蒸气。

室内空气品质不同于室内污染，最初关于室内空气品质的定义是指一系列污染物浓度指标，然而，随着研究的不断深入，人们发现单个的污染物浓度指标不能准确地反映室内空气质量的优劣，污染物浓度低的室内人们仍然感觉到很难受，因此室内空气品质的好坏还与居住者的主观感受、心理和生理条件紧密相关。P. O. Fanger 教授在 1989 年给室内空气品质的定义是：所谓品质就是反映满足人们要求的程度。如人们满意就是高品质，不满意就是低品质。英国的 CIBSE（Charted Institute of Building Services Engineers）认为：如果室内少于 50% 的人能够觉察到任何气味，少于 20% 的人感觉不舒服，少于 10% 的人感觉黏膜刺激，并且少于 5% 的人在不足 2% 的时间内感到烦躁，那么此时的室内空气是可以接受的，这两者的共同点就是将室内空气品质完全变成了人的主观感受。

在 ASHRAE 标准 62-1989R 中，考虑了室内污染物浓度指标和人体主观感受两方面的因素，提出了可接受的室内空气品质（acceptable indoor air quality）和感受到可接受室内空气品质（acceptable perceived indoor air quality）概念。可接受的室内空气品质定义为：空调房中的绝大多数人对空气没有表示不满意，并且空气中没有已知放入污染物达到了可能对人体健康产生严重威胁浓度。感受到可接受室内空气品质定义为：空调房中的绝大多数人没有因为气味和刺激而表示不满，它是可接受的室内空气品质的必要条件，不是充分条件，有些气体如 CO、氡、γ 射线等，对人体危害非常大，但无刺激，故仅仅用感受到可接受室内空气是不够的。

6.1.2 室内空气污染物的种类及成因

6.1.2.1 国家规定污染物浓度

随着工业企业不断发展，空气中不同程度地夹带了各种各样的污染物，通常在自然通风的空旷室外，空气中的污染物不会影响人们的身体健康，但随着人们居住条件的提高，家庭装修普遍化，且为了节约能源，室内通常处于密闭状态，从而导致室内污染物浓度过高，而影响人们身体健康。为了规范装饰材料、建筑材料等的质量，保护人们的身体健康，国家颁布了《民用建筑工程室内环境污染控制规范》（GB 50325—2010），对室内空气污染中对人体影响最严重的五种污染物提出浓度限制，详见表6-1。

表 6-1　五种污染物提出浓度限制

污染物	Ⅰ类民用建筑工程	Ⅱ类民用建筑工程	污染物	Ⅰ类民用建筑工程	Ⅱ类民用建筑工程
氡/(Bq/m³)	≤200	≤400	氨/(mg/m³)	≤0.2	≤0.2
游离甲醛/(mg/m³)	≤0.08	≤0.1	TVOC/(mg/m³)	≤0.5	≤0.6
苯/(mg/m³)	≤0.09	≤0.09			

注：Ⅰ类建筑——住宅、医院、老年公寓、幼儿园、学校教室等。

Ⅱ类建筑——办公楼、商务、旅店、文化娱乐场所、书店、展览馆、图书馆、体育馆、公共交通场所、餐厅、理发店等。

6.1.2.2 室内污染物种类及成因

(1) 甲醛

① 性质　一种无色、具有强烈刺激性气味的气体。我国有毒化学品优先控制名单上甲醛高居第二位。

② 来源　刨花板、密度板、纤维板、胶合板等各种人造板和胶黏剂、墙纸等建筑装潢材料。

③ 释放期　室温下极易释放，长达3~15年。

④ 危害　甲醛已经被世界卫生组织确定为致癌和致畸形物质，是公认的变态反应源。可导致孕妇产生妊娠综合征，流产、早产、新生儿染色体异常、畸形甚至死亡；可致鼻癌、咽喉肤癌等各种癌症以及白血病、心脑血管等各种疾病；可致女性月经紊乱、男性精子畸形。儿童、孕妇和老人对甲醛尤为敏感。

(2) 苯系物

① 性质　主要包括苯、甲苯、二甲苯等。无色、具有特殊芳香气味的气体，俗称芳香杀手。

② 来源　油漆。

③ 危害　苯系物超标会导致人体造血功能紊乱，红细胞、白细胞、血小板等减少，还可导致不孕不育、胎儿先天性缺陷等。

(3) 氨

① 性质　无色而具有强烈刺激性气味的气体。

② 来源　混凝土防冻剂、防火板等。

③ 危害　氨气超标会引起支气管炎、呼吸困难、昏迷、休克等，甚至会引起反射性呼吸停止。

（4）TVOC

① 性质　挥发性有机化合物总称。

② 来源　室内建筑和装饰材料等。

③ 危害　TVOC超标会引起头晕、头痛、嗜睡、无力、胸闷等症状，还可影响消化系统，出现食欲不振、恶心等，严重时会损伤肝脏和造血系统，甚至引起死亡。

（5）粉尘和汽车尾气

6.1.3　影响室内空气品质的污染源和污染途径

从目前检测分析，室内空气污染物的主要来源主要有以下几个方面：建筑及室内装饰材料、室外污染物、燃烧产物和人的活动。

① 室内装饰材料及家具的污染是造成室内空气污染的主要方面，油漆、胶合板、刨花板、泡沫填料、内墙涂料、塑料贴面等材料均含有甲醛、苯、甲苯、乙醇、氯仿等有机蒸气，以上物质都具有相当的致癌性。

② 建筑物自身的污染，此类污染正在逐步检出，一种是建筑施工中加入了化学物质，（北方冬季施工加入的防冻剂，渗出有毒气体氨）。另一种是由地下土壤和建筑物中石材、地砖、瓷砖中的放射性物质形成的氡，这是一种无色无味的天然放射性气体，对人体危害极大，美国国家环保署调查，美国每年有14000人的死亡与氡污染有关。

③ 室外污染物的污染，室外大气的严重污染和生态环境的破坏，使人们的生存条件十分恶劣，加剧了室内空气的污染。

④ 燃烧产物造成的室内空气污染，做饭与吸烟是室内燃烧的主要污染，厨房中的油烟和香烟中的烟雾成分极其复杂，目前已经分析出的3800多种物质，它们在空气中以气态、气溶胶态存在。其中气态物质占90%，其中许多物质具有致癌性。

⑤ 人体自身的新陈代谢及各种生活废弃物的挥发成分也是造成室内空气污染的一个原因。人在室内活动，除人体本身通过呼吸道、皮肤、汗腺可排出大量污染物外，其他日常生活，如化妆、灭虫等也会造成空气污染，因此，房间内人数过多时，会使人疲倦、头昏，甚至休克。另外人在室内活动，会增加室内温度，促使细菌、病毒等微生物大量繁殖。特别是在一些中小学校更加严重。

专家分析指出：造成室内空气污染的物质按状态分，主要有悬浮颗粒物和气态污染源两种。

① 悬浮颗粒物：较大的悬浮颗粒物如灰尘、棉絮等，可以被鼻子、喉咙过滤掉，至于肉眼无法看见的细小悬浮颗粒物，如粉尘、纤维、细菌和病毒等，会随着呼吸进入肺泡，造成免疫系统的负担，危害身体的健康。

② 气态污染源：室内空气中的气态污染源（也即有毒气相物）包括一氧化碳、二氧化碳、甲醛及有机蒸气。气态污染源主要来自建筑材料（甲醛）、复印机（臭氧）、香烟烟雾（尼古丁）、清洁剂（甲酚）、溶剂（甲苯）和燃烧产物（硫氧化物、铅）等，部分会附着在颗粒物上被消除掉，大部分会被吸入口肺部。医学证实这些气态污染源是造成肺炎、支气管炎、慢性肺阻塞和肺癌的主要原因。

6.1.4　室内空气污染物综合控制技术

室内空气质量好坏直接影响到人们的生理健康、心理健康和舒适感。为了提高室内空气质量，改善居住、办公条件，增进身心健康，必须对室内空气污染进行整治。

6.1.4.1　使用最新空气净化技术

对于室内颗粒状污染物，净化方法主要有低温非对称等离子体除尘、静电除尘、扩散除尘、筛分除尘等。净化装置主要有低温非对称等离子体除尘、机械式除尘器、过滤式除尘器、荷电式除尘器、湿式除尘器等。从经济的角度考虑首选过滤式除尘器；从高效洁净的角度考虑首选荷电式除尘器。

对于室内细菌、病毒的污染，净化方法是低温非对称等离子体净化技术。配套装置是低温等离子体净化装置。

对于室内异味、臭气的清除，净化方法是选用 $0.2\sim5.6\mu m$ 的玻璃纤维丝编织成的多功能高效微粒滤芯，这种滤芯滤除颗粒物的效率相当高。

对室内空气中的污染物，如苯系物、卤代烷烃、醛、酸、酮等的降解，采用光催化降解法非常有效。例如利用太阳光、卤钨灯、汞灯等作为紫外光源，使用锐态矿型纳米 TiO_2 作为催化剂。

6.1.4.2　合理布局及分配室内外的污染源

为了减少室外大气污染对室内空气质量的影响，对城区内各污染源进行合理布局是很有必要的。居民生活区等人口密集的地方应安置在远离污染源的地区，同时应将污染源安置在远离居民区的下风口方向，避免居民住宅与工厂混杂的问题。卫生和环保部门应加强对居民生活区和人口密集的地方进行跟踪检测和评价，以提供室内空气质量对人体健康的影响程度。

6.1.4.3　加强室内通风换气的次数

对于甲醛、室内放射性氡物质等，应加强通风换气次数，尤其是对甲醛的污染治理，其方法有三种：一是使用活性炭或某些绿色植物；二是通风透气；三是使用化学药剂。室内放射性氡的浓度，在通风时其浓度会下降；而一旦不通风，浓度又继续回升，它不会因通风次数频繁而降低氡子体的浓度，唯一的方法是去除放射源。

对室内空气质量的要求不仅仅局限于家居，而是所有的室内场所都存在，如宾馆、酒店的房间、餐厅、娱乐场所和商场、影剧院、展览馆等，还有政府部门的办公室、会客室、学校以及其他办公场所。除重视科研与监测、加强队伍建设、制定行业标准、加强立法与宣传外，同时还要加大经费的投入，采用高新技术，研制新的高效率室内污染净化装置，消除室内空气污染，保障人们身体健康，这是十分必要的。

随着"以人为本"观念的逐步深入，人们对生存空间的质量越来越关注，对室内环境污染治理也日益重视。我们相信不久的将来，室内环境污染治理一定会有一个较大的改观。

6.1.4.4　现有技术介绍

① 物理方式　其主要是使用活性炭等材料对污染气体进行吸附，即物理吸附，是目前最好的物理去除方法。

② 化学方式　其原理是化学药品与有害气体发生化学变化，如纳米技术、玛雅蓝光催化剂、甲醛去除剂、除味剂等，氧化污染物气体。此外，各种电动的空气净化器也能起到物理治理和化学治理的效果。

③ 生物方法　其主要是利用植物净化室内空气，或采用微生物、酶进行生物氧化、分解。

6.2 室内热环境

室内热环境是指影响人体冷热感觉的环境因素。这些因素主要包括室内空气温度、空气湿度、气流速度以及人体与周围环境之间的辐射换热。适宜的室内热环境是指室内空气温度、湿度气流速度以及环境热辐射适当，使人体易于保持热平衡从而感到舒适的室内环境条件。

6.2.1 室内热环境建筑类型分类

根据室内热环境的性质，房屋的种类大体可分为两大类。一类是以满足人体需要为主的，如住宅、教室、办公室等；另一类是满足生产工艺或科学试验要求的，如恒温恒湿车间、冷藏库、试验室、温室等。

室内环境对人体的影响主要表现于冷热感觉，冷热感觉取决于人体新陈代谢产生的热量和人体向周围环境散发的热量之间的平衡关系。这个关系可表示为：

$$\Delta q = q_{\mathrm{m}} + q_{\mathrm{w}} + q_{\mathrm{r}} + q_{\mathrm{c}} \tag{6-1}$$

式中，Δq 为同一时间内人体得失的热量；q_{m} 为人体新陈代谢产热量；q_{w} 为蒸发散热量；q_{r} 和 q_{c} 分别为人体与环境之间的辐射散热量和对流散热量。当 $\Delta q=0$，人体处于热平衡，体温恒定不变；当 $\Delta q>0$，体温上升；当 $\Delta q<0$，体温下降。但是 $\Delta q=0$，并不是人体舒适感的充分必要条件，因为各种热量之间可能有多种组合都可使 $\Delta q=0$，所以只有当人体按正常比例散热的热平衡，才是最合宜的状况。有人提出正常散热的指标应为：对流散热占总散热量的 $25\%\sim30\%$，辐射散热占 $45\%\sim50\%$，呼吸和无感觉蒸发散热占 $25\%\sim30\%$。

6.2.2 室内热环境评价方法

在上述方程的基础上，科学家进行了试验和研究，提出了不同的评价指标，例如有效温度、作用温度、热应力指标等。

有效温度是 1923 年提出的，它是气温、湿度和气流在一定组合下的综合指标，曾被广泛用于空调设计中。有效温度没有考虑热辐射变化的影响，过分夸大了常温下湿度的作用，因此后来又出现了修正有效温度和新有效温度等指标。

热应力指标是 1955 年提出的，它是根据人体热平衡条件，先求出在一定热环境中人体所需的蒸发散热量，然后再算出一定热环境中的最大允许蒸发散热量，以这两者的百分比作为热应力指标。这一指标，全面考虑了热环境四个参数的影响，是今后研究的方向。

6.2.2.1 室内气温

表征各类建筑热环境的主要参数。在一般民用建筑内，冬季室内气温应在 $16\sim22℃$。夏季空调房间室内计算温度多规定为 $26\sim28℃$。至于自然通风的民用建筑，根据中国的实测表明，夏季室内日平均气温比室外日平均气温高 $1\sim2℃$。

室内气温的分布，尤其是沿室内竖直方向的分布是不均匀的，对人体热感觉的影响很大。当使用对流式放热器供暖时，沿竖直方向的温差可达 $5℃$ 以上，地板面附近温度最低，不利于人体健康。辐射供暖时温差较小，一般为3℃左右。

随着科学技术的发展，许多生产和试验工作，都要求在某种特定热环境下进行。例如，长度计量室的温度基数，规定为常年20℃；检定量块的室温允许波动范围，仅为±0.2℃。

有些生产容许按季节分别规定不同的温度基数，如精密机械加工车间，冬季为17℃，夏季为23℃，春、秋季为20℃。冷藏库是对室温有特殊要求的另一类建筑，其库温应根据货物种类和规定的储存时间来确定。

6.2.2.2 室内热辐射

室内物体辐射量的大小和辐射方向，对热环境的质量有很大影响。冶炼、热轧等车间，都有强烈的室内辐射热源，造成高温环境。

在炎热地区，即使是冷加工车间和民用建筑，夏季室内过热也是普遍现象。其原因，除夏季气温高以外，主要是墙和屋顶内表面的辐射，特别是通过窗口进入的太阳辐射热造成的。在寒冷地区，房屋热稳定性不良，围护结构将对人体产生"冷"辐射。中国和某些国家，都在有关规范中规定了室内气温与建筑内表面温度之间的差值不得超过容许值。

建筑日照可改善室内冬季热环境和卫生条件，在城市规划与建筑设计中，都需要充分利用日照。

6.2.2.3 室内气流

影响人体的对流换热和蒸发散热，也影响室内空气的更新。根据现有资料，当无汗时，舒适气流速度范围为0.1~0.6m/s，一般供暖房间宜为0.1~0.2m/s。夏季利用自然通风的房间，应争取速度较大且能有效地吹到人体上的气流；特别是当有汗时，较强的气流是改善热环境的重要因素。许多生产车间为了迅速排除余热、余温，需要合理的通风系统。

6.2.2.4 空气湿度

在热环境中，空气湿度影响人体的蒸发散热。湿度越高，汗液越不易蒸发。炎热潮湿造成的闷热环境，最令人不舒适。从卫生保健的观点来看，一般认为正常的相对湿度为50%~60%。根据试验，当气温在20~25℃的范围内时，相对湿度在30%~85%之间变化，对人体热感觉没有影响。生产和科学试验用的各类房间中的实际所需湿度，与使用状况有关，有明确的规定。如织布车间，为防止棉纱断线，工艺上要求保持70%~75%的相对湿度。

6.3 室内声环境

6.3.1 室内声环境的评价标准

随着生活水平的提高、城市的发展、科技水平的进步，良好的建筑声环境无疑成为公众最关注的热门话题之一。室内噪声是室内环境中的重要组成部分，建筑的室内噪声可分为外部噪声和内部噪声。外部噪声主要包括交通噪声、工业噪声、施工噪声等；内部噪声主要包括社会生活和公共场所噪声、建筑内的设备噪声等。

对于创造优良的室内声环境，建筑室内背景噪声的预测在建筑方案和设计阶段就至关重要。在《绿色建筑评价标准》（GB/T 50378—2014）中对于建筑的声环境提出了噪声的评分规定要求。

① 主要功能房间室内噪声级，评价总分值为 6 分。噪声级达到现行国家标准《民用建筑隔声设计规范》中的低限标准限值和高要求标准限值的平均值，得 3 分；达到高要求标准限值，得 6 分。

② 主要功能房间的隔声性能良好，评价总分值为 9 分，并按下列规则分别评分并累计：a. 构件及相邻房间之间的空气声隔声性能达到现行国家标准《民用建筑隔声设计规范》（GB 50118—2010）中的低限标准限值和高要求标准限值的平均值，得 3 分；达到高要求标准限值，得 5 分；b. 楼板的撞击声隔声性能达到现行国家标准《民用建筑隔声设计规范》（GB 50118—2010）中的低限标准限值和高要求标准限值的平均值，得 3 分；达到高要求标准限值，得 4 分。

③ 采取减少噪声干扰的措施，评价总分值为 4 分，并按下列规则分别评分并累计：a. 建筑平面、空间布局合理，没有明显的噪声干扰，得 2 分；b. 采用同层排水或其他降低排水噪声的有效措施，使用率不小于 50%，得 2 分。详见表 6-2、表 6-3。

表 6-2   不同功能房间室内背景噪声要求

功能房间类型	在关窗状态下允许噪声级/dB	功能房间类型	在关窗状态下允许噪声级/dB
客房	45	多用途大厅	50
会议室	50	商场	60
办公室	55		

表 6-3   工业企业厂区内各类地点噪声标准

工作场所	噪声限值/dB(A)	备注
生产车间	85	1. 生产车间噪声限值为每周工作 5d,每天工作 8h 等级声效;对于每周工作 5d,每天工作不是 8h,需计算 8h 等效声级;对于每周工作日不是 5d,需计算 40h 等效声级; 2. 室内背景噪声级指室外传入室内的噪声级
车间内值班室、观察室、休息室、办公室、实验室、设计室(室内背景噪声级)	70	
正常工作状态下精密装配线、精密加工车间、计算机房	70	
主控室、集中控制室、通信室、电话总机室、消防值班室、一般办公室、会议室、设计室(室内背景噪声级)	60	
医务室、教室、值班宿舍(室内背景噪声级)	55	

因此，对室内环境噪声的预防和隔离的计算研究具有重要的工程实践意义。

大量的调查资料表明，对于日常的起居生活，室内噪声水平理想值不大于 40dB（A），对于睡眠，理想值是不大于 30dB（A），超过 45dB（A），约有 50% 以上的人会感觉受到干扰。1993 年，世界卫生组织（WHO）公布了噪声标准。在此基础上，20 世纪 80 年代以来，我国已先后制定和公布了多项环境法律、法规和标准，此外还有地方性的环境噪声管理条例。对民用建筑制定了室内允许噪声标准作为民用建筑设计规范的一部分。详见表 6-4。

表 6-4   民用建筑室内允许噪声级   单位：dB（A）

建筑类型	房间名称	时间	特殊标准	较高标准	一般标准	最低标准
住宅	卧室、书房(或卧室兼起居室)	白天		≤40		≤45
		夜间		≤30		≤37
	起居室			≤40		≤45
学校	有特殊安静要求的房间					≤40
	一般教室、办公室、休息室、会议室					≤45
	无特殊安静要求的房间					≤50

建筑类型	房间名称	时间	特殊标准	较高标准	一般标准	最低标准
医院	病房、医护人员休息室、重症监护室	白天		≤40		≤45
		夜晚		≤35		≤40
	门诊室			≤40		≤45
	手术室、分娩室			≤40		≤45
	洁净手术室			—		≤50
	人工生殖中心净化区			—		≤40
	听力测听室			—		≤25
	化验室、分析实验室			—		≤40
	入口大厅、候诊厅			≤50		≤55
旅馆	客房	白天	≤35	≤40	≤45	
		夜间	≤30	≤35	≤40	
	会议室、办公室		≤40	≤45	≤45	
	多功能厅		≤40	≤45	≤50	
	客厅、宴会厅		≤45	≤50	≤55	
办公	单人办公室、电视电话会议室			≤35		≤40
	多人办公室、普通会议室			≤40		≤45
商业	商场、商店、购物中心、会展中心			≤50		≤55
	餐厅			≤45		≤55
	员工休息室			≤40		≤45
	走廊			≤50		≤60

为了使室内的噪声水平满足要求，还必须对室外环境噪声和内部噪声进行控制。室外噪声包括交通噪声、施工噪声、工业噪声和社会生活噪声等，这些构成了区域环境噪声。为此，我国制定了城市区域环境噪声标准。详见表 6-5～表 6-7。

表 6-5　城市环境噪声标准 L_{eq}　　　　　　　　单位：dB（A）

类别		适用区域	昼间	夜间
0		疗养区、高级别墅和宾馆区	50	40
1		居住、文教机关为主区域	55	45
2		居住、商业、工业混杂区	60	50
3		工业区、仓储物流	65	55
4	4a	城市道路及内河航道两侧	70	55
	4b	铁路干线两侧	70	60

表 6-6　分户墙空气声隔声标准　　　　　　　　单位：dB

隔声等级	空气声隔声单值评价量＋频谱修正量	
较高标准	计权隔声量＋粉红噪声频谱修正量 R_w+C	＞50
最低标准	计权隔声量＋粉红噪声频谱修正量 R_w+C	＞45

表 6-7　楼板撞击声隔声标准　　　　　　　　单位：dB

隔声等级	计权标准撞击声压级 L_{ntw}
较高标准	≤65
最低标准	≤75

对于建筑内部生活噪声的控制中，我国对墙体和楼板的隔声性能要求制定了隔声标准。

6.3.2 建筑吸声材料

在建筑室内对噪声的防治措施主要是控制声源和采用吸声材料。声源控制主要是通过改进设备结构，提高加工和装配质量，以降低声源的辐射能量；而实际应用中最有效的噪声治理则是通过采用吸声材料来达到降噪的效果（图6-1）。

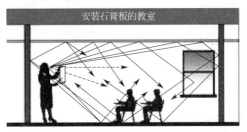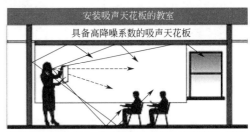

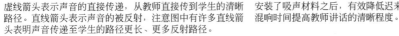

虚线箭头表示声音的直接传递，从教师直接传到学生的清晰路径。直线箭头表示声音的被反射，注意图中有许多直线箭头表明声音传递至学生的路径更长、更多反射路径。

安装了吸声材料之后，有效降低迟来的被反射的声音，减少混响时间提高教师讲话的清晰程度。

图6-1 吸声材质安装前后的声音传播方式

6.3.2.1 吸声机理

按吸声机理的差异，吸声材料可分为共振吸声材料和多孔吸声材料两大类。共振吸声材料的原理是当声波垂直入射到材料表面时，材料内及周围的空气随声波一起来回振动，使材料与壁面间的空气层相当于一个弹簧，从而阻止声压变化的作用。当不同频率的声波入射时，这种共振系统会产生不同的响应。共振吸声结构的吸声系数随频率而变化，最高吸声作用出现在系统的共振频率处。多孔材料内部具有大量细微孔隙，孔隙间彼此贯通，孔隙深入材料内部且通过表面与外界相通，当声波入射到材料表面时，一部分在材料表面反射掉，另一部分则透入到材料内部向前传播。

6.3.2.2 吸声材料种类

(1) 薄板共振吸声材料

用各类薄板固定在骨架上，板后留有空腔，就构成了薄板共振吸声结构。当声波入射到该结构时，薄板在声波交变压力激发下被迫振动，使板心弯曲变形，出现了板内部摩擦损耗，而将机械能变为热能。在共振频率时，消耗声能最大。共振频率 f_0 的计算式如下：

$$f_0 = \frac{600}{M_0 L}$$

式中，M_0 为板材的面密度，kg/m^2；L 为板后空气层的厚度，cm。这类结构在剧场建筑中应用最广。如图6-2、图6-3所示，在观众厅、排练厅和琴室内的胶合板护墙即为薄板共振吸声结构。在板后空腔内或龙骨边缘填以多孔吸声材料，可将吸声频带展宽。

(2) 穿孔板共振吸声材料

在薄板上穿孔，并离结构层一定距离安装，就形成穿孔板共振吸声结构（如图6-4所示）。金属板制品、胶合板、硬质纤维板、石膏板和石棉水泥板等，在其表面开一定数量的孔，其后具有一定厚度的封闭空气层就组成了穿孔板吸声结构。它的吸声性能是和板厚、孔径、孔距、空气层的厚度以及板后所填的多孔材料的性质和位置有关。它的吸声特性是以一边的频率为中心呈"山"形，主要是吸收中、低频的声能。穿孔率不宜过大，以 $1\% \sim 50\%$ 比较合适。在穿孔板吸声结构空腔内放置多孔吸声材料，可增大吸声系数，尤其当多孔材料贴近穿孔板时吸声效果最好。

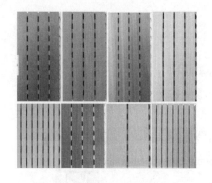

图 6-2　薄板共振吸声材料

图 6-3　电影院观众厅

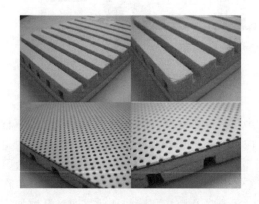

图 6-4　穿孔板共振吸声材料

图 6-5　微穿孔板共振吸声材料

（3）微穿孔板共振吸声材料

微穿孔板吸声结构通常采用板厚、孔径均在 1mm 以下，穿孔率为 1‰～3‰ 的薄金属板（通常用铝板）与背后的空气层组成（如图 6-5 所示）。微穿孔板的孔细而密；因此比穿孔板的声阻大，而声质量小，从而在吸声系数和吸声频带方面优于穿孔板。微穿孔板结构不需在板后配置多孔吸声材料使结构大为简化，同时具有卫生、美观、耐高温等优点。当用微穿孔板作消声器时，在高速气流条件下，阻力损失较小，因此，这类材料在空调系统的消声结构中应用较广。

（4）无机纤维吸声材料

无机纤维吸声材料主要指岩棉、玻璃棉以及硅酸铝纤维棉等人造无机纤维材料（如图 6-6 所示）。玻璃棉分为短棉、超细棉以及中级纤维 3 种。这类材料不仅具有良好的吸声性能，而且具有质轻、不燃、不腐、不易老化等特性，在声学工程中获得广泛的应用。其性脆易断，受潮后吸声性能下降严重、易对环境产生危害等原因，适用范围受到很大的限制。目前这类纤维吸声材料采用先进的加工方法，可以加工成毡状、板状等，经过防潮处理后，可以生产出稳定性好、吸湿率低、施工性能好的产品。

（5）有机纤维吸声材料

早期使用的吸声材料主要为植物纤维制品，如棉麻纤维、毛毡、甘蔗纤维板、木质纤维板以及稻草板等有机天然纤维材料（如图 6-7 所示）。有机合成纤维材料主要是化学纤维，如腈纶棉、涤纶棉等。这些材料在中、高频范围内具有良好的吸声性能，但防火、防腐、防潮等性能较差，从而大大限制了其应用。

图 6-6 无机纤维吸声材料

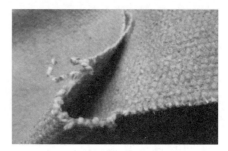

图 6-7 有机纤维吸声材料

(6) 泡沫吸声材料

根据材料的物理化学性质的不同，泡沫吸声材料可以分为泡沫金属吸声材料、泡沫塑料吸声材料和泡沫玻璃吸声材料。

① 泡沫金属吸声材料（图 6-8） 一种新型多孔吸声材料，经过发泡处理在其内部形成大量的气泡，使泡沫金属把连续相金属的特性（如强度大、导热性好、耐高温等）与分散相气孔的特性（如阻尼性、隔离性、绝缘性、消声减震性等）有机结合在一起。泡沫金属具有良好的电磁屏蔽性和抗腐蚀性能。泡沫铝应用于空压机房、列车发动机房、声频室、施工现场等吸声领域。

② 泡沫塑料吸声材料（图 6-9） 泡沫塑料有橡胶改性的聚丙烯泡沫塑料、聚偏二氟乙烯泡沫塑料和聚氨酯泡沫塑料等。应用比较多的是聚氨酯泡沫塑料，特点无臭、透气、气泡均匀、耐老化、抗有机溶剂侵蚀，对金属、木材、玻璃、砖石、纤维等有很强的黏合性，聚氨酯泡沫塑料是良好的强吸声体，阻燃性好、容重轻、耐潮、易于切割和安装方便，适用于机电产品的隔声罩，吸声屏障，空调消声器，以及在影剧院、会堂、广播室、电影录音室、电视演播室等音质设计工程中控制混响时间。

图 6-8 泡沫金属吸声材料

③ 泡沫玻璃吸声材料（图 6-10） 以玻璃粉为原料，加入发泡剂及其他外掺剂经高温焙烧而成的轻质块状材料，一般选用 20～30mm 厚的板材。特点是具有质轻、不燃、不腐、不易老化、无气味、受潮甚至吸水后不变形、易于切割加工、施工方便和不会产生纤维粉尘污染环境等优点，适合于要求洁净环境的通风和空调系统的消声。

图 6-9 泡沫塑料
吸声材料

图 6-10 泡沫玻
璃吸声材料

6.3.3　建筑隔声材料

随着城市建设的迅速发展和人们生活质量的提高，创造一个高质量的居住生活环境，已成为广大住户的迫切愿望。其中良好的室内声环境，是保证高质量人们生活环境质量的重要组成部分。如何去创造一个安静的、舒适的室内声环境，除了城市区域环境噪声标准符合国标要求的允许值以外，关键是住宅围蔽结构（门、窗、墙体、楼板）的隔声情况是否良好。

6.3.3.1　门窗的隔声

建筑围护结构构件的隔声原理如图 6-11 所示。一般门窗结构轻薄，而且存在较多缝隙，其隔声能力往往比墙体低得多，形成住宅隔声的薄弱环节。要提高门窗的隔声能力，首先，对于门窗的加工制作、安装要提高精度，减小门窗缝隙，要把隔声性能列为生产厂家门窗质量的重要考核指标。

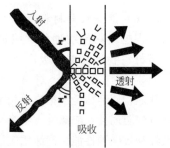

图 6-11　建筑围护结构
构件的隔声原理图

对于隔声要求较高的门，门扇的制作有两种：一种是依据质量定律，即墙体的单位面积质量越大，其隔空气声效果就越好，简单地采用厚而重的门扇；一种是采用多层复合结构，用多层性质相差很大的材料（钢板、木板、阻尼材料、吸声材料等）相间制成，因各层材料的阻抗差别很大，隔声性能有很大提高。对于分户门，最好与防火、防盗结合，做成综合隔声门。

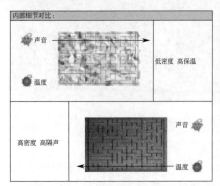

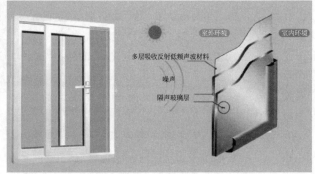

图 6-12　玻璃构件的隔声示意图

对于窗，因采光和通风的需要，只能采用玻璃。要提高窗的隔声，可采用较厚的玻璃，或采用双层或多层玻璃，两层窗之间的距离最好在 10～15cm。采用双层或多层玻璃时，若有可能，各层玻璃不要平行，各层玻璃的厚度不要相同，这样可避免因简并现象和吻合效应引起某些频率大量透射所造成的隔声能力下降。双层玻璃之间的窗樘上可布置吸声材料。玻璃构件的隔声示意如图 6-12 所示。

6.3.3.2　分户墙的隔声

对于墙体，传统使用的普通 24cm 厚黏土砖墙，计权隔声量约为 53dB。但是采用自重小的轻质墙体，其隔声性能普遍比传统的砖墙差很多。所以解决轻质隔墙的隔声问题是轻质隔墙应用的关键。

目前，新型墙体材料大致可以分为三个类型：砌块型、空心板条型和轻钢龙骨型。在一些高层住宅中，即要墙体轻又要保证隔声性能的做法有两种：第一种是双层墙，适用于轻质砌块和轻质条板。分户墙有两层砌块墙或条板墙组成，两层之间的空腔间距为 50~100mm，空腔中填岩棉等吸声材料，注意在施工中避免两层墙之间形成声桥。第二种方法是采用龙骨墙板构造的隔墙，在轻钢龙骨两边，各安装 8~12mm 的两层墙板，两边墙板之间的空腔内，可以填岩棉等吸声材料（图 6-13）。此类墙体，其计权隔声量可达到 49~52dB，可达到隔声标准一级要求。常用的墙板有纸面石膏板、纤维加压水泥板、纤维增强硅酸钙板等。

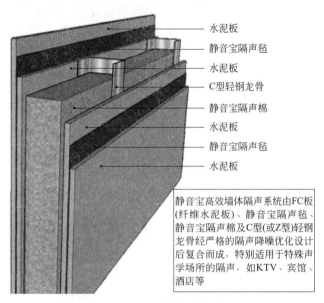

水泥板
静音宝隔声毡
水泥板
C型轻钢龙骨
静音宝隔声棉
水泥板
静音宝隔声毡
水泥板

静音宝高效墙体隔声系统由FC板(纤维水泥板)、静音宝隔声毡、静音宝隔声棉及C型(或Z型)轻钢龙骨经严格的隔声降噪优化设计后复合而成，特别适用于特殊声学场所的隔声，如KTV、宾馆、酒店等

图 6-13 某围护结构系统的装置图

轻质墙体在其构造处理上采取一些措施，可以保证和改善其隔声性能。

① 在板材和龙骨间加垫弹性条，如弹性金属条或弹性材料垫，比板材直接固定在龙骨上隔声效果一般可提高 3dB。空腔中间加填吸声材料比不填隔声效果提高 3~5dB。

② 龙骨的宽度决定了两侧墙板之间空腔的宽度，以 75mm 宽的龙骨隔声效果较好。另外采用双排龙骨，形成分离式双层墙结构，隔声效果比单排龙骨隔墙有较大的提高。

③ 增加轻质隔墙两侧板的层数会提高隔墙的隔声量，每增加一层会使隔墙的计权隔声量提高 3dB 左右，板的厚度有多种规格，为了避免吻合谷落在主要声频范围（100~2500Hz），使隔声量降低，板的厚度以小为好，常用 12mm 厚（9.5mm 板常用于吊顶）；如果每层板的厚度（质量）有所变化，如同侧异厚、异侧异厚，可使薄板相互吻合频率错开，提高隔声效果。

④ 防止隔墙上有缝隙和孔洞，否则，会大大降低隔声效果。如墙上有墙面积万分之一的缝隙，就可以使墙的隔声效果下降 10dB 左右。

6.3.3.3 楼板的隔声

住宅内部的噪声，一部分来自左右及上下邻居以空气传声的方式，经分户墙、楼板传入，另一部分是通过楼板传来的撞击声。长期以来，我国住宅楼板隔撞击声性能达不到国家住宅隔声标准。一般住宅楼板多采用钢筋混凝土现浇板（80~120mm）或空心楼板（150~180mm），在上面再做水泥地面，其隔声指数多在 80dB 左右，难以达到国家二级标准。为了达到小康住宅的要求，住宅楼板的撞击声级应达到国家二级标准（≤75dB），并努力达到一级标准（≤65dB）。在工程设计和建设阶段或在装修时考虑该问题，可以从根本上改善楼板的隔声效果。

① 在现浇楼板本身的撞击隔声性能达不到标准时，可以通过楼地面面层来改善。在工程中，将面层做成弹性面层（如地毯、木地板、橡胶板等），可以直接减弱对楼板的冲击力，以降低对楼板本身振动的影响。

② 在结构楼板上作浮筑楼面，浮筑楼面是在承重楼板上铺设弹性垫层，再在上面做配筋的钢筋混凝土楼面层，从而构成一个类似弹簧的隔振系统，楼面质量越大，垫层弹性越好，隔声效果越好。弹性垫层一般选用岩棉板、矿棉板、橡胶板、玻璃纤维块外包橡胶做成的垫块材料。一般浮筑楼板经设计可达到国家楼板撞击声级的一级标准（≤65dB）。

6.4 室内光环境

6.4.1 可调节遮阳系统

随着科学技术的发展，建筑的窗和外墙面积之比从 20 世纪 40~50 年代的 15%~25% 上升到现在的 35%~100%。窗户面积的加大同时也带来了"温室效应"和眩光的问题，遮阳措施应运产生。

建筑遮阳可分为外遮阳和内遮阳两种方式。内遮阳仅是挡住了光线，却能够允许热辐射通过玻璃透入到室内，并使玻璃温度升高，并未达到节能的目的。而外遮阳可以通过阻断太阳辐射热和阳光直接通过建筑外围护结构进入室内，以及太阳光照射建筑引起的眩光等。

6.4.1.1 可调节外遮阳的概述

建筑外遮阳的基本功能是隔断夏季阳光直接射入屋内，阻止阳光过分照射建筑围护结构，从而减少建筑表面的热量，改善室内热环境，降低建筑冷负荷能耗（图 6-14，图 6-15）。

在外遮阳措施中，分为固定式遮阳和可调节式遮阳。固定式遮阳只在一天某个时刻或者太阳处于某个高度角的时候起到作用；可调节遮阳则可以根据太阳高度的变化进行改变。随建筑节能和太阳能利用意识增强，可调节遮阳形式受到广泛重视，其形式美观化和功能多样化也逐渐成为发展的趋势。

外遮阳构件的材料、颜色、比例、尺度等是现代建筑外立面的重要造型因素，还是体现建筑师创作建筑细部能力的主要媒介之一。在设计中，重视建筑外遮阳的有效开发利用，将建筑与构件有机结合在一起，做好一体化设计，使其保证高效率运转和节约能源的同时，又能满足建筑的功能要求和艺术要求（图 6-16）。

（1）可调节外遮阳的特点

在建筑中，如侧窗、屋顶天窗、中庭玻璃顶等均需要对其进行适当遮阳；而在冬夏温差很大的地区，则需要对遮阳构件进行处理，使建筑在夏季遮阳而冬季进光得热，但固定式遮阳和高反射涂膜玻璃，对冬季得热十分不利，因此采用能开启或折叠的外遮阳卷帘、能旋转或折叠的遮阳百叶等外遮阳构件。

（2）外遮阳系统的发展

① 遮阳材料和生产工艺的进步　在材料方面，传统的木材的外遮阳构件现在仍在使用，但其加工工艺更为精细和现代化；织物因其柔性，可加工成小巧而造型别致这样构件；钢网格遮阳具有高强度结构，广泛用于可通风的双层玻璃幕墙中；轻质铝材常加工成为外遮阳格

栅、遮阳卷及百叶窗。在生产工艺方面，由于电脑控制生产，可以同时进行大批量生产；随着技术的进步，高性能的隔热和热反射玻璃制成的玻璃遮阳板及结合光电光热转换的遮阳板也相继出现（图 6-17）。

图 6-14　外遮阳构件

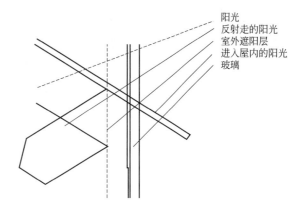

图 6-15　外遮阳的基本工作原理

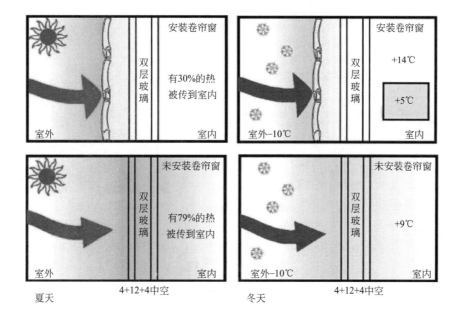

图 6-16　外遮阳系统与普通遮阳系统的比较示意图

②　遮阳构件的多功能化　随着科学技术的发展，遮阳构件逐步开始多功能化。与太阳能光电和光热转换板结合的遮阳板，巧妙地将吸收的能量转换成对建筑有用的资源加以利用。如汉诺威的玻璃大楼（图 6-18）综合解决了遮阳和通风问题，使之成为现代建筑围护结构的一个亮点。

③　可调节式遮阳产品的发展　由于一年中的不同季节，一天中的不同时间，以及天空中的云量的瞬息变化，可调节外遮阳系统得到广泛重视。如波茨坦能源中心（图 6-19）中庭采用可调节帘幕遮阳，随着时间的变化、帘幕的开闭，阳光和斑驳的阴影共同形成了特有的环境氛围；同一建筑的另一侧的双层玻璃幕墙的空气夹层中，安装了由遥控操作的活动式

(a) 木材质

(b) 织布材质

(c) 轻质铝材

图 6-17　各材质的遮阳构件

水平遮阳百叶窗帘，利用空气夹层内自然的气流，达到驱散热气的效果。同时自行调节水平百叶窗帘的角度，夏季可以将阳光反射回室外，冬季将阳光反射至室内，有效地调节和控制室内光线和吸热量。

图 6-18　汉诺威玻璃大楼的双层幕墙

图 6-19　波茨坦能源中心

④ 遮阳构件的智能化　在大面积的幕墙和高层建筑中，自动化调节的遮阳措施必不可少，特别是在高层建筑中，对遮阳构件的尺寸和调节操控方面要求更高。如德国国会大厦穹顶（图 6-20）中可自动追踪太阳运行轨迹并做相应运动的遮阳"扇"集中了自动控制技术与工艺的精华。

⑤ 遮阳构件的人性化　遮阳构件作为建筑的组成部分之一，也更加注重人性化的设计。遮阳构件的设计中不仅完善了遮阳功能，更加具有令人赏心悦目的心理功效，同时可以将众多相对独立的细部进结合，充分展现其材料美、技术美。

6.4.1.2　可调节外遮阳系统的在绿色建筑中的应用

（1）绿色建筑中的建筑节能要求

外遮阳系统对于南方的空调系统的节能可以高达 15％以上，在北方也可以高达 10％以上。在绿色建筑设计时，南方应该有丰富的立面阴影，北方应该有较为平整的立面外遮阳。

① 居住建筑　《绿色建筑评价标准》要求居住建筑住宅热工设计应符合建筑节能标准的规定，其中夏热冬冷和夏热冬暖地区均有遮阳要求。同时绿色建筑还要求合理设计建筑体

(a)　　　　　　　　　　　　　　　　　(b)

图 6-20　德国国会大厦穹顶及遮阳设施

型、朝向、楼距和窗墙面积比使住宅获得良好的日照、通风和采光并根据需要设置遮阳设施。

在住宅热工设计中应采用遮阳型的玻璃、固定遮阳、活动遮阳等满足综合遮阳系数的要求，在南方夏热地区应该根据需要采用如东西向、南向和天窗。

② 公共建筑　《绿色建筑评价标准》要求公共建筑的热工设计符合建筑节能标准的规定，其中夏热地区、寒冷地区有遮阳要求。公共建筑热工设计中应采用遮阳型的玻璃、固定遮阳、活动遮阳等满足综合遮阳系数的要求，在寒冷、夏热地区应该采取遮阳措施，如东西向、南向和天窗采光顶等。

（2）绿色建筑中的建筑环境要求

夏热冬暖、夏热冬冷和寒冷地区建筑的东向、西向和南向外窗（包括玻璃幕墙）以及屋顶天窗（包括采光顶）在夏季受到强烈日照，大量太阳辐射热进入室内，造成建筑过热和能耗增加，使室内舒适度降低。采取有效的建筑遮阳措施就能够降低空调负荷，减少建筑能耗并减少太阳辐射对室内热舒适度的不利影响，保障视觉舒适。

① 居住建筑　《绿色建筑评价标准》要求住宅的卧室、起居室、书房、厨房采光系数满足《建筑采光设计标准》，采用可调节外遮阳，防止夏季太阳辐射透过窗户玻璃直接进入室内。

住宅设计中应对固定遮阳设施对采光的影响进行评估，这与朝向无关，与遮阳装置形状、位置有关，可调节外遮阳是很好的措施，如卷帘、百叶等，内遮阳一般由居住者自行设计配备，效果无法预期，但说明书中应该给出指南。

② 公共建筑　《绿色建筑评价标准》要求办公室、宾馆类建筑 75% 以上主要功能空间室内采光系数满足《建筑采光设计标准》要求；采用可调节外遮阳改善室内光热环境。

建筑设计中应对固定遮阳设施对采光的影响进行评估，这与朝向无关，与遮阳装置形状、位置有关，可调节外遮阳是很好的措施如卷帘、百叶等，但采用时需要仔细设计保证安全智能化，内遮阳一般属于永久设施，将来应该可以得到承认。

6.4.1.3　可调节外遮阳系统的一体化设计

在绿色建筑中十分倡导建筑的一体化设计，也可以应用到外遮阳系统设计中，将其很好地协调到建筑的设计和实施之中。在遮阳一体化设计中受到了气候条件、室内舒适度、景观、结构安全性、热工性能、可维护性、工程造价等方面影响，此外还应该考虑到遮阳技术的美学功能，使外遮阳系统不仅能改善室内环境和降低能耗，还可以在景观和美学两方面提高建筑品质。

外遮阳系统一体化设计工作包括的具体内容是：选型、调节运行、安装及构造、工程造价、美学设计。这五项内容相互影响、相互制约，在建筑设计中需要综合考虑，并随设计阶段而逐步深化（图6-21）。

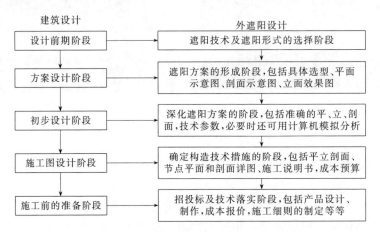

图6-21　外遮阳系统一体化设计阶段示意图

设计中具体影响因素如下。

(1) 气象条件

气候特点是在遮阳设计中首先要考虑的因素，其中室外温度、太阳辐射强度、太阳高度角和方位角又是主要影响遮阳设计的气象参数。一般设置遮阳措施的条件有：①室外气温达到或超过29℃；②太阳辐射强度大于240W/(m²·h)；③阳光射入室内深度超过0.5m；④阳光射入室内时间超过1h。根据气候带的不同，遮阳方式位置和方式而不同（图6-22）。

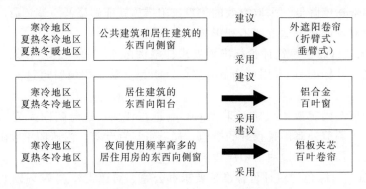

图6-22　外遮阳在东西向房间的应用示意图

(2) 室内物理环境的要求

随着生活质量的提高，人们对室内舒适度的要求也逐步提高，而可调节外遮阳设计的主要目的就是为了改善室内环境。

在对热环境的要求中，遮阳对室内热环境的改善体现在温度上：①冬、夏两季的温度极值满足舒适度要求；②昼、夜室内温度波动较小；③室内各点温度分布均匀。例如，夏季白天利用遮阳降低室内最高温度，冬季夜晚利用遮阳与窗体之间形成的空气间层防止室内热量散失，提高室内最低温度。

在对天然光环境的要求中，设计中主要考虑工作面照度、光环境均匀性和方向性的要求：①改善室内水平工作面上的照度均匀性；避免近窗处过亮引起的眩光，提高远窗处照度值；②改善室内垂直面上的照度均匀性，避免窗口与墙面形成高亮度对比造成眩光，避免在垂直视觉面上产生间接眩光；③改善天然光的方向性，增加漫射光。各种遮阳效果的比较见图6-23。

在对声环境的要求中，利用可调节外遮阳及其与窗之间形成的空气夹层增加窗体的隔声量。

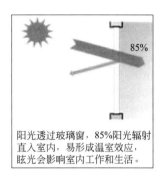

阳光透过玻璃窗，85%阳光辐射直入室内，易形成温室效应，眩光会影响室内工作和生活。

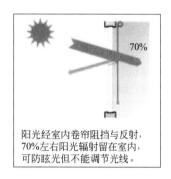

阳光经室内卷帘阻挡与反射，70%左右阳光辐射留在室内，可防眩光但不能调节光线。

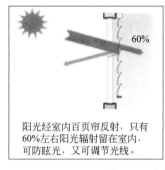

阳光经室内百页帘反射，只有60%左右阳光辐射留在室内，可防眩光，又可调节光线。

阳光被户外百页帘反射和过滤，仅20%左右阳光辐射入室内，既可防眩光，又可自由调节光线。

图 6-23　各种遮阳效果的比较

（3）建筑内、外立面效果

建筑外遮阳系统可以作为一种活跃建筑的元素或是一种装饰手段，在设计中不但要把握好建筑外立面的效果，还应充分考虑室内的视觉效果及使用要求。使遮阳设计能与建筑融为一体，既满足功能需求，又能创造出了独特的建筑造型和特殊的室内光影效果和空间效果。

（4）遮阳构件的安全性及稳定性

外置遮阳装置的安全性和稳定性是工程中必须考虑的重点因素，尤其是在高层建筑及寒冷地区冬、春两季的风力较大地区：①保证外遮阳装置与建筑主体结构及窗体之间连接方式可靠，这是最基本的要求之一；②进行各项力学计算，包括对重力荷载、风荷载、地震荷载的计算；③安装遮阳产品之前，需要对其进行安全性能测试；④保证施工质量。

（5）遮阳构件的调节方式

遮阳构件有三种调节方式：手动、电动、计算机智能控制。控制方式的不同对遮阳设计提出的要求不同，应在遮阳类型选择时考虑到相关因素。

对于一般的遮阳构件，手工调节十分有效。对于大面积和高层建筑的玻璃幕墙，则需要依赖电动调节设施。随计算机技术的发展，遮阳系统开始更多地应用自动控制技术，根据阳光辐射强度、室内温度、室内工作人数等各种因素，专用控制软件通过集成化的网络系统，自动调节全部或部分的遮阳构件，从而实现更好的遮阳效果。

（6）遮阳构件及其安装后的热工性能

热工性能考虑主要包含两个层面：①遮阳构件自身的热工性能，包括传热系数和热惰性指标；②安装遮阳构件后的维护结构整体的传热系数。寒冷地区外遮阳构配件安装尽可能避免产生热桥，并在条件允许的情况下，加强遮阳与窗体之间空气夹层的密闭性。

（7）全寿命周期的价格因素

对建筑产品而言，全寿命周期的价格分析涵盖原材料开采、建材加工、构配件制造、规划设计、建筑施工、运行使用、维护保养、拆除报废和回收利用的整个过程，计算建筑产品全寿命周期系统内相应的影响指标并进行比较评价，以寻求建筑功能、资源利用、能源消耗和环境污染之间的合理平衡。外遮阳产品在初期的投资较高，但可以在购置空调采暖的设备费用以及建筑运行过程中节约的能源费用中加以回收。

（8）实际工程中的其他因素

外遮阳设计需要充分考虑实际工程中的各项因素：建筑周边环境、当地建材、工程造价、生产厂家的技术水平、建筑特殊使用要求及审美需求、运行使用及维护保养等，需要在设计中具体问题具体分析，随建筑设计的各个阶段而不断深化，最终实现各具特色的外遮阳设计。

设计原则如下。

①"适应环境"的设计原则　在建筑外遮阳构件的设计中，主要针对两个层面的环境进行适应：一是建筑所处地区或城市的宏观环境；二是建筑周边的具体环境状况，是微观环境，更能体现建筑环境的个性。

在适应"宏观"环境的原则中，要合理地利用遮阳的形式及构造措施来改善室内环境，降低建筑能耗，属于被动式节能的一项措施。

在适应"微观"环境的原则中，要针对具体的环境问题，具体分析。因建筑所处微观环境的不同而使得其遮阳设计有所差别。如表 6-8 所示，在普通建筑（如办公、居住）的侧窗外遮阳为中，四种常用遮阳设施在微观环境适应性方面有着各自的倾向。

表 6-8　四类遮阳设施的微观环境适应性对比

所处环境 遮阳类型	太阳辐射很强 且高度角较低	太阳辐射很弱， 如窗体被严重遮挡	周边风 力较大	通风条 件较差	东西向	南向
铝合金百页窗		√		√		√
卷帘（聚酯类）	√				√	
铝板夹芯百页卷帘	√				√	
百页窗 （用于阳台外窗）		√	√		√	√

②"多功能构件"的设计原则　建筑窗体的各构件，如窗本身、防盗网、外遮阳雨罩、内窗帘等，要统一设计，才能达到理想效果。随着技术的进步，多功能外遮阳构件逐步发展。对于普通外窗和单层幕墙而言，可以通过外遮阳技术达到遮阳目的，同时使如保温、调光、控光、防噪、防盗、观景等多功能的集成化；对于双层幕墙而言，遮阳技术能综合解决遮阳及高层建筑通风、散热的问题，提高了玻璃幕墙的隔热保温性能及节能效果。

③"艺术性"的设计原则　建筑是艺术与技术的结合体，其外遮阳构件除了具有技术性

以外，也应该赋予其艺术性。

在具体的建筑形象表现中需要把握好四个方面。

a. 韵律美和尺度感（图 6-24）。将连续的窗洞和线式的外遮阳构件作为建筑的基本构图要素，利用线条来表现建筑韵律，同时可以根据"线"造型间隔和比例划分建筑楼层和高度，增加建筑尺度，丰富建筑立面。

b. 光影效果与层次感（图 6-25）。光可以对建筑的形象和氛围等进行烘托。外遮阳系统是建筑重要的光影造型元素，可以体现建筑美学的秩序感和稳定感，丰富建筑立面层次和空间领域感，强化了建筑个性。

图 6-24　欧洲某办公大楼

图 6-25　欧洲某教学楼

c. 虚实对比与凹凸变化（图 6-26）。不同形式的外遮阳对建筑的立面造型影响很大，建筑可以通过外遮阳产生立面凹凸变化，取得丰富的艺术效果。比如，外遮阳构件可以作为立面从实到虚的过渡部分，赋予了建筑鲜明个性，展示了建筑的技术美。

图 6-26　柏林德勒斯登银行

图 6-27　欧洲某办公楼

d. 节奏感与动感变化（图 6-27）。对于可调节外遮阳，根据构件的位置和材料的不同，可以使建筑立面产生丰富的变化，形成"动感"的建筑物形象。

④ "阶段性"的设计原则　外遮阳构件作为建筑的一部分，其设计内容应伴随建筑设计的各个阶段（从前期策划到方案设计再到初步设计和施工图设计）而不断深化。外遮阳类型见表 6-9。

表 6-9　外遮阳类型

遮阳类型		样图	遮阳类型		样图
外遮阳卷帘	折臂式		外遮阳百叶帘		
	垂臂式		双层玻璃幕墙（中置百叶帘）		
	卷式		铝板夹芯百叶卷帘		
机翼型外遮阳百叶	水平百叶板		百叶窗	推拉百叶窗	
	垂直百叶板			平开百叶窗	

6.4.1.4　可调节外遮阳系统的种类及各自特点

(1) 外遮阳百叶帘

外遮阳百叶帘具有较好的遮阳隔热性能，其遮阳系数为 0.35，并且是一种集多功能为一体的外遮阳体系，其适应性包括：①适应不同的朝向；②适应不同季节对阳光的需求；③适应昼夜室内对热、光、声等物理环境的不同需求；④适应安装在建筑的不同部位；⑤适应室外环境。同时兼有隔声、防盗等作用（在百叶密闭状态下）。可调节式外遮阳百叶按其运动方式可分为三类：①可旋转式；②可收回式；③兼具以上两种性能的产品。常用的铝合金外遮阳百叶帘主要由顶盒、导向系统、叶片、控制系统四部分组成。

① 各部分作用

a. 顶盒。常由铝型材挤压成型，可设计成多种样式。主要作用是隐藏提升设备和叠合的叶片。

b. 导向系统。在百叶帘的上部和侧面构成体系，主要作用是提升百叶并保持稳定。其中侧面导轨有三种形式：C形导向系统、管状导向系统、钢丝导向系统（图6-28）。

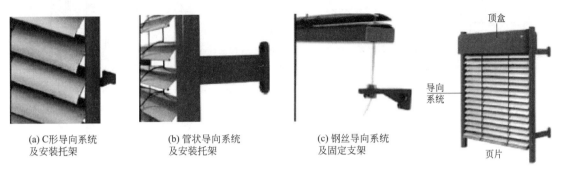

(a) C形导向系统
及安装托架

(b) 管状导向系统
及安装托架

(c) 钢丝导向系统
及固定支架

图 6-28　铝合金百页帘的导向系统形式

c. 叶片。多为单片铝合金，常见的断面有三种形式。其中平叶片收起时在顶盒中占用的空间最小，卷边片的稳定性最好，翼型片密闭性最好（图6-29）。

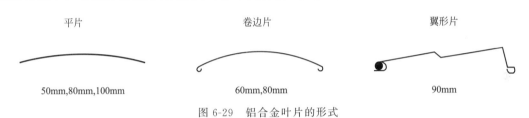

图 6-29　铝合金叶片的形式

d. 驱动系统。主要作用是调整百叶帘的位置及页片的角度。驱动方式有手动和电动两类体系。手动体系由绳索、穿管、旋转柄等组成；电动体系由管状防水电动机、电动控制器、感应器等组成。

② 安装及其构造设计的探讨　当遮阳百叶帘安装在普通侧窗和封闭阳台的外侧时，其位置可在窗洞口外，也可在窗洞口内；在寒冷地区，应做好外遮阳帘与窗体之间的密闭构造，避免出现热桥。当遮阳百叶帘安装于玻璃幕墙外侧时，其顶盒和钢索底座可以设置在玻璃幕墙的不透明部分（图6-30）。

根据其安装位置的不同，其安装的结构可以按图6-31所示意的进行。

(a) 窗洞口外

(b) 窗洞口内

(c) 玻璃幕墙外

图 6-30　铝合金外遮阳百叶帘位置图

（2）外遮阳卷帘

外遮阳卷帘由遮阳帘布、导向系统、卷帘头箱、驱动系统四部分组成，从具体形态上又分为四种，主要是导向系统有所区别（表6-10）。

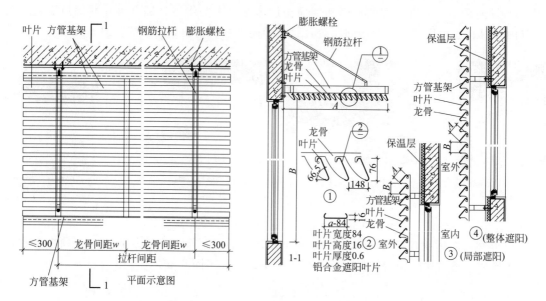

图 6-31　铝合金外遮阳安装的结构示意图

表 6-10　外遮阳卷帘形式

形式	特点	实例
卷式外遮阳帘	导向系统有 C 形导向系统、管状导向系统和钢丝导向系统。卷帘规格取决于头箱类型、驱动方式、帘布及导向系统的类型,单幅卷帘宽度不超过 3500mm,高度不超过 6000mm。有手动和电动两种驱动模式。构造简单,安全性能较高,遮阳效率高,使用范围广,多用于大面积玻璃幕墙	
折臂式外遮阳帘	导向系统由导向侧规、拉杆、导向杆、支撑臂、底杆等组成。卷帘规格取决于头箱类型、驱动方式及帘布的类型,宽度范围是 750～3000mm,支撑臂的长度范围是 400～1200mm。有手动和电动两种驱动模式。既能保证遮阳又能保证室内通风,同时能带来建筑立面光影变化	
垂臂式外遮阳帘	导向系统由垂臂、底杆、固定基座等组成。卷帘规格取决于头箱类型、驱动方式及帘布的类型,宽度范围是 750～3000mm,垂臂的长度范围是 600～1200mm。有手动和电动两种驱动模式。能有效地遮挡直射阳光、防止眩光,又能保证窗体的通风效果	

形式	特点	实例
天窗外遮阳帘	导向系统由支架、织物托管、导轨、底杆等组成。帘布由电动控制，尺寸取决于建筑类型、帘布种类及所处环境，宽度范围是 850～5000mm，室内帘最大长度 12000mm，室外帘最大长度 6000mm。导轨内置滑轮组，适用于强风时帘布张紧，可弯曲，也可交叉错位安装。适用于各种形状的玻璃屋面	

① 在东西向侧窗中的应用推广及其技术要求　随着城市用地紧张，高层点式建筑得到推广，但点式建筑中会存在东西向房间，需要对这些房间采取合理的隔热、保温措施。同时为了较少眩光和改善近窗处过热，东西向侧窗常采用内窗帘，内遮阳方案对降低空调能耗和改善室内热环境的功效很低。因此可调节外遮阳卷帘在东西向侧窗中的应用十分必要，在我国的寒冷地区、夏热冬冷地区以及夏热冬暖地区值得推广。

其推广的价值：a. 可调节式外卷帘能平衡东西向窗体的遮阳、隔热、自然采光及通风等性能；b. 滤光型的织物帘布有一定的透视性和透光性，将直射阳光折射为均匀的漫射光，防止眩光的产生；c. 相比于内遮阳帘，外遮阳帘能带来良好的室内物理环境，降低能耗，并且提升了室外里面表现力；d. 外遮阳卷帘的构造简单、轻便，占用空间较小，安装简单方便。

此外，外遮阳帘的应用技术应满足以下三方面的要求：a. 在构造上，方便室内直接拆卸，以便定期清洗；b. 设计上做好抗风压和防脱落措施，增设必要的气压装置以保证遮阳系统在大风天气的稳定性；c. 面料选择上使用寿命长、耐磨、耐腐蚀的材料。

② 产品及其构造设计的探讨　外遮阳卷帘使用范围广，侧窗、阳台、玻璃幕墙、玻璃屋面均可考虑。安装中做好构件与建筑的连接，充分考虑遮阳装置的通风散热及维护结构的热桥问题。以铝合金格栅遮阳为例，其结构安装示意图如图 6-32、图 6-33 所示。

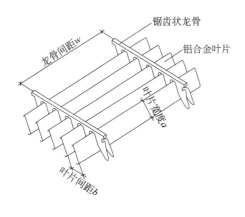

图 6-32　格栅水平安装示意图

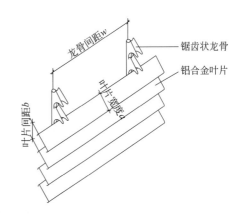

图 6-33　格栅垂直安装示意图

折臂式外遮系统结构及运动轨迹如图 6-34 所示。

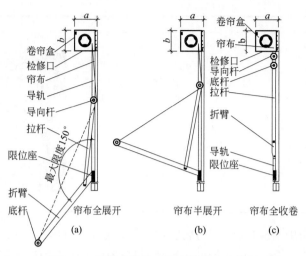

图 6-34　折臂式外遮系统动作轨迹示意图

（3）机翼形遮阳百叶板

表 6-11　大型遮阳百叶板的三种类型

类型	特点	模型
中空平板百叶遮阳系统	叶片是双层中空结构,其长度 600~2300mm,宽度 50~125mm,叶片关闭时相互之间卡扣紧密	
单面板百叶遮阳系统	叶片结构为单层,可根据要求选择不同材质、不同宽度的形式	
中空梭形百叶遮阳系统	又称机翼形遮阳系统,叶片呈梭形,截面较大且为中空结构,强度高,符合外墙百叶韧度及抗风要求,可广泛用于大型玻璃幕墙的建筑室外遮阳	

　　机翼形遮阳百叶板是大型遮阳百叶板的一种。大型遮阳百叶板广泛应用于工业和民用建筑。遮阳百叶的常见材料有铝板、玻璃、高分子 PCTC 材料等,其中铝板采用应用最广。大型遮阳百叶系统按叶片的类型三类,如表 6-11 所示。

　　机翼形遮阳百叶系统按其放置形式可分为垂直和水平遮阳系统;按外观形式可分为单翼和双翼遮阳系统。其中单翼遮阳系统多为固定安装,双翼遮阳系统按安装方式分为固定安装系统和可调安装系统。可调节式安装系统叶片是通过电动机带动与叶片连接的驱动杆，使叶片按需要在 0°～120° 之间任意调整。给出常见几种双翼遮阳系统的产品规格及叶片性能。

① 主要特点及其选型依据　与遮阳百叶帘相比，机翼形遮阳系统特点有：a. 机翼形的断面设计可以使铝百叶具有更大刚度，避免室外大风引起叶片的振动；b. 机翼形遮阳板的尺寸较大，叶片不收起状态时，室内人员仍能获得较宽的视野，保持玻璃幕墙良好的通透视觉效果；c. 大型遮阳百叶板对建筑通风的阻挡很小，提高了遮阳系统的隔热性能；d. 遮阳百叶板的中空结构增加了系统的保温和隔声性能。

该遮阳系统主要安装于玻璃幕墙和大型玻璃屋面上，还可作为通风隔断用于多层停车场、多功能屋顶等场所。其系统的产品规格及叶片性能如表 6-12 所示。

表 6-12　机翼形遮阳百叶系统产品规格及叶片性能

叶片形式	双翼遮阳系统						双翼遮阳系统		
材料	铝合金						预滚涂层穿孔铝板		
型号	AF200	AF250	AF300	AF350	AS400	AF450	AS250	AS300	AS350
宽度 b/mm	200	250	300	350	400	450	250	300	350
高度 h/mm	45	51	56	60	63	66	52	57	61
叶片长度	结合当地风压，根据具体项目进行选择，长度≤7200mm						结合当地风压，根据具体项目进行选择，长度≤3800mm		
叶片厚度	≥1.8mm						≥1.2mm		
表面处理及颜色	阳极氧化或喷涂						耐光色或聚偏氟乙烯，符合质量标准的多种颜色		
穿孔规格							60°交叉，孔径 2.5mm 孔距 5mm，穿孔率 22.67%		
端盖形状									
材料	铝合金						铝合金		
厚度	2mm/3mm						2mm/3mm		
形状	与叶片截面形状吻合						与叶片截面形状吻合		
表面处理	阳极氧化或喷涂						阳极氧化或喷涂		

机翼形遮阳百叶板的选型时应综合考虑遮阳、视野、采光、通风等因素。其垂直和水平的遮阳百叶板的比较如表 6-13 所示。

表 6-13　机翼形遮阳百叶板的比较

类型	视野	应用于东西向玻璃幕墙	利用反射采光时
垂直遮阳百叶板	不舒服	影响采光	降低遮阳效果
水平遮阳百叶板	舒服	效果良好	效果良好

② 遮阳方案及其构造设计的探讨　大面积玻璃幕墙外的大尺度遮阳百叶板可以发挥遮阳的功能，又可以增加立面层次、丰富立面细部。在其方案设计时，要根据要求，选择百叶的尺寸、间距、角度以及控制模式，使其在遮阳、视野、采光、通风和保温等多项性能中达到最优组合。其构造示意图如图 6-35、图 6-36 所示。

该遮阳百叶方案采用 600mm 宽的大百叶，间距 590mm。

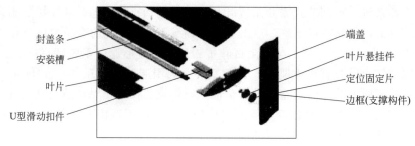

图 6-35　机翼形固定式系统组成示意图

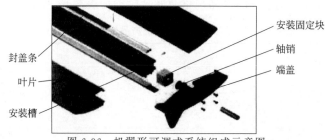

图 6-36　机翼形可调式系统组成示意图

机翼形遮阳百叶在安装构造还应注意以下几点。a. 安装所用龙骨为轻钢龙骨或铝合金龙骨，强度应满足当地风压，静荷载或其他荷载的要求。b. 钢质龙骨与铝质材料的接触面必须隔离以避免电化学反应。c. 可调节安装系统中，每一个叶片两侧的龙骨上安装固定有两根叶片轴，叶片被固定在叶片轴上。叶片通过可调节的传动杆连接到马达上，以使叶片依需要角度旋转。d. 遮阳板的详细构造、支架尺寸、安装距离、与主体墙的连接做法、防雷击措施等均需由工程设计人根据工程情况，会同遮阳生产厂商共同研究、确定并负责。e. 大片外遮阳体系还应设置变形连接件。

（4）双层玻璃幕墙遮阳百叶系统

为了解决高层建筑自然通风和遮阳的难题，双层玻璃幕墙技术不断发展。双层玻璃幕墙体系一般包括内层幕墙、夹层遮阳百叶帘、外层幕墙。在该体系设计中，应把隔热保温性能较好的玻璃放置在没有开启扇的那层幕墙上。相对于外遮阳百叶帘而言，夹层遮阳百叶帘会较少地受到外界气候的影响，对其强度和稳定性的要求降低，但需要定期进行人工清洗（图 6-37）。

① 系统整体性能　双层玻璃幕墙遮阳百叶系统在改善玻璃幕墙遮阳隔热、通风、保温、隔声、采光等方面有着较好的综合性能。

a. 遮阳与隔热。双层幕墙的遮阳与隔热性能主要靠夹层的电动百叶来实现，根据室内外温度、太阳辐射强度的情况以及室内自然采光照度的需要来控制遮阳百叶的升降和旋转，此外，夹层的通风降温作用可以保证双层幕墙良好的隔热效果。

图 6-37　双层玻璃幕墙遮阳百页窗系统

b. 通风。在夏季，当夹层温度高于室外温度时，系统可利用夹层的烟囱效应对其进行通风冷却，可以保证高层建筑的隔热效果。

c. 保温。高性能的保温隔热玻璃和夹层空气间层组成的外维护结构的传热系数比传统的单层幕墙低。此外，夹层百叶在一定程度上提高双层幕墙的保温性能。

d. 隔声。在外层幕墙开口关闭状态下，双层幕墙的隔声量比单层幕墙多，但设计中需要处理好上下层幕墙之间的串声问题。

② 主要类别及其构造设计的探讨　双层玻璃幕墙维护体系根据两层幕墙间距的大小，可分为宽通道式双层幕墙和窄通道式双层幕墙，其两者的比较如表6-14所示。

表6-14　双层玻璃幕墙维护体系的比较

形式	间距	占地面积	隔热性能	通风效果
宽通道式双层幕墙	多为600mm左右	较大	良好	明显
窄通道式双层幕墙	200mm以内	较小	较差	不明显(常设小型风机)

双层幕墙的构造（图6-38）措施因其夹层通风组织方式的不同而有所差别，需要据具体情况而定。

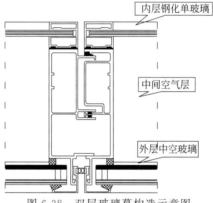

图6-38　双层玻璃幕构造示意图

（5）铝板夹芯百叶卷帘

铝板夹芯百叶卷帘由铝合金卷帘板、卷帘轴束、驱动和导轨组成。卷帘板为空心铝合金滚压成型叶片，内充发泡聚氨酯。该卷帘系统具有遮阳、保温、隔声、遮挡视线等功能。在冬季，将白天太阳辐射热留在室内，保证室内热量不流失；在夏季，将80%的热辐射挡在窗外，遮挡直接辐射和漫反射，降低制冷负荷。当铝板夹芯卷帘完全关闭状态还有安全防盗的作用。其传热系数和隔声量的指标参见表6-15。

表6-15　铝板夹芯百叶卷帘性能指标对比

序号	检测指标	国家标准	单框单玻塑钢平开窗 GSP. K60×1515		铝合金卷帘复合塑钢窗 GSP K60×1515		
1	传热系数	≤5.0W/(m³·K)	$K=3.3W/(m^3·K)$	6级	$K=2.1W/(m^3·K)$	8级	提高2级
2	空气声计权隔声量	≥25dB	$R_w=32dB$	3级	$R_w=41dB$	5级	提高2级

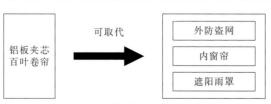

图6-39　窗体构配件简化示意图

① 在寒冷地区居住建筑中应用推广　与外遮阳百叶帘相比，铝板夹芯百叶卷帘的调光效果较差，但保温、抗风和隔声性能明显改善，且构造安装措施简单。其在寒冷地区和夏热冬冷地区，夜间使用频率较高的居住用房建议安装此种外遮阳体系。

铝板夹芯百叶卷帘的主要性能：a. 铝板夹芯百叶外卷帘的遮阳系数为 0.3 左右，可以大大减少夏季太阳辐射热量进入，减少空调设备的购置以及能源的消耗；b. 在夜间完全闭合的状态下，既可作为外保温层，又具有防风、隔声的作用；c. 应用于居住建筑时可以简化建筑构配件（图 6-39），提高窗体工业化水平。

② 安装及其构造设计的探讨　铝板夹芯百叶卷帘的开闭方式有三种：曲柄摇杆驱动、皮带驱动以及电动。其中以皮带驱动的产品价格最为便宜；曲柄摇杆驱动的产品较贵。

铝板夹芯百叶卷帘可安装在窗洞口以内，也可安装在窗洞口以外。在与窗连接时，要保证美观及使用方便和系统的整体性，防止发生热桥。百叶外卷帘的构造示例如图 6-40 所示。

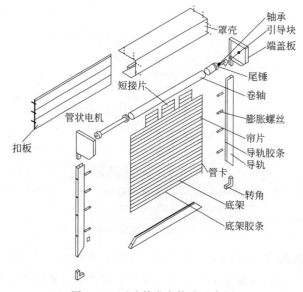

图 6-40　百叶外卷帘构造示意图

(6) 百叶窗

百叶窗是有着悠久历史的一种窗体形式，也是一种简便易行的可调节遮阳方式，尤其是平开木百叶窗在国内外的传统居住建筑中被广泛地使用。在欧洲，建筑侧窗外常附加百叶窗（图 6-41）。

随着建筑技术的发展，百叶窗为了满足多种需求，样式和控制模式也不断创新的新产品也层出不穷。比如，铝合金折叠百叶窗，可以随着窗扇运动产生不同的遮阳效果；立转窗的百叶是较窄的玻璃窗扇，可用于居住建筑的阳台，并起到一定的防盗作用等。百叶窗的材料主要有木材、铝合金以及吸热玻璃等，其中木质的百叶窗造价约为铝合金百叶窗的一半，但维护费用稍多一些；铝合金百叶更适合工业化的生产加工，且耐久性更好。

① 在东西向阳台中的应用推广及其主要类型　现今居住建筑常采用铝合金窗或者塑钢窗封闭阳台，住户自行加设内窗帘和遮阳雨罩，这些遮阳措施并不能遮挡高度角较小的、正射窗口的东西向阳光，并且易造成温室效应，加剧室内过热。因此，东西向阳台也需要有效的遮阳措施。

铝合金百叶窗在居住建筑阳台（尤其是东西向）中的应用值得推广，其主要性能如下。

图 6-41　各种百叶的形式

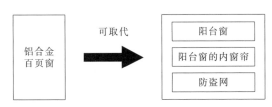

图 6-42　阳台构配件的简化示意

　　a. 合金百叶窗可以简化建筑封闭阳台的构配（图 6-42），使建筑的外立面更显简洁，方便住户使用，节省住户的投资。

　　b. 铝合金百叶窗适应性强，能适应不同朝阳阳台、不同季节气候、昼夜不同阶段的需求，并且能根据需求调整闭合角度，此外还能满足保温、隔热的性能，能够适应室外的恶劣天气，具有较好的防风、防尘、防雨及抗风性能。

　　c. 铝合金百叶窗的遮阳系数达 0.3，而若封闭阳台采用的中空玻璃窗遮阳系数约 0.82，加设内窗帘的遮阳系数约为 0.7，两者综合后的总遮阳系数约为 0.6。因此铝合金百叶窗可以大大减少夏季进入室内的太阳辐射热量，进而减少空调设备的购置以及能源的消耗费用。

　　② 阳台百叶窗的设计及构造的探讨　铝合金百叶窗应该结合具体工程项目进行选型分析，其具体构造措施参见现行国标和地方标中相关的标准图集。在阳台百叶窗设计的具体探讨中，根据开启方式百叶窗四类，如表 6-16 所示

表 6-16　阳台百叶窗设计分类

类别	特点	模型	实例
水平滑动式	常见类型之一，与推拉窗类似。百叶扇可沿相互平行的水平轨道滑动；三扇以上的百叶窗可大大增加开启面积，实现最大通风采光效果。根据太阳直射光的方位可调节百叶扇片关闭的方向和面积大小，取得最佳的遮阳效果。安全性能较好，可大量用于高层建筑的阳台	完全关闭状态 开启状态	

类别	特点	模型	实例
水平开启式	常见类型之一,与平开窗类似。每组有两个扇片,可在水平面内 0°～90°范围内转动。装置可在一天中随太阳方位角变化而采取不同的组合形式,产生变化的立面效果。开启面积较水平滑动式百页窗更大,通风和采光效果更好。因其窗扇在大风天气下的安全度,建议在低层和多层建筑的阳台中应用		
水平旋转式	与立转窗类似,遮阳原理与可调节垂直遮阳板相似。扇片可沿自身中轴在水平面内 0°～90°范围内转动。装置可随着太阳方位角的变化作出调整以遮挡直射阳光。该百叶窗不利于保持视线的通透性及防雨效果不佳。建议应用到东西向阳台		
水平滑轨式	与折叠门类似。百叶扇片可沿着阳台栏板压顶上的滑槽作一字形的水平滑动。当两扇滑动百叶重合时,阳台完全封闭;依据太阳直射光的方位可调节百叶扇片关闭的方向和面积大小。特点介于水平旋转式和水平开启式百叶窗之间		

6.4.2　室内光环境分析模型

　　凡·迈斯认为建筑设计是"在空间中配置和控制光源的艺术"。在他看来,光源包括实际光源和被照亮的物体,前者譬如窗,后者譬如墙壁,以及包含结构单元在内的建筑元素。从他的观点看来,维护体系也是一种潜在的非常重要的建筑元素,一方面它也作为一种控制装置,控制光线进入的方式和位置。围护体系或抑制或方便光线的进入。在四周建筑环绕但自然光线充足的环境,建筑的围护体系与光的关系有四种:作为光线的通道、最大程度减少结构阴影的影响来获得最多的光线、通过反射和模糊来改变光线、利用光线来影响我们对结构的感知。

6.4.3　光线之源

　　当人们意识到建筑的形式是如何有利于自然采光之后,我们也会发现例如桁架的开放式结构形式以及结构构件连接区域是怎样实现采光的。大量实例都说明了这样一种通常状况,即结构构件排布将决定自然采光的强度。最后,除在结构构件上锚固或悬挂人造光源的通常做法外,将人造光源和结构的完整融合设计更值得加以注意。光源分类见表 6-17。

表 6-17　光源分类

获取光源	案例	说明
透光性好的维护结构		弯矩结构系统的骨架部分就比一般的实体墙更透光 汉诺威 26 号大厅以及巴特明德的维尔可汗工厂中的悬索上的桅杆和悬索系统的连接部分透射入室内
开放式结构采光		对于透光率不好的围护体系将其从四周环境隔离开的建筑,最常用的事通过结构实现自然采光的方式——通过开放结构或股价结构来进行采光(如法国里昂火车站采光天井)
整合照明光源		苏黎世的史特荷芬火车站安装的人工照明。被整合于维护结构内部的光源散发出逐步消退、暗淡的光线,让相邻的结构单元生成强烈的结构感

6.4.4　控制光线

6.4.4.1　获取光线

当要通过建筑表皮获得较多的天光或透明性时,建筑师会采用许多方式来处理建筑细部。争取最多的光线意味着要减少结构单元的阴影与侧影。最常用的两种方式是把结构单元做得尽可能小,或者让光线穿过特殊形式的结构单元。透明结构单元因此而越来越流行。

简单的计算表明,当一个拉伸节点被两个直径小的节点但强度累加相同的节点所替代时,结构部分轮廓阴影可以减小 30%,用 4 个更小的节点来代替的话轮廓阴影可以减小 50%——即细小构件越多,光线越多,但会造成视觉上的复杂效果。

长 237m、宽 79m、高 28m 的莱比锡会展玻璃穹顶大厅是 20 世纪最大的单跨玻璃建筑(图 6-43)。管钢外部框架结构包括 10 个主桁架,用以稳定方格网状的壳体。在横断面的三角支架制成的弧形桁架是由直径相对较小的钢管组装起来的,这些与墙的厚度不同的钢管反映了支撑结构的强度。在力图实现最大透明性的策略中是绝不会考虑大尺寸的结构单元的。该项目设计师 Ian Ritchie 把透明性作为整个建筑的重要设计目标。

图 6-43　德国莱比锡会展玻璃穹顶结构细部

6.4.4.2　改变光线

结构不仅能作为光源，还常常采用一些设计方法来最大限度地增加进入建筑的光线，而且也能改变光线的强度和数量。除了阻隔光线外，结构还能过滤和反射光线。

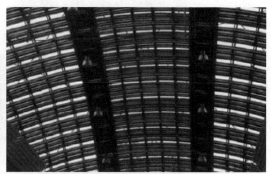

图 6-44　比利时 Marcheen-Femanne 育种和林木中心

（1）过滤

大量紧密立体布置或是层叠的结构单元能起到过滤光线的作用。位于比利时 Marcheen-Femanne 的育种室和林木中心的内部结构就起到了过滤光线和形成阴影的作用（图 6-44）。跨越整个建筑宽度的原木木材构成的拱支撑起的外部玻璃卵形的外壳。紧密排列的空间拱和100mm 宽的拱连接构件制造了主要区域的阴影，特别是在木构件的结合部位。强烈的带状阳光和阴影使得整个内部空间生动活跃起来了。除此之外，这种围护结构形式为育苗提供了必要的且定量的光照。

（2）反射

结构单元能反射直射的太阳光，但同时形成一个表面，会反射和模糊到其周围空间的光线。在门兴格拉德巴赫博物馆内，屋顶梁能直接接收到更多直射光线的照射，而且它淡淡的颜色使得其在过滤阳光并将其反射到画廊的过程中起到了巨大的作用。在厄林根商业学院体育馆中，建筑师也采用了类似的手法。横跨大厅的白漆胶合板梁主要是反射了光线，而不是过滤光线。向北面倾斜的玻璃从天花较低一侧升起，并越过了架设在屋顶边缘的梁。玻璃屋顶在屋顶升起的位置使得在日落的光线在几乎水平时不会被反射，但是梁的反射性能增强玻璃屋顶反射光线的有效宽度，并因此增强体育馆的照明强度（图 6-45）。

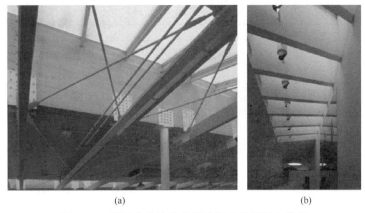

图 6-45　利用建筑结构单元进行光的反射与散射

（3）遮阳

冬季通过光照获取的热量，在夏季却会因室内温度过高而变成一个严重的问题。因而夏季遮阳成为了一个必须考虑在设计之中的因素。常见遮阳方式见表 6-18。

表 6-18　常见遮阳方式

遮阳方式	能源透射系数	案例	效果图	说明
遮阳玻璃	100%　$g=35\%$	慕尼黑再保险公司办公大楼		通过镀膜和涂色可以将玻璃能量透射率（g）减少80%。但遮阳也会失去冬季汲取热量的作用
活动式百叶卷帘（室内）	100%　$g=25\%$	纽伦堡新博物馆		安装在内侧，可以起到防尘和防风的作用，但卷帘吸收并反射到玻璃上的热量效果不如室外
活动式百叶卷帘（室外）	100%　$g=14\%$	慕尼黑林德伯格艺术中心		冬季允许阳光射入。效果明显优于室内系统，但更易受风吹日晒的影响

遮阳方式	能源透射系数	案例	效果图	说明
大屋顶和低深窗檐	50% 能源透射系数(g) g=29%	埃尔兰根大学尼古劳斯费比西中心		水平或垂直安装在墙面上的斜撑、大幅外伸的屋顶或低深的屋檐等固定的遮阳设施。但当太阳在东西方位置低时,效果有限

（4）遮阳与控制光线结合

控制阳光射入的遮阳系统能为室内提供更加均匀的光线，尤其能改善室内深处的光照情况。除了可以减少冷负荷和人工照明所需的电力，利用日光也能提高室内的舒适度。通过遮阳与控制光线结合，能获得不同的采光方式。日光控制系统见表 6-19。

表 6-19　日光控制系统

日光控制系统	示意图	说明
1. 反光镜（定日仪） 2. 高倍反射管（太阳能管） 3. 玻璃纤维传导		光传输系统通过多重反射将光线导入不直接与室外相通的房间
4. 铝斜插（光剑） 5."菲式"欧伽太阳能（控光玻璃） 6. 白光全息图（HOE） 7."anidolic"式开窗		建筑物墙面若多是低能量的散射光，通过天顶光回转控制系统可以优化利用日光
8. 乳白玻璃（棱镜玻璃）		光散射系统将直射光分散，以降低墙面附近出的炫目危险
9. 遮阳棱镜 10. 遮阳玻璃与反光镜片 11. 反光镜片（控光玻璃） 12. 遮阳设施按需要调节		遮阳与控光的结合

日光控制系统	示意图	说明
13. 光剑		
14. 直光棱镜		无遮阳设施的控光
15. 固定安装的可旋转水平板		
16. 激光切割板		

6.4.5 遮阳实例

贝尔兴市 LBM 公司的生产大楼如图 6-46 所示。大楼内的办公室使用自然采光和通风，安装在室外的遮阳设施以及可以控制阳光深入的卷帘百叶片能将热辐射减少到最低。带遮阳和日光控制设备的墙面，控光百叶和反光金属板将光线送至建筑物深处（图 6-47）。

图 6-46 贝尔兴市 LBM 公司的生产大楼

图 6-47 遮阳与日光控制设备墙

该公司开发并批量生产光导纤维产品，公司的革新理念也反映在新楼的设计上。由于水平安装的玻璃板构成的遮阳设施安装在墙面外，玻璃板上下两面分别具有散光和反光作用，反光面可以在无炫目的情况下将日光导入室内。

6.5 室内风环境

6.5.1 通风评价指标

2014 年 2 月 1 日开始实施的《建筑通风效果测试与评价标准》JGJ/T 309—2013 行业标准，弥补了我国一直没有单独的建筑通风方面标准规范的空白。建筑室内通风性能评价指标包括换气次数、新风量、室内空气污染物浓度、可吸入颗粒物（PM2.5 或 PM10）、住宅厨卫排气道系统通风性能、室内空气流速、室内气流组织等。其中室内空气流速应符合下列规定。

① 机械通风夏季空调室内人员活动区空气流速不应大于 0.3m/s，冬季采暖室内人员活动区空气流速不应大于 0.2m/s。

② 自然通风室内人员活动区空气流速应在 0.3~0.8m/s 之间。

室内气流组织应符合下列规定。

① 人员活动区气流组织应分布均匀，避免漩涡。

② 住宅室内通风应从客厅、卧室和书房等主要房间流向厨房和卫生间等功能性房间。

③ 公共建筑应根据不同功能区域合理组织气流，保证人员活动区位于空气较新鲜的位置。

6.5.2 通风评价方法

自然通风的研究方法可以分为很多种，如风洞试验、模型试验、数值模拟评价和实验测量法等。

6.5.2.1 风洞试验

风洞实验主要是在环境风洞或大气边界层风洞实验室等空气动力学模拟试验设施中进行。试验中选取的试验风速，应结合测试仪器的灵敏度和精度，以及试验要求和相似准则等限制性条件适当确定。测试风向应该结合当地风向/风频等气象统计数据，按照不同季节主导风向进行。风洞实验主要步骤如下。

① 应根据相似性原理建立建筑模型，建筑模型的内部空间应设计为封闭结构。

② 根据当地气候条件设置合理的风速边界。

③ 布置测量点。

④ 风洞试验。

6.5.2.2 模型试验

模型试验是根据相似性原理建立建筑模型及内部热源条件，建筑模型应为适宜缩尺比的非封闭结构。模型试验的边界条件应按风洞实验或设计参数根据相似性换算结果进行设置。主要步骤如下。

① 根据相似性原理建立建筑模型及内部热源条件。

② 设置边界条件。

③ 布置测量点。

④ 模型测试。

模型试验是一种很好的用于预测室内气流组织和通风效果的方法，特别是对于建筑物内部气流组织、通风有效性、厨卫排烟气管道预制品的通风性能评价是非常有效的。

风洞试验和模型试验由于对试验条件及设备要求较高，在住宅通风研究中使用并不是很广泛，因此，对于研究人员来讲，更多的是采用以下两种研究方法，即数值模拟评价和实验测量法。

6.5.2.3 数值模拟评价

模拟评价主要指 CFD 数值模拟法。CFD（computational fluid dynamics）是一门建立在数值计算方法和经典流体动力学基础上的交叉学科，通过计算机计算以及图像显示的方法，从定量的角度描述流动现象。CFD 数值模拟法是在理论分析的基础建立模型，通过参数设计建立模拟工况条件，借助于计算机进行分析计算，进而得到建筑物室外和室内的空气流场分布，如图 6-48 所示。

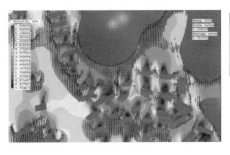 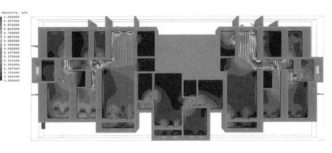

(a)   (b)

图 6-48　室外和室内空气流场图

随着计算机性能的提升、CFD 计算软件的发展，CFD 模拟法在科研及工程领域中越来越受到人们的重视。对比其他方法，CFD 模拟法的应用范围更为广泛，包括室内空气质量、热舒适、防火安全、空调系统模拟等领域。在目前的通风研究中，70％左右的文献都是采用这种模拟方法。针对住宅模拟研究，模拟类型可以归结为三类。

(1) 室外空气流动的简化模拟

对住宅室外环境进行风环境模拟，分析建筑布局对室外空气流动的影响，提供合理的总体布局优化方案，有效结合利用区域气候环境因子，进一步改善居住区室外风环境与热环境。

(2) 室内空气流动模拟

对建筑物户型和房间进行自然通风和热舒适性模拟，在此模拟基础上，既可以评价住宅户型设计的优劣，又可以指导建筑设计，通过改进建筑外窗位置、大小、室内空间分隔等，保证住户在室外气象条件满足自然通风的时间段能够利用自然通风提高室内舒适度，同时达到节约能源的目的。

(3) 室内污染物气体的数值模拟

借助软件分析，通过模拟污染源及污染物排放过程来研究室内污染物流动情况，并以此来反映室内通风状况的优劣。

本文通风模拟评价亦采用 CFD 数值模拟进行评价，模拟软件为 PHOENICS。模拟内容主要包括室外空气流动的简化模拟和室内空气流动模拟。

6.5.2.4　实验测量法

目前测量实际建筑通风的方法主要有两种：第一种是直接测量法，利用风速计测量建筑物周围或房间开口处风速。直接测量法多用于室内测量，或者流速变化稳定的通风工况。第二种为示踪气体法，在房间内部释放一定量的示踪气体，通过记录示踪气体浓度随时间的变化来计算房间渗透通风量的大小。

由于自然通风受室内外环境的影响，建筑物内部风速、风向每时每刻都在变化，难以通过实时测量风速来计算通风量。因此，在住宅自然通风中，通常采用示踪气体法测量房间的通风量和换气次数等参数。

本文实测评价采用 CO_2 浓度检测法。CO_2 浓度检测法可以作为示踪气体法的一种。

CO_2 释放源测定室内新风量可以分为两种，一种是用干冰作为 CO_2 释放源；另一种是把人体作为 CO_2 释放源。本研究将人体呼出的 CO_2 作为释放源，即通过 CO_2 浓度检测仪测量室内 CO_2 浓度变化值，进而通过公式计算得到室内新风量、换气次数等参数。

本研究采用的 CO_2 浓度检测仪为 TES 温湿度非色散式 CO_2 测试计，如图 6-49 所示。

6.5.3　目前的通风设计规范和标准

我国对于通风设计的要求都是全国统一标准，各个地区通用，但是我国土地面积广阔，南北跨度和东西跨度都很大，不同地区的气候差别也很大，同一地区内季节的变化也会出现较大的气候差异性。不同地区有着各自传统的建筑布局，进而对于自然风环境的利用程度不同，从而造成各地的通风设计缺乏针对性，设计者也往往忽视当地环境特点和地貌特征。因此，

图 6-49　CO_2 浓度测试仪

现有的国家标准适应性并不强，这足以引发我们对于不同地区应当采用不同标准的思考。

在 2014 年 2 月 1 日实施的《建筑通风效果测试与评价标准》JGJ/T 309—2013，第 3.2.6 条中有如下规定："建筑中人员主要停留房间的人员活动区空气流速应符合下列规定：①机械通风夏季空调室内人员活动区空气流速不应大于 0.3m/s，冬季采暖室内人员活动区空气流速不应大于 0.2m/s。②自然通风室内人员活动区空气流速应在 0.3～0.8m/s 之间。" 第 3.2.7 条中规定："建筑中人员主要停留房间的气流组织应符合下列规定：①人员活动区气流组织应分布均匀，避免漩涡。②住宅室内通风应从客厅、卧室和书房等主要房间流向厨房和卫生间等功能性房间。"

此外，在《绿色建筑评价标准》（GBT 50378—2014）中也对住宅的通风问题提出了一些要求，其中一条是关于室外人行高度出的风速要求，标准规定，参评建筑室外人行高度处的风速不能高于 5m/s，因为高于 5m/s 就会影响到人的行走舒适性。同时，此标准还提到了建筑外部空气质量的问题，建筑幕墙可以适当开启一部分进行室内外换气，或者专门安装室内外换气装置，充分保证自然通风。

《公共建筑节能标准》也涉及了一些定性的规定，如：建筑总平面的布置和设计，宜利用冬季日照并避开冬季主导风向，利用夏季自然通风。

通过以上规范中的通风规范和标准可以发现，我国对于建筑通风的规定和要求还很杂乱，一些涉及的条目都比较宽泛，缺乏具有指导性的设计要求，因此，我国急需一些专门针对住宅通风设计要求的强制性规范，从而来指导建筑设计师在方案规划设计阶段的通风设计。

6.5.4　室内自然通风影响因素

6.5.4.1　户型平面布局

住宅户型设计是影响室内通风状况的决定性因素，在中国城市化进程的快速发展过程中，由于受到开发强度、体型系数、建筑密度的影响，建筑师在住宅的规划设计中并不能完全保证每户都能得到良好的通风效果，多数住宅在设计过程中并没有专门考虑室内空气环境的疏导，室内容易产生污染物的位置如餐厅，卫生间等部位往往是容易忽略的位置。

为了详细了解住宅实际室内通风状况，本研究选取了寒冷地区几种市场主流的住宅平面进行了专项的模拟研究。模拟研究按照户型布局共分为四组，分别为一梯两户户型、一梯三户户型、一梯四户户型和一梯六户户型；每组选择两个具有代表性的户型进行通风模拟。

模拟软件为 PHOENICS 的 FLAIR 模块，模拟参数参照大连地区夏季气候条件。

模拟结果分析：

（1）一梯两户户型结果

户型介绍：一梯两户户型是住宅设计过程中常用的户型布局，一般在户型面积较大的点式高层住宅、多层住宅及联排别墅中采用。

这种户型一般布局比较单一简单：交通核一般设置在户型平面北侧，户型以交通核为中心对称布置，户型面宽较大，阳台布置也比较灵活，南北向都可设置阳台，每户都可以灵活地开窗，户与户之间的开窗通风不会产生相互之间的影响。

模拟概况：模拟结果见表 6-20。

表 6-20　一梯两户户型模拟结果

类型	户型图	室内风场模拟结果
户型平面一	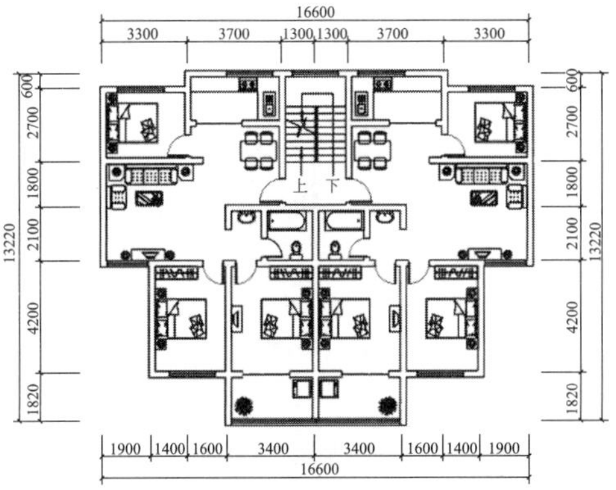	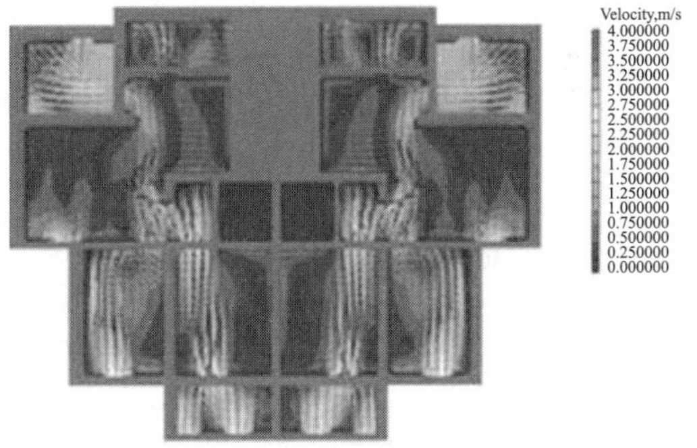
户型平面二	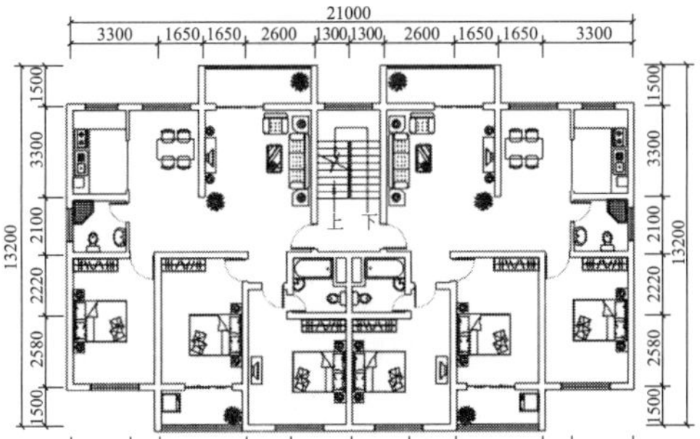	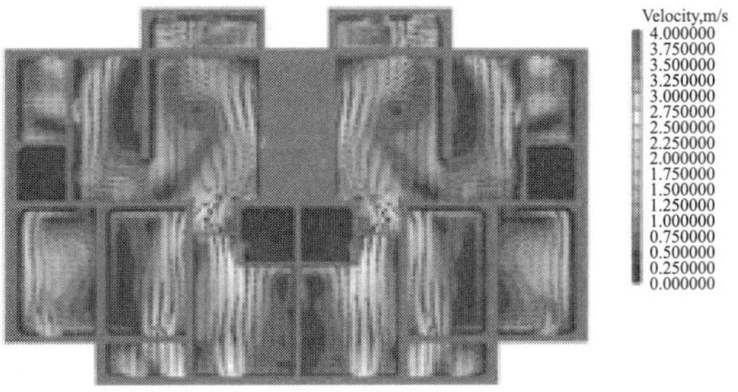

由以上模拟结果可以得知：一梯两户户型通风状况普遍比较良好，在室内门窗全部打开的条件下，户型内部可以形成流畅的南北向穿堂风，风场中没有明显的涡旋停留，空气在流动过程中阻力较小。因此，房间内起居室、卧室、餐厅、厨房都有较好的通风效果。

不足与改进策略：一梯两户户型最明显的不足之处是卫生间的通风，以上户型一与户型二都存在卫生间通风不畅的问题。解决卫生间通风的措施主要有两种：第一种可以通过改变卫生间的位置，由于卫生间并不会占用太大的面宽，因此可以在户型北侧布置卫生间，这样可以直接在北向开窗通风，夏季通风过程中也不会影响到室内空气质量。第二种方法是采用竖向拔风井，一般是结合抽风工具使用，将卫生间内气体竖向排到屋顶。

此外，户型中的卧室开门位置也可以做适当的优化调整，尽最大可能减小气体在南北向流动中的阻力。

（2）一梯三户户型结果

户型介绍：一梯三户户型是高层住宅设计中最常用的户型布局方式之一，单户户型面积大小可以灵活分配，应用非常广泛。

通常的布局方式可以归纳为两大类：一类是以交通核为中心的风车式布置，如表 6-21 中的户型一。这一类布置方式中，三户都可以灵活地开窗，卫生间与厨房的位置也较为随意。第二类是以交通核为中心的对称式布置，这一类户型在高层中经常可以见到，通常情况下，两边户可以进行灵活的开窗布置，中间户北侧由于受到交通核的影响一般会有开窗不便的问题。

模拟概况：模拟结果见表 6-21。

表 6-21　一梯三户户型模拟结果

类型	户型平面图	室内风场模拟结果
户型平面一		
户型平面二		

由以上模拟结果可以得出：户型一与户型二在通风性能上都存在一定的问题。

户型一中不足之处：户型一中西边户通风状况良好室内可以形成流畅的穿堂风；东边户

餐厅与起居室通风状况明显不佳，通风效果接近单侧通风效果；中间南户通风效果的可调节性最大，在正南方向风的影响下，室内通风并不是最佳，但是随着风向的改变，通风状况会有明显的改善，在东南风或西南风的影响下，室内可以形成东西向穿堂风。

改进措施：户型一中的东边户可以在起居室墙面两侧都进行适当的开窗布置，这样可以在局部形成较为流畅的风场。中间南户可以在西向墙面和东向墙面合理地开窗，起居室所在位置也可以考虑双侧开窗。

户型二中不足之处：户型二东西两个边户位置通风状况都比较良好，但中间户通风存在明显的问题，由于中间户只能单侧通风，且户型进深也较大，室内涡旋区域众多，风场流动在大部分范围内都不流畅。

改进措施：户型二中间户的通风问题存在先天性的不足，很难通过被动式的设计策略得到大的改善，但可以做一些局部调整，比如在东西两个墙面加大开窗面积，室内靠近交通核位置设置风井，借助一些机械措施进行通风改善调节。

由此对比可以看出，户型一整体通风效果要明显优于户型二，但是户型一由于布局较为零散，建筑体形系数会较大，建筑热工节能效果不如户型二，且整个建筑南北向进深较大。而户型二体型较为简单，体形系数较小，建筑整体节能效果较好。因此，在设计过程中要根据需要，合理择优选择户型布置方式。

（3）一梯四户户型结果

户型介绍：一梯四户户型同一梯三户相似，都是寒冷地区高层住宅市场上非常主流的户型布局，应用率非常高。

根据常见的布局方式，一梯四户户型也可以分为两类：一类是体型简单的对称式布置，如下表中的户型一。这类户型中间户与东西边户在房间布置方面有明显的不同，东西边户户型可以在三个方向任意开窗，卫生间的布置也有很大的优越性，而中间两户在房间布置方面较为单一，由于户型只能在两侧开窗，卫生间和厨房的位置选择相对比较局限，甚至只能开在特定的位置，房间布局灵活性较差。另一类是蝴蝶状的户型布置方式，如表 6-23 中的户型平面二。这类布置方式平面布置非常随意，四户开窗都很灵活，但也存在一些先天性的问题，比如南北相邻户型距离太近，相互视线影响较为严重，南侧户型在日照方面上也会对北侧户型产生很严重的遮挡。

模拟概况：模拟结果见表 6-22。

表 6-22 一梯四户户型模拟结果

类型	户型平面图	室内风场模拟结果
户型平面一		

类型	户型平面图	室内风场模拟结果
户型平面二	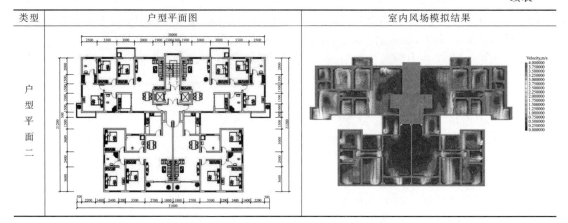	

由以上模拟结果可以得出以下结论：户型一东西边户通风状况良好，中间户存在明显问题；户型二整体通风状况较佳，但也存在一些问题。

户型一中不足之处：户型一东西边户最明显的问题是卫生间部分，由于卫生间位置较为封闭，无法进行自然通风。中间两户室内除了卧室与厨房外，大部分空间通风都较差，起居室与餐厅位置没有明显的风速走向，卫生间同样无法进行自然通风。

改进措施：对于东西边户来讲，可以考虑将卫生间布置在北向，以便获得直接对外开窗。对于中间户，受到布局方式的局限，仅仅依靠被动式布局设置，很难真正改善室内通风状况，单纯的加大开窗面积也不会有太大改善。因此只能依靠在交通核位置布置竖向通风井，结合机械装置进行抽风处理。

户型二中不足之处：户型二从风场分布图上来看，通风基本良好，没有明显问题，但仔细分析也会发现潜在的不足，最明显的缺陷是南北住户相互间的影响，南侧户型通风过程中的污染性气体会在南北户之间的中间室外区域长时间停留，进而建筑北户在开窗通风时，室外污染性气体会有部分气体直接进入北侧住户，造成室内污染物影响。

改进措施：鉴于以上分析中存在的不足，可以适当考虑在北侧住户的南向房间位置加设一些遮挡构建，如一些竖向出挑构建，在小范围内可以阻挡南侧住户厨房排出的污染性气体。

通过分析对比可以得出，户型二通风状况明显优于户型一，户型一在通风方面存在明显的先天性不足，因此，如果采用户型一的布置方式，中间户应该尽量将户型面积缩小，东西面宽缩短，南北进深加大，以便可以适当加大住户东西向的开窗面积。

（4）一梯六户户型结果

户型介绍：一梯六户户型在日照方面存在一些弊端，因此，在寒冷地区并不是常用的布局方式，但在一些用地紧张的区域也会有所采用。

这种一梯六户布置方式虽然在南方地区应用中变化复杂多样，类型也很多变，但在北方寒冷地区的使用基本可以归结为一类，即以交通核为中心的蝴蝶式对称布局，本次模拟的两种一梯六户户型平面都可以归结为这一类。这类户型土地利用率较高，一般用在高层点式住宅之中，户型多为小户型设置。户型平面最大的弊端是日照问题，户型之间日照遮挡严重，且相邻住户间位置较近，视线干扰问题严重，很容易形成对视，影响住户私密性。在住户开窗方面，最南侧住户较为灵活，北侧住户和中间住户开窗容易受到限制。

模拟概况：模拟结果见表6-23。

表 6-23 　一梯六户户型模拟结果

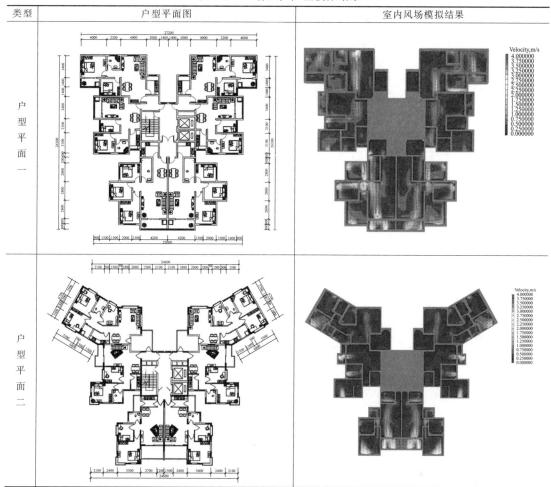

由以上分析结果可以看出，户型一与户型二整体通风状况非常相似，南侧住户通风状况普遍较好，北侧及中间住户存在一些明显问题，且户型一与户型二中的问题非常类似。

户型之中不足之处：户型北侧两户最明显的通风问题是餐厅与厨房位置，餐厅所在位置较为封闭，在通风状态下，室内流场不太通畅。中间两户通风存在明显缺陷，由于户型布局较为紧凑，在平面组织过程中，卫生间与厨房位置较为固定，可选择性不大，卫生间和餐厅位置通风极为不佳。中间户还会受到南侧住户通风时污染物排放的影响。

改进措施：鉴于一梯六户这种紧凑的布局方式，中间两户的通风状况也很难从根本上得到解决，对于紧邻交通核区域的封闭空间，只能借助机械进行通风。对于北侧住户来讲，通风状况可以通过布局的灵活调整，错落的布置也可以改善通风状况。

通过对比两个户型可以看出，在很多位置，户型二要略微优于户型一，北侧住户和中间户尤为明显。因此，户型二也给设计者提供了一些通风改善思路，即丰富建筑体型布局，户型二北侧斜向的布局方式及灵活的错落分布，使住户在通风性能方面超过户型一。当然，体型丰富多变的同时也会带来一系列的不利影响，如建筑体型系数加大，施工费用提高，热工能耗增大等，这些综合性因素都要在设计过程中酌情考虑。

6.5.4.2　立面开窗洞口位置

合理地开窗对于获得良好的室内自然通风效果非常重要，对于住宅室内立体空间来讲，立面开窗位置也会影响到室内通风走向，进风口和出风口位置高低都会在一定程度上影响到通风效果。鉴于住宅立体室内通风中气流走向十分复杂，本研究以简易模型的模拟方式来进行研究。

分析研究模型设置为单一空间，在模型进风口立面和出风口立面不同高度进行开窗位置模拟，模型共分两组，第一组出风口位置不变，进风口分别设置低窗、中窗和高窗，见表6-24。第二组进风口位置不变，出风口分别设置低窗、中窗和高窗，见表6-25。

表 6-24　第一组模拟（出风口开窗位置不变）

| 模型剖面 | |
| 室内通风模拟结果 | |

通过模拟结果对比可以得出：立体空间内在出风口位置不变的情况下，进风口如果开低窗，房间内通风气体主要会在紧邻地面较低的空间内流动，气体会在较高位置形成涡旋；进风口如果开中间窗，房间内通风气体主要会在中间高度流动，室内涡旋较小；进风口如果开高窗，房间内通风气体主要会在房间内较高区域流动，在较低空间内形成涡旋。

表 6-25　第二组模拟（进风口开窗位置不变）

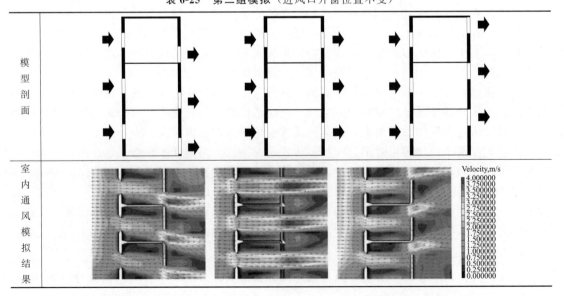

通过模拟结果对比可以得出：在进风口高度不变的情况下，房间内通风气体流动情况并没有随着出风口位置高低的变化而变化，气体主要在进风口高度这一范围内流动。

经过第一组和第二组的模拟结果对比可以发现，改变房间出风口的高度位置并不会对室内气流产生多少影响，相反，进风口的高度位置会明显影响到室内气流走向。因此，设计师可以根据不同功能房间的通风需求灵活设置房间进风口位置，从而达到理想的通风效果。

6.5.4.3 开窗方式

由于住宅室内空间普遍较小，因此窗户的开启方式也会在一定程度上影响到室内通风，在现代建筑中，窗户的开启方式已经多种多样，常见的开窗方式主要有推拉窗、平开窗、上悬窗、下悬窗、中悬窗几类。为了具体对比研究各种开窗方式对室内通风的影响，本研究根据开窗通风特点将几种开窗方式分为三组进行通风模拟，三组研究分别为推拉窗与平开窗对比、上悬窗与下悬窗对比、中悬窗的两种开启方式的对比。

第一组模拟对比：推拉窗与平开窗，见表6-26。

表6-26 第一组模拟——推拉窗与平开窗（开窗面积相同）

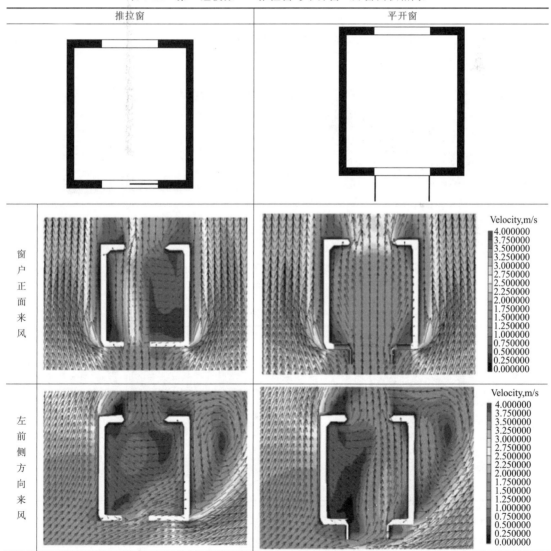

推拉窗	平开窗

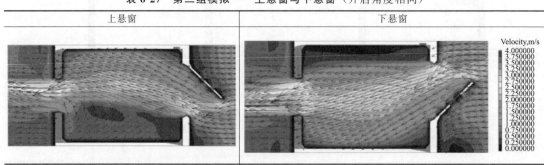

右前侧方向来风

通过对比可以得出，在开窗面积相同的情况下，平开窗开启面积是推拉窗的两倍，在各种来风方向下，通风效果都要优于推拉窗，虽然平开窗外开窗扇会对斜向来风有一定的阻挡，但整体通风效果还是明显优于推拉窗。

第二组模拟对比：上悬窗与下悬窗，见表 6-27。

表 6-27　第二组模拟——上悬窗与下悬窗（开启角度相同）

上悬窗	下悬窗

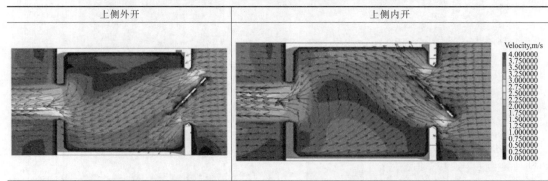

对比模拟结果可知，上悬窗对室外来风有向上引导的作用，在上悬窗的影响下，室内空气流动主要分布在较高区域；下悬窗对于室外来风的引导性能要优于上悬窗，在下悬窗的影响下，室内大部分空间范围内都有较好的空气流动。因此，下悬窗通风效果要优于上悬窗。

第三组模拟对比：中悬窗的两种开启方式，见表 6-28。

表 6-28　第三组模拟——中悬窗两种开启方式（开启角度相同）

上侧外开	上侧内开

对比中悬窗的两种开启方式可以看出，在开窗面积和开启角度相同的条件下，当窗户上侧向外开启时，室内大部分空间内都有较好的空气流动；当窗户上侧向内侧开启时，气流被

引向室内较高区域，并在接近地面区域引起漩涡。因此，当窗户上侧向外开启时的通风效果要优于上侧向内开启时的通风效果。

综上对比研究可以得出以下结论：

① 平开窗作为传统的开窗方式，通风效果要明显优于现在常用的左右推拉窗，左右推拉窗还会造成室内通风不均匀的情况。

② 外开下悬窗通风效果要高于上悬窗，上悬窗会将气流引向接近屋顶的较高区域，容易造成通风不畅。

③ 中悬窗可以获得比较大的通风量，当窗户上侧向外开启时，室内通风比较均匀，整体效果要高于窗户上侧向内开启时的效果。

因此，在设计过程中，设计者可以根据通风需要选择不同的窗户开启方式，尽最大可能发挥自然通风效果，改善室内空气质量。

6.5.4.4 遮阳影响

建筑遮阳构件在一定程度上也会影响到室内通风，本节对水平遮阳和垂直遮阳两种遮阳形式分别进行模拟研究，通过对比分析来确定两种遮阳方式对室内通风的影响状况。

水平遮阳：室外水平遮阳研究模型与模拟结果见表 6-29。

表 6-29　水平遮阳模拟

类型	研究模型 房间剖面	通风模拟结果
室外无遮阳影响		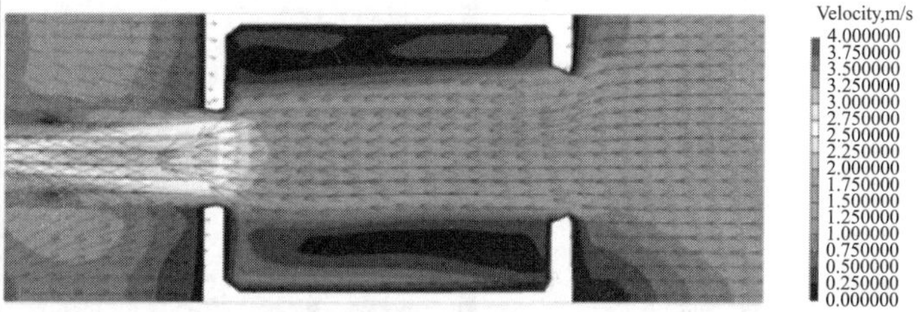
水平遮阳靠近窗口位置		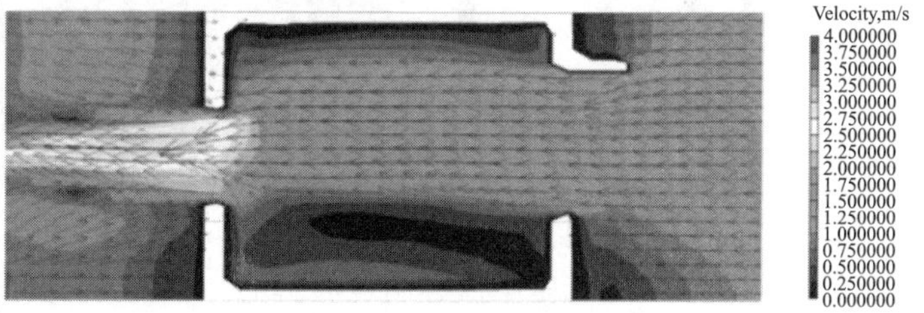
水平遮阳远离窗口位置	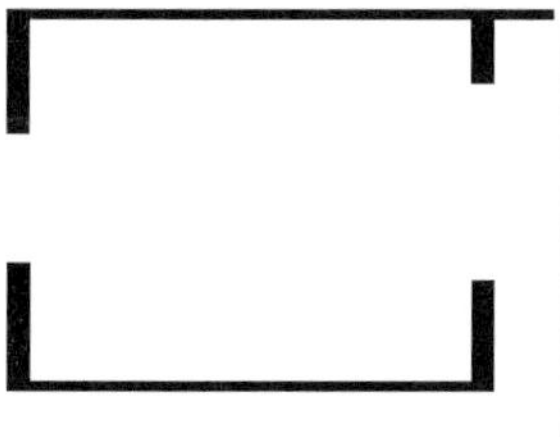	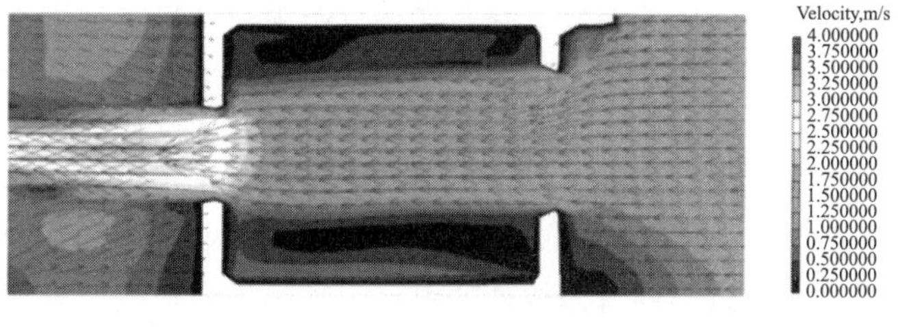

通过对比可以发现，水平遮阳构件在一定程度上影响到室内通风气流的走向。与窗户无遮阳下的通风模拟对比，靠近窗口上沿位置的水平遮阳板会把通风气体引向房间内位置较高

的区域，进入到室内的风速也会有略微有所下降，当水平遮阳板离窗户位置较远时，遮阳板对室内通风的影响变得微乎其微。

垂直遮阳：室外垂直遮阳研究模型与模拟结果见表 6-30。

表 6-30　垂直遮阳模拟

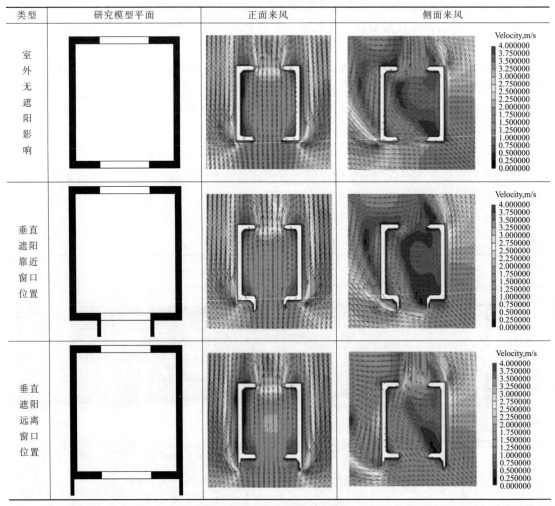

类型	研究模型平面	正面来风	侧面来风
室外无遮阳影响			
垂直遮阳靠近窗口位置			
垂直遮阳远离窗口位置			

通过对比可以发现，与窗口无遮阳情况下的通风状况相比，在正面来风情况下，室外垂直遮阳对室内通风气流基本没有明显的影响，但是，在侧面来风情况下，垂直遮阳会明显影响到室内通风气流走向。当垂直遮阳构件处于靠近窗口位置时，窗口通风气体阻力加大，出风口位置处的风速明显下降；当垂直遮阳构件逐渐远离窗口位置时，室内通风气体走向也会有所影响，但风速变化不大。

由以上研究对比可知，水平遮阳会对室内气体纵向空间的分布产生影响，垂直遮阳会对室内气体水平空间的走向产生影响，且无论是水平遮阳还是垂直遮阳，随着遮阳构件与窗口距离的加大，对室内通风的作用都是逐渐减弱。因此，建筑师在设计过程中可以根据室内通风需要，通过不同遮阳构件的引流效果选择合适的室外遮阳方式。

第7章
绿色建筑运营管理

7.1 绿色建筑运营管理概念

　　绿色建筑运营管理在传统物业服务的基础上进行提升，在给排水、燃气、电力、电信、保安、绿化、保洁、停车、消防与电梯等的管理以及日常维护工作中，坚持"以人为本"和可持续发展的理念，从建筑全寿命周期出发，通过有效应用适宜的高新技术，实现节地、节能、节水、节材与保护环境的目标。

　　建筑运营管理是对建筑运营过程的计划、组织、实施和控制，通过物业的运营过程和运营系统来提高绿色建筑的质量，降低运营成本、管理成本以及节省建筑运行中的各项消耗（含能源消耗和人力消耗）。

　　通常工程项目在竣工验收后才启动运营管理工作。而绿色建筑则要求运营管理者在建筑全寿命周期都积极参与，从建筑规划设计阶段开始确定其运营管理策略与目标，并在运营实施时不断进行改进。同时，绿色建筑运营要求处理好使用者、建筑和环境三者之间的关系，实现绿色建筑各项设计指标。

　　建筑运营中，绿色的实现是一个循环周期，经历从测量数据、数据可视化、效果评估、数据分析、设计改善方案到实施改善方案各个环节，然后再回到测量数据，开始第二个循环。建筑物的功能会有调整，负荷是一个随机过程，设备系统有一个渐进的老化过程，在每一次循环中总会发现各类情况与问题，需要将其进行优化改善，才能提升建筑物与设备系统的性能。

　　在绿色建筑中，所有运营管理着重都是为实现"四节-环保"，即为实现"节能、节材、节水、节地、环保"这一目标而相互协作。

7.2 人工设施运营管理的分析

　　现代工程实践证实，凡是人工系统都需要进行全生命期的成本分析，在项目启动前对其制造、建设成本、运行成本、维护成本及销毁处置成本进行估计，并在实施中保证各阶段所需的费用。这是一个科学的论证与运作过程，在我们积极推进智慧城市建设的今天，更要做好其全生命期的成本分析，使得各项决策更为科学。

全生命期成本分析源自生命周期评价 LCA（life cycle assessment），是资源和环境分析（REPA，registered environmental property assessor）的一个组成部分。

人的生命总是有限的，人类创造的万事万物也有其生命期。一种产品从原材料开采开始，经过原料加工、产品制造、产品包装、运输和销售，然后由消费者使用、回收和维修、再利用、最终进行废弃处理和处置，整个过程称为产品的生命期，是一个"从摇篮到坟墓"的全过程。

绿色建筑自然也不例外，绿色建筑的各类绿色系统是由各类部品、设备、设施与智能化软件组成，同样具有全生命期的特征，它们都要经历一个研制开发、调试、测试、运行、维护、升级、再调试、再测试、运行、维护、停机、数据保全、拆除和处置的全过程。

（1）全生命期评价

生命期评价可以表述为对一种产品及其包装物、生产工艺、原材料能源或其他某种人类活动行为的全过程。包括原料的采集、加工、生产、包装、运输、消费和回收以及最终处理等，进行资源和环境影响的分析与评价。生命期评价的主导思想是在源头上预防和减少环境问题，而不是等问题出现后再去解决，是评估一个产品或是整体活动的生命过程的环境后果的一种方法。

综上所述，生命期评价是面向产品系统，对产品或服务进行"从摇篮到坟墓"的全过程的评价。生命期评价充分重视环境影响，是一种系统性的、定量化的评价方法，同时也是开放的评价体系，对经济社会运行、持续发展战略、环境管理具有重要的作用。

经过多年的实践，生命期评价得到了完善与系统化，国际标准组织推出了 ISO14040 标准《环境管理-生命期评价-原则与框架》5 个相关标准。

（2）全生命周期的成本分析

全生命期的成本分析始于 20 世纪 90 年代初，把价值工程管理技术引入了产品/项目的成本分析，强调产品/项目的全生命期成本，是以面向全生命期成本（LCC，life cycle cost）的设计（DFC，design for cost）的形式提出的，在满足用户需求的前提下，尽一切可能降低成本。在分析产品制造过程、销售、使用、维修、回收、报废处置等产品全生命期中各阶段成本组成情况的基础上进行评价，从中找出影响产品成本过高的原设计部分，通过修改设计来降低成本。DFC 把全生命期成本作为设计的一个关键参数，是设计者分析、评价成本的支持工具。在制造业中一般设计成本大致占全生命期成本的 10%～15%，制造成本占 30%～35%，使用与维修成本占 50%～60%，其他成本所占比例一般小于 5%。

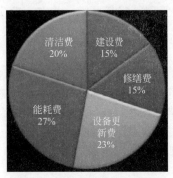

图 7-1　建筑物生命周期成本中各项费用的比例

公共建筑物的生命期成本分配如图 7-1 所示，其中运行与管理费用约占生命期成本（LCC）总费用的 85% 以上，而一次建设费仅为 15%。维持设备的功能，确保设备的高效率、尽量减少设备的故障，运营管理则是发挥设备投资效益的重要环节。而其中的信息化与自动化的系统则为现代物业设施管理提供了平台与基础。

7.3　绿色建筑的运营管理分析

中国的绿色建筑经过近十年的工程实践，建设业内对此已积累了大量的经验教训，各类绿色技术的应用日益成熟，绿色建筑建设的增量成本也从早期的盲目投入，逐步收敛到一个合理的范围。近年来已有许多专业文献，总结工程项目的建设成果，对于各类绿色技术的建设成本，给出了充分翔实的数据。

中国建筑科学研究院上海分院孙大明在《当前中国绿色建筑成本增量统计》一文中提出，"绿色建筑通常运营成本可以降低8%~9%，建筑的价值可以增加7.5%，投资的回报增长可以达到6.6%，居住率相应地提高3.5%，租房率约提高3.0%"。这些效益显然是令人鼓舞的。

绿色建筑技术分为两大类：被动技术和主动技术。所谓被动绿色技术，就是不使用机械电气设备干预建筑物运行的技术，如建筑物围护结构的保温隔热、固定遮阳、隔声降噪、朝向和窗墙比的选择、使用透水地面材料等。而主动绿色技术则使用机械电气设备来改变建筑物的运行状态与条件，如暖通空调、雨污水的处理与回用、智能化系统应用、垃圾处理、绿化无公害养护、可再生能源应用等。被动绿色技术所使用的材料与设施，在建筑物的运行中一般养护的工作量很少，但也存在一些日常的加固与修补工作。而主动绿色技术所使用的材料与设施，则需要在日常运行中使用能源、人力、材料资源等，以维持有效功能，并且在一定的使用期后，必须进行更换或升级。

7.4　绿色建筑的运行成本分析

运行成本有以下7类。

① 设施维护费。信息与控制系统一般为造价的2%~4%，机械电气设备一般为造价的2%~3%。

② 设施更新费。信息与控制系统的更新周期一般为6~8年，机械电气设备的更新周期一般为8~10年。

③ 设施运行消耗。主要为设施本身的能耗和材耗，如水处理设施运行所需投放的药剂等。

④ 养护费。绿化养护（包括人工、肥料、农药等）费用。

⑤ 清洁费。中央空调投运后。其风管需2年清洗一次。清洗费用为风管展开面积×(20~30)元/m²。

⑥ 垃圾分类收集与处理费。

⑦ 检测费。建筑物运行中所排放污水和废气的检测，非传统水源水质的检测等。显然，这些费用是绿色建筑运行所必需的，如果不能持续保证投入的话，必然会有一部分的绿色设施和措施出现问题。

7.5 提高绿色建筑运营水平的对策

国内绿色建筑运营水平不高的情况是源于长期来的"重建轻管"的风气，这里有体制的问题，也有操作的机制问题。

我们追求建成了多少绿色建筑，这是建设者（项目投资方、设计方和施工方）的成就与业绩。但是要核查绿色建筑的运行效果是否一一达到了设计目标，尤其是绿色措施出现问题时，建设者和管理者往往互相推诿责任。因为建设者不承担运营的责任，而管理者则是被动地去运行管理绿色建筑，并不将此作为自己的成就和业绩。如从经济核算的角度考虑，绿色措施的运行成本高于传统建筑，在低物业费收益的状态下，不少物业管理机构其实把绿色建筑视为一种负担，常会因某些理由不时地停用一些绿色设施。

对于提高我国绿色建筑运营水平，笔者有如下几点建议。

(1) 明确绿色建筑管理者的责任与地位

物业管理机构接手获得绿色设计认证的建筑，应承担其中绿色设施运行正常并达到设计目标的责任，如能获得绿色运营认证，物业管理机构应得到80％的荣誉和不低于50％的奖励。建议建设部建筑节能与科技公司和房地产市场监管公司合作，适时颁发"绿色建筑物业管理企业"证书，以鼓励重视绿色建筑工作的企业，推进绿色建筑的运营管理工作。

(2) 认定绿色建筑运行的增量成本

绿色建筑的建设有增量成本，绿色建筑的运行相应地也有增量成本，这是不争的事实。而绿色建筑在节能和节水方面的经济收益是有限的，更多的应是环境和生态的广义收益。建议凡是通过绿色运营标识认证的建筑物，可按不同星级考虑适当增加物业管理收费，以弥补绿色建筑运行的增量成本，在机制上使绿色建筑物业管理企业得到合理的工作回报。

(3) 建设者须以面向成本的设计（DFC）实行绿色建筑的建设

绿色建筑不能不计成本地构建亮点工程，而是在满足用户需求和绿色目标的前提下，应尽一切可能降低成本。因此，建设者须以面向成本的设计（DFC）方法来分析绿色建筑的建造过程、运行、维护、报废处置等全生命期中各阶段成本组成情况，通过评价找出影响建筑物运行成本过高的部分，优化设计来降低全生命期成本。这就意味着，建设者（项目投资方、设计方）进行的绿色建筑设计，应在完成绿色设施本身设计的同时，还须提供该设施的建设成本和运行成本分析资料，以说明该设计的合理性及可持续性。通过深入的设计和评价，可以促使建设者减少盲目行为，提高设计水平。

(4) 用好智能控制和信息管理系统，以真实的数据不断完善绿色建筑的运营

绿色建筑运营时期的能耗、水耗、材耗、使用人的舒适度等，是反映绿色目标达成的重要数据。通过这些数据的分析，可以全面掌握绿色设施的实时运行状态，发现问题及时反馈控制，调整设备参数；也可以根据数据积累的统计值，比对找出设施的故障和资源消耗的异常，从而改进设施的运行，提升建筑物的能效。这些功能都需要智能控制和信息管理系统来实现。绿色建筑的智能控制和信息管理系统广泛采集环境、生态、建筑物、设备、社会、经营等信息，为控制、管理与决策提供良好的基础。绿色建筑的控制对象包括绿色能源、蓄冷蓄热设备、照明与室内环境的控制设备、智能呼吸墙、变频泵类设备、水处理设备等。在智能控制和信息管理系统的平台上，依据真实准确的数据，去实现绿色目标的综合管理与决策。经过几年的运行，所积累的运营数据、成本和收益将能正确反映绿色建筑的实际效益。

7.6　绿色建筑技术管理定义

所谓技术管理，主要是指保证建筑物智能化系统运行效果良好、对空调通风系统进行定期检查和清洗、对设备系统进行运行优化与能效管理，以及做好建筑工程、设施、设备、部品、能耗等的档案及记录工作。

其中，智能化系统为绿色建筑提供各种运行信息，影响着绿色建筑运行管理的整体功效，是绿色建筑的技术保障。如果不能有效地实现各类设备系统的智能控制，不能完备地进行建筑物建设、运行与更新过程的信息管理，绿色建筑的主要目标不可能达到。建设部仇保兴副部长提出："以智能化推进绿色建筑，节约能源，降低资源消耗和浪费，减少污染，是建筑智能化发展的方向和目的，也是绿色建筑发展的必由之路。"

绿色建筑对建筑中公共使用的设备、管道等的设置也有要求，一是需设置在公共部位，二是要确保布置合理，这样才便于日常维修、改造和更换。同时，还需对空调系统进行维护保养、清洁，以保证空调送风风质符合《室内空气中细菌总数卫生标准》（GB 17093—1997）的要求。保持建筑物与居住区的公共设施设备系统运行正常，是保证绿色建筑实现各项目标的基础。此外，严谨的物业档案记录管理是实现绿色建筑物业管理定量化、精细化的重要手段，对保障建筑的安全、舒适、高效及节能环保的运行效果，提高物业管理水平和效率，具有重要作用。

关于增量成本：管道维修、空调清洗、设备检测与管理、物业档案记录无增量成本。智能化系统设备、分项计量设备成本增加较高，目前上海市等地区对分项计量装置安装项目有资金扶持政策。

7.7　绿色建筑运营管理技术措施

7.7.1　智能化系统

绿色建筑采用大量的智能系统来保证建设目标的实现，这一过程需要信息、控制、管理与决策，智能化、信息化是不可缺少的技术手段。

建筑智能化系统包括通信自动化（CA）、办公自动化（OA）和楼宇自动化（BA），并将这三大功能结合起来，实现系统的集成。在具体操作时，可根据《智能建筑设计标准》（GB/T 50314）和《居住区智能化系统配置与技术要求》（CJ/T 174），设置合理、完善的安全防范子系统、管理与设备监控子系统和信息网络子系统，运行安全可靠。

公共建筑智能化系统应具备的智能化子系统包括：智能化集成系统、信息设施系统、信息化应用系统、建筑设备管理系统、公共安全系统、机房安全系统、机房工程、建筑环境等设计要素。

首先，需要确保建筑智能化系统定位合理，信息网络系统功能完善，并且能够支持通信和计算机网络的应用，保证运行的安全可靠；其次，建筑通风、空调、照明等设备自动监控系统技术合理，系统高效运营。自动监控系统应对公共建筑内的空调通风系统冷热源、风机、水泵、空调等设备进行有效监测。对于照明系统，可采用感应式或延时的自动控制方式实现建筑的照明节能运行。

住宅小区智能化系统，从其内容上来看可分为小区物业综合管理系统和家居智能管理系统两大部分，前者包括社区安防、信息服务、计量收费三部分，后者包括家居安防、家居信息服务、家居智能化控制等。

7.7.2 分户、分类计量

分项计量是指对建筑的水、电、燃气、集中供热、集中供冷等各种能耗进行监测，从而得出建筑物的总能耗量和不同能源种类、不同功能系统的能耗量。要实现分项计量，必须进行数据采集、数据传输、数据存储和数据分析等。

分户计量与收费是指每户使用的电、水、燃气等的数量能够分别独立计量，并按用量收费。

对于公共建筑，办公、商场类建筑对电能和冷热量具有计量装置和收费措施；按不同用途（照明插座用电、空调用电、动力用电和特殊用电）、不同能源资源类型（如电、燃气、燃油、水等），分别设置计测仪表实施分项计量；新建公共建筑应做到全面计量、分类管理、指标核定、全额收费。通过耗电和冷热量的分项计量，分析并采取相应的节能措施以符合绿色建筑节能运营的目标。

对于居住建筑，要求住宅内水、电、燃气表等表具设置齐全，并采用符合国家计量规定的表具，且对住宅每户均实行分户分类计量与收费。

在绿色建筑的运营管理中，首先，要做好全年计量与收费记录。其次，如果所管理的建筑加入了政府的能耗监测网络（目前以大型公共建筑为主），还要配合相关部门安装能耗计量仪表，并按要求传送相关能耗数据。最后，跟踪能耗数据，准确找出建筑的能耗浪费和节能潜力，对症下药，做好本楼宇节能工作。

7.7.3 管道维修

建筑中设备、管道的使用寿命普遍短于建筑结构的寿命，因此各种设备、管道的布置应方便将来的维修、改造和更换。可通过将管井设置在公共部位等措施，减少对住户的干扰。属公共使用功能的设备、管道应设置在公共部位，以便于日常维修与更换。

7.7.4 空调清洗

空调系统需定期清洗，保证空调送风风质符合《室内空气中细菌总数卫生标准》（GB 17093—1997）的要求。

空调系统启用前，应对系统的过滤器、表冷器、加热器、加湿器、冷凝水盘及风管进行全面检查、清洗或更换。空调系统清洗的具体方法和要求参见《空调通风系统清洗规范》（GB 19210—2003）。

7.7.5　设备检测与管理

通过物业管理机构的定期检查以及对设备系统调试，根据运行数据，或第三方检测的数据，不断提升设备系统的性能，提高建筑物的能效管理水平。

7.7.6　物业档案记录

首先，在建筑物的管理中不同程度地存在工程图纸资料、设备、设施、配件等档案资料不全的情况，对运营管理、维修、改造等带来不便。部分设备、设施、配件需要更换时，往往由于找不到原有型号规格、生产厂家等资料，只能采用替代产品，就会带来由于不适配而需要另外改造的问题。为避免上述各种问题的发生，可采用信息化手段建立完善的建筑工程及设备、能耗监管、配件档案及维修记录。其次，在运营管理中，物业管理方需要按时、连续地对建筑的运行情况作记录，如日常管理记录、全年计量与收费记录、建筑智能化系统运行数据记录、绿化养护记录、垃圾处理记录、废气、废水处理和排放记录。各种运行管理记录应完整、准确、齐全。人工记录数据应定期转化为电子版，以便于统一管理和统计分析。

第8章
预制装配式建筑

8.1 土建与装修工程一体化设计施工

8.1.1 预制装配式建筑类型

预制装配式建筑是用工业化的生产方式来建造建筑的一种方式，是将建筑的部分或全部构件在预制件工厂里完成生产加工，然后运输到施工现场，将构件通过可靠的连接方式组装而建成的建筑形式，在欧美及日本被称作产业化住宅或工业化建筑。

预制装配式建筑主要分为五种类型。

8.1.1.1 砌块建筑

用预制的块状材料砌成墙体的装配式建筑，适于建造3～5层建筑。砌块建筑适应性强、生产工艺简单、施工简便、造价较低，还可利用地方材料和工业废料。建筑砌块有小型、中型、大型之分。小型砌块适于人工搬运和砌筑，工业化程度较低，灵活方便，使用较广；中型砌块可用小型机械吊装，可节省砌筑劳动力；大型砌块现已被预制大型板材所代替。砌块有实心和空心两类，实心的较多采用轻质材料制成。砌块的接缝是保证砌体强度的重要环节，一般采用水泥砂浆砌筑，小型砌块还可用不用砂浆而套接的干砌法，可减少施工中的湿作业。砌块建筑能够把承重结构与围护结构合一，且布置灵活不受结构构件制约，而且还具有很多优点。如采用工业废料来制作砌块，其密度大大降低，在保温、隔热、防潮等方面都比传统的黏土砖有利，此外，这种砌块建筑施工周期短，用工省。

8.1.1.2 大板建筑

由预制的大型内外墙板、楼板和屋面板等板材装配而成的建筑物，又称大板建筑（图8-1）。它是工业化体系建筑中全装配式建筑的主要类型。板材建筑可以减轻结构重量，提高劳动生产率，扩大建筑的使用面积和防震能力。板材建筑的内墙板多为钢筋混凝土的实心板或空心板；外墙板多为带有保温层的钢筋混凝土复合板，也可用轻骨料混凝土、泡沫混凝土或大孔混凝土等制成带有外饰面的墙板。建筑内的设备常采用集中的室内管道配件或盒式卫生间等，以提高装配化的程度。大板建筑的关键问题是节点设计。在结构上应保证构件连接的整体性。在防水构造上要妥善解决外墙板接缝的防水以及楼缝、角部的热工处理等问题。大板建筑的主要缺点是对建筑物造型和布局有较大的制约性；小开间横向承重的大板建筑内部分隔缺少灵活性。

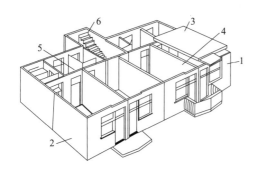

图 8-1　装配式大板建筑示意图

1—外纵城墙；2—外横墙（内墙）；3—楼板；
4—内横墙板；5—内纵墙板；6—楼板

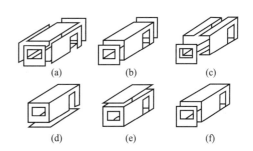

图 8-2　模块建筑结构类型示意图

（a）拼版型；（b）环绕型；（c）钟罩复合型；
（d）钟罩型；（e）杯型；（f）卧杯型

8.1.1.3　模块建筑

模块建筑是从板材建筑的基础上发展起来的一种装配式建筑（如图 8-2 所示）。这种建筑工厂化的程度很高，现场安装快。一般不但在工厂完成盒子的结构部分，而且内部装修和设备也都安装好，甚至可连家具、地毯等一概安装齐全。盒子吊装完成、接好管线后即可使用。盒式建筑的装配形式有：①整体模块式，完全由承重盒子重叠组成建筑。②板材模块式，将小开间的厨房、卫生间或楼梯间等做成承重盒子，再与墙板和楼板等组成建筑。③核心体模块式，以承重的卫生间盒子作为核心体，四周再用楼板、墙板或骨架组成建筑。④骨架模块式，用轻质材料制成的许多住宅单元或单间式盒子，支承在承重骨架上形成建筑。也有用轻质材料制成包括设备和管道的卫生间盒子，安置在其他结构形式的建筑内。盒子建筑工业化程度较高，但投资大，运输不便，且需用重型吊装设备，因此发展受到限制。模块建筑是一种立体空间构件，可以通过不同的组合，使整幢建筑表现出丰富多彩的立面形式，富于变化。例如，可以造成积木式形状、蜂窝状、抽斗状等等，并可借盒子上下左右的凸出与凹进，形成各种形状的图案，具有强烈的雕塑感，并利用明暗对比造成光影幻变。

8.1.1.4　框架轻板建筑

由预制的骨架和板材组成，如图 8-3 所示。其承重结构一般有两种形式：一种是由柱、梁组成承重框架，再搁置楼板和非承重的内外墙板的框架结构体系；另一种是柱子和楼板组成承重的板柱结构体系，内外墙板是非承重的。承重骨架一般多为重

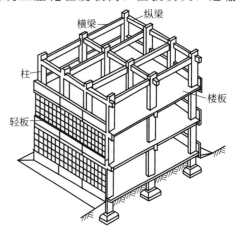

图 8-3　装配式大板建筑示意图

型的钢筋混凝土结构，也有采用钢和木作成骨架和板材组合，常用于轻型装配式建筑中。骨架板材建筑结构合理，可以减轻建筑物的自重，内部分隔灵活，适用于多层和高层的建筑。钢筋混凝土框架结构体系的骨架板材建筑有全装配式、预制和现浇相结合的装配整体式两种。保证这类建筑的结构具有足够的刚度和整体性的关键是构件连接。柱与基础、柱与梁、梁与梁、梁与板等的节点连接，应根据结构的需要和施工条件，通过计算进行设计和选择。

8.1.1.5　升板和升层建筑

升板和升层建筑是板柱结构体系的一种，但施工方法则有所不同。这种建筑是在底层混凝土地面上重复浇筑各层楼板和屋面板，竖立预制钢筋混凝土柱子，以柱为导杆，用放在柱子上的油压千斤顶把楼板和屋面板提升到设计高度，加以固定。外墙可用砖墙、砌块墙、预制外墙板、轻质组合墙板或幕墙等；也可以在提升楼板时提升滑动模板、浇筑外墙。升板建筑施工时大量操作在地面进行，减少高空作业和垂直运输，节约模板和脚手架，并可减少施工现场面积。升板建筑多采用无梁楼板或双向密肋楼板，楼板同柱子连接节点常采用后浇柱帽或采用承重销、剪力块等无柱帽节点。升板建筑一般柱距较大，楼板承载力也较强，多用作商场、仓库、工场和多层车库等。升层建筑可以加快施工速度，比较适用于场地受限制的地方。

8.1.2　预制构件设计精细化

预制构件是预制装配式建筑的重要组成部分。根据场地条件、气候环境、功能需求等因素，不同预制装配式建筑项目的预制率和采用预制构件的种类及形式也不相同。本节中探讨的预制构件精细化设计主要是在预制装配式建筑中兼具功能性和装饰性，能够表达建筑性格特征的预制构件，包括预制外围护结构、预制单元模块、预制遮阳构件、预制楼梯。

8.1.2.1　预制外围护结构构件

预制装配式建筑的外维护结构多为非承重的轻质预制构件。脱离了建筑物主体受力体系，这些构件在材料和形式的选择上有着灵活多变的特点。建筑师也可以在保证预制外维护结构构件满足基本维护、保温、采光的功能基础之上把预制外维护构件作为建筑的外表面装饰构件，来实现各种立面造型。

（1）预制混凝土墙板

预制混凝土墙板也是在预制装配式建筑中比较常见的一种维护结构，主要是预留门窗洞口的窗间墙形式。在预制混凝土板的设计中所开洞口应该根据建筑房间采光、通风和视线等功能要求出发，或是从建筑造型要求出发，可形成或有序或无序的立面效果。如在麻省理工学院西蒙斯楼的设计中，采用了混凝土墙。这面混凝土墙是由若干个在工厂预制开洞的混凝土板到现场组装而成的。墙面的洞口分为两种尺度，一种是规则的小尺度洞口，这些洞口在建筑表面的幕墙上形成了竖向和横向的多孔结构，这一表面体系与整个建筑的立面、平面和剖面自由相连。每个房间有9个大小超过 0.6m×0.6m 的可调节的窗户。0.5m 厚的墙体很自然地遮挡了夏天强烈的太阳辐射，而且冬季低角度的阳光可以照射到室内，有助于提高房间的温度。在很多窗户深凹进去的上部和边框使用了很多颜色，为整栋楼创造了活跃的因素。晚上，从有9个窗户的房间透射出的灯光非常神奇，激动人心。另一种则是5个不规则形状的大尺度洞口，包括主入口、视觉走廊以及与体操房等功能相连的主要室外活动平台。

这些巨大的充满活力的洞口好似大楼的肺部，把阳光引进来，使空气在大楼的剖面中流动。两种尺度的洞口结合不仅满足了平面功能的需要，也创造了局部有序、整体活跃的丰富效果。如图8-4所示。

（2）预制玻璃幕墙

在现代建筑的幕墙中以玻璃幕墙最为常见，在大跨空间建筑和高层建筑中应用较多。它不仅实现了玻璃幕墙与门窗的合二为一，而且把建筑围护构件的使用功能与装饰功能巧妙地融为一体，使建筑更具现代感和装饰艺术。西格拉姆大厦的设计中除了底层外，大楼墙面直上直下，整齐划一，没有变化。整体风格强调简洁细致，突出材质和工艺。从外观上看，整座大厦就是一个竖立的长方体玻璃盒子，把建筑的内部功能空间用简洁的立面统一起来，具有极强的视觉冲击力。虽然西格拉姆大厦并不是预制装配式建筑，但其设计方法一直为现代预制玻璃幕墙的设计所借鉴。随着玻璃加工工艺和安装技术的发展，在西格拉姆大厦玻璃幕墙的基础之上，现代预制玻璃幕墙的分格方式更加自由多样，使"玻璃盒子"在精致化的基础上更加多样化，这能够符合当代人们对建筑审美的取向，并且可运用现代化的技术和材料来解决玻璃幕墙最大的问题——节能。宾夕法尼亚大学的莱文公寓（Levine Hall）采用了具有18种分格类型的幕墙单元组成的预制玻璃幕墙，立面形在统一中富有变化，符合玻璃幕墙简洁的特征，又体现了学生公寓相对活泼的一面。每一块幕墙单元都是一个具有双层玻璃的垂直微循环系，充分利用自然空气的流通和暖通设备的辅助作用来使幕墙保温隔热，运用新的技术和材料来实现美观与实用的统一。如图8-5所示。

图8-4 西蒙斯幕墙整体效果图

图8-5 西格拉姆大厦玻璃幕墙

8.1.2.2 预制单元模块

预制整体单元模块比较特殊，既是维护结构，也可以是承重结构。最近几年的发展过程中，越来越多的业主了解了这种单元模块拼装的建筑形式，也有越来越多的设计方案涌现出来，个性化的设计和选择也日渐流行。随着模块化建筑应用的深度和广度不断扩大，如今模块化建筑的设计可以满足合人们对任何一个时代的想象与追求，生动形象、美观、多姿多彩。正是单元模块的出现，使预制装配式建筑在形式上越来多样化。预制单元模块根据集成度可分为半预制和全预制。

（1）半预制单元模块

半预制模块是指根据项目和客户的需求在工厂制作生产建筑的主体承重和维护结构，没有集成内部功能设施，可以在现场快速安装。位于瑞士阿尔卑斯山脉的阿彭策尔地区的霍夫·威施巴德餐厅（Restaurant Hof Weissbad），是一座原有宾馆加建的餐厅，由于场地条件和业主对施工时间苛刻的要求，所以建筑师采用预制装配的方法来建造这座餐厅。整座建筑由 11 个模块组成，模块之间相互锁住，形成一个整体。由于每个模块都有些倾斜，这种变形效果在整体的稳定性和局部的不稳定性之间形成了一种视觉上的游戏。银灰色的锌制覆板突出了建筑的金属质感（见图 8-6、图 8-7）。整个装配建筑中最为关键的是模块之间的缝隙，这个缝隙用玻璃来填充，光束从缝隙中进入建筑，这些均质的光束形成一种韵律。外形和空间呈现出时而敞开、时而闭合连续的楔形组合。冬天整座建筑被大雪覆盖，只留下一系列不规则的起伏形体，建筑与环境融合在一起。

图 8-6　霍夫·威施巴德餐厅楔形立面

图 8-7　单元模块的运输安装

（2）全预制单元模块

全预制模块也是指根据项目和客户的需求在工厂制作生产建筑的主体承重和维护结构，但同时集成内部各种功能设施，如内部隔墙、管道、家具等，而且通常有标准的连接方式，可以在现场快速安装（见图 8-8）。在全预制建筑的立面形式方面，目前有许多过国家正在采用各种与预制单元模块一次成形的外装修和各种花纹、图案的构配件，同时用不同的材料和不同的色彩对建筑的立面、山墙、阳台、门窗、拐角以及入口等部位进行重点装修，都收到了较好的艺术效果。

日本建筑师黑川纪章设计的中银舱体大楼是位于日本东京银座区的集合住宅。黑川纪章大量采用在工厂预制建筑部件并在现场组建的方法，所有的家具和设备都单元化，收纳在 2.3m×3.8m×2.1m 的居住舱体内。作为服务中核的双塔内设有电梯、机械设备和楼梯等。开有圆窗洞的舱体单元被黑川称为居住者的"鸟巢箱"。舱体单元构成上的穿插组合，形成了很有立体感的立面造型，并且被认为是对日本传统木构建筑表现的追求（见图 8-9）。

（3）集装箱建筑

集装箱建筑是单元模块化建筑的一种，也可以单独使用或是组合拼装，是一种新兴的单元式建筑形式。1989 年 Phillip. C. Clark 将钢制船运集装箱改造成建筑并申请并获得专利。集装箱具有自重轻、强度高、耐久、实用性强和价格低廉等优点，而且现在世界范围内有大量被运输业淘汰的集装箱，为它们找到一个重新利用的途径也是为可持续发展做出了贡献。现在许多国家鼓励发展集装箱建筑，建筑师的创作灵感在集装箱建筑上也有了很大的发挥空

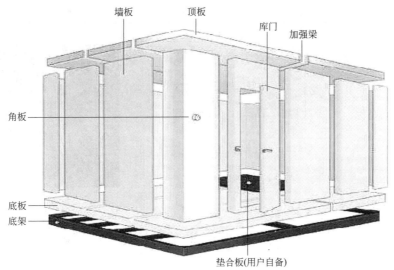

图 8-8　全预制模块单元集成元构件分解

图 8-9　中银舱体大楼

间。可以说集装箱建筑的出现对预制装配式建筑形式的多样化发展起了积极的作用。集装箱建筑适用于青年公寓、酒店、零售等比较有时尚气息类型的建筑中，性格鲜明。对集装箱建筑形式的设计应该体现出简洁、现代、灵活的特点。具体的方法一般体现在饰面颜色鲜艳、组合形式夸张、门窗开洞随意、不加过多的装饰。集装箱建筑的分类见表 8-1。

表 8-1　集装箱建筑分类

箱体数量	形式	示意图	实例
单箱体空间的拓展策略	展开式	拓展空间　原箱体空间　拓展空间	

箱体数量	形式		示意图	实例
单箱体空间的拓展策略	抽屉式			
多箱体空间的融合策略	一维融合	水平		
		垂直		
	二维融合			

8.1.2.3 预制楼梯

作为各个空间之间垂直联系的通道和手段，预制楼梯具有很大的灵活性和可塑性。所以预制楼梯的作用不仅在于满足自身的功能需要，同时也像一个建筑缩影，有其独特的空间造型意义。其独特的造型方式，在建筑中起到起承转合的作用。预制楼梯的设计应符合楼梯设计的相关规范，并合理利用楼梯构造与材料的多样性，可以将它与室内其他空间巧妙地衔接，产生良好的艺术效果。常见的预制楼梯按照材料主要分为木质楼梯、金属楼梯、玻璃楼梯。

（1）木质楼梯

木质楼梯的特点是加工强度与难度都不大，可在施工过程中对设计方案进行修改。木材纹理优美、可塑性强，容易与周围环境配合。同时，木材的保温性能好，人体与之接触时感觉舒适，木质楼梯的木质踏板给人以特有的亲切、温馨感觉，有一种朴实的美。在"绿色装修"和"回归自然"旗帜的号召下，传统的木质楼梯仍以其独特的魅力引领潮流。

（2）金属楼梯

金属楼梯的优点在于金属延展性好，可以随意加工成喜爱的形式，同时金属耐磨性好，承重部位可以做得很纤细，并具有特殊的光泽和质感，可以使楼梯或刚健有力、或婀娜多姿，从而更具艺术性。

（3）玻璃楼梯

随着玻璃技术领域取得不断的进步，并伴随多种技术加工处理方法的运用，玻璃在建筑工业方面得到广泛应用。今天，玻璃甚至可以用作楼梯的踏步。它们质感坚硬，具有可塑性，易于抛光与切割。由玻璃制作的楼梯往往晶莹剔透、充满梦幻色彩。

（4）预制遮阳构件

对不同类型遮阳构件的设计运用，使用了不同的手法，也相应产生了不同的艺术美。遮阳构件与建筑立面的一体化设计，必须从整体设计的高度入手，把遮阳构件作为建筑这个系统中的一个要素，尊重各地区气候条件和建筑项目的特殊性，从整体性和适宜性两个方面来把握，结合建筑立面一体化设计，实现建筑技术、功能、美学的统一。

8.2 预制装配式建筑的优势

8.2.1 设计多样化

目前，住宅设计和住房要求严重脱节，承重墙多、开间小、分隔死、房间的空间无法灵活分割。而装配式房屋则采用大开间，用户根据需要可灵活地利用组合式墙体分割成"随心所欲"的空间环境。住宅采用灵活大开间，其核心问题之一是要具备配套的轻质隔墙，这不但满足了用户的个性要求，同时还可缩短工期、降低成本、改善建筑功能，为人类提供安全、舒适、方便的生活与工作环境。

8.2.2 功能现代化

长期以来，人们认为住房有水、有气、有电就算现代化了。其实现代化预制建筑应具备以下功能。

① 节能。传统的建筑能源利用率很低。装配式建筑的地面、屋顶、墙体、门窗框架等都采用各种新型保温、隔热材料，房屋采用新型的供热、制冷技术，如太阳能的储存和利用。

② 隔声。工厂化的建筑构件精确度高，可以提高墙体和门窗的密封功能。采用好的吸声环保材料，使室内有一个安静的环境，避免外来噪声的干扰。

③ 抗震。大量使用轻质材料，降低了结构的自重。采用框架式框-剪体系，增加装配式的柔性连接，提高了抗震能力。

④ 外观不求奢华，但立面清晰而有特色。长期使用不开裂，不变形，不褪色。

⑤ 为厨房、卫生间配备各种卫生设施提供更方便有利的条件。

⑥ 智能化。新的施工方法可应用住宅信息传输及接收技术，住宅安全防火系统，设备自动控制系统及智能化控制和综合布线系统。

8.2.3 制造工厂化

智能化的住宅应该无论是墙体结构材料，还是内部装饰材料都选用绿色的优质材料，而工厂化的生产正是住宅现代化的最优生产方式。如传统的建筑物要使其美丽的外表面涂料久不褪色是十分困难的。但工厂化生产的建筑外墙板不但质轻、高强，而且在工厂经过模具、机构化喷涂、烘烤等工艺就可使建筑物美丽的色彩久不褪色。工厂化生产还可使散装保温材料完全被板、毡状材料替代；屋架、轻钢龙骨、各种金属吊挂及连接件，尺寸精确，便于组装；工厂制造的最大优点是既保证了各种材料构件的个性，又考虑了房屋各种材料间的相互关系。特别是对材料的性能如强度、耐火性、抗冻性、防水性、隔声保温等，可以得到很好的控制，从而确保构件的质量。把房屋看成是一个大设备，现代化的建筑材料是这台设备的零部件，这些零件经过严格的工厂生产，组装出来的房屋才能达到功能要求和满足用户的各种需要。相比之下，采用水泥、砖瓦、砂石、钢筋、木材等材料，用人工砌筑、现场堆积建造的房屋，就相形见绌了。如图 8-10 所示。

图 8-10　工厂制作加工建筑预制构件

8.2.4 施工装配化

由于装配式建筑比传统的建筑自重减轻约一半，因此，对地基承载力的要求也随之降低，地基的施工也会简化很多。工厂预制好的建筑构件运到施工场地后，可立刻按设计要求安装施工。装配式施工具有下列优点。

① 施工进度快，工期短，造价低。据统计，按传统建筑施工，每平方米建筑面积约需2.5 个工日，而装配式建筑施工仅用 1 个工日。可节约人工 25％～30％，降低造价 10％～15％，缩短工期 50％。

② 交叉工作井然有序，方便快捷。每道工序都和设备安装一样检查精确度，保证质量。

③ 施工现场噪声小，散装物料大大减少，废物及废水排放也很少，有利于周围环境的保护。很多实例证明，采用预制方法的建筑项目会比传统方法节省总成本，这是由多种原因引起的。在现场工作的劳动力成本可能会很高或者是工作效率低。通过预制可以不受苛刻的场地条件和恶劣的天气对施工产生的影响，从而避免增加成本。材料也是一个控制成本很重要的因素。在传统的施工现场很难精确地计算出需要多少材料，所以常常会订购过量的材料以确保工程用量。这样往往就会产生浪费，无谓地增加成本。而在预制建筑项目，可以通过前期设计对材料用量作出准确判断，从而有针对性地进行采购。尤其在一个项目中有多个重复的单体建筑时这个优势更加明显。

8.2.5　时间最优化

可以说预制建筑最大的优点是缩短了现场施工的时间，对工期有更高的可预测性。预制建筑的项目能够节省时间，工厂制造和现场施工可以同时进行。在建筑工程中很少使用预制基础，因此现场在建造基础的同时工厂加工生产结构、构造构件以及服务系统和室内集成模块。而传统的现场施工方法是一个线性过程，各阶段分包商需要等前面的工作已完成后再进行他们的部分，而在工厂生产，整个项目的过程可以允许同时由多个分包商团队进行不同的工作。此外，多个制造商可以分别制造组件，完成后汇集到现场进行安装。这对工期压力大的项目来说是很有意义的一个因素。通过预制能够提高一个项目实施过程中的安全性。在预制建筑项目中，大部分工人的工作地点从现场转移工厂内，降低了工人发生意外事故的概率，减少了开发商和承包商的损失，节约了时间。工人在施工现场工作的危险系数高，是因为现场条件总是不断变化，高空作业以及人数太多造成的人员混杂、操作空间小。然而在工厂预制建筑构件再到现场安装，可以减少施工现场的人数和工作量，有效地避免了这些不利影响，提供一个安全、高效的工作环境。

8.2.6　技术可持续化

尽管在建造过程中，使用集成构件早已经被提上了设计师和技术专家的议程，但是装配式建造理论体系中并没有和环境保护理论体系发生交叉。如今，人们已意识到建筑垃圾造成的严重环境破坏。根据统计，建造过程中产生的垃圾占整个城市垃圾总量的18%。在垃圾中占比最大的是包装材料，在诸如木材加工、砌砖、粉刷和装饰过程中的切割和原料混合工序中由于没有集成装配的过程，也会产生多余而造成浪费，这种在建造过程中产生的浪费份额巨大。

采用像制造业般的装配式建筑构件的建造过程将更快更高效，这不仅意味着大部分的建筑构件将在工厂完成，还意味着传统的建筑运作方式的终结。开发商、生产商和供应商基于"合作关系"的协议被认为是追求更高的品质、可靠性和减少延误的有效方法。集成装配式建造的支持者认为将建筑的主要构件放进工厂中生产具有巨大优势，这将保证构件的精度，并且可在无污染的环境下由工人进行组装，损耗和失误都将减少，成品精度也随之升高。这样能大幅度地降低建筑造价，提高场地开发和建筑建设的速度，缩短施工周期，进而减少资金和管理的相关支出。

预制装配式建筑技术的转化及应用分析见图8-11。

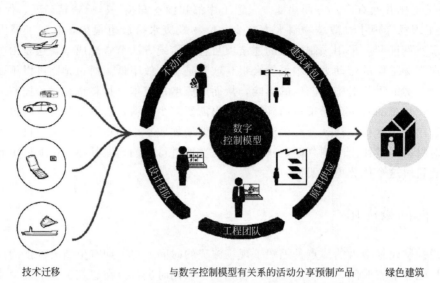

技术迁移　　　　　　　　　　与数字控制模型有关系的活动分享预制产品　　　绿色建筑

图 8-11　预制装配式建筑技术的转化及应用分析

第9章
增量成本效益及生态效率分析

9.1 绿色建筑全寿命周期增量成本的测算

绿色建筑全寿命周期的增量成本是指从项目的角度出发，在某一时段内，在满足国家或地方强制性节能标准要求的前提下，选择了高于强制性节能技术标准的节能技术方法和措施，使绿色建筑在决策规划、设计、施工、运营等全寿命期内较当地同类型基准建筑所增加的成本。再进行进一步细化，涉及具体项目时，则是要考虑满足在夏热冬冷地区建筑节能强制性标准的基础上，在某一个时间段内，同一个开发商所建设的绿色建筑实施期和运营期成本与其发展的同规模、同结构、同使用功能的基准建筑实施期和运营期成本进行比较的差值以及最终进行建筑拆除时所采取一些绿色措施所发生的成本，即为其绿色建筑全寿命周期增量成本。

绿色建筑技术增量成本的内容主要包括三个方面：

① 绿色建筑增加的节能技术措施，即从无到有所产生的增量成本，如可再生能源系统和中水处理系统等；

② 强化型技术措施，也就是提高设备效率产生的增量成本，如强化保温、高效的机组、高效的风机和水泵，以及高效光源等；

③ 交互影响产生的成本增量，该部分可能为正，也可能为负，如围护结构强化保温会减少空调负荷，从而减少空调设备的初投资。

9.1.1 测算原则、步骤和方法

9.1.1.1 测算原则

绿色建筑增量成本测算的基本原则如下。

① 确定增量成本测算的计算范围。根据《绿色建筑评价标准》绿色建筑评价指标体系中节地与室外环境、节能与能源利用、节水与水资源利用、节材与材料资源利用、室内环境

质量和运营管理六类指标组成。因此，凡属于绿色建筑六类评价指标体系范围内的技术应用所产生的增量成本应纳入绿色建筑技术应用增量成本；凡不属于绿色建筑六类评价指标体系范围内的技术应用不应纳入绿色建筑技术应用增量成本。

② 增量成本起算点的选择以开发商当年所在地的同种类型建筑或是采取技术手段虚拟同类建筑，以其每平方米的建筑安装成本作为增量成本计算的起点。这是按照成本效益对应原则，不同主体会有不同的建设项目成本，该计算方法保证了计算增量成本的合理性，避免了其他方法在计算上存在口径不一致的弊端。

③ 增量成本是以《绿色建筑评价标准》中强制性节能标准作为基础，在满足基本要求的基础上，将超标部分计入增量成本之中。例如，北京市在新建建筑中执行节能65％的设计标准，则绿色建筑方案相对于节能65％的基准建筑方案，在全寿命周期内所增加的一切能够直接用货币计量的增量成本费用就是绿色建筑全寿命周期增量成本。

④ 由于房地产建设时间较长，需要跨越多个财务年度，而且建筑寿命周期中，运营期所占的时间比例最大，因此在计算增量成本时，要考虑资金时间价值对增量成本数值的影响，需要进行折现计算，得到净现值之后，再与当期的指标数据进行比较。

⑤ 在全寿命周期增量成本的分析过程中，对于绿色建筑前期准备阶段和设计阶段因建筑节能技术而发生的高于非绿色建筑的决策费用和设计费用，也要相应地记入增量成本之中。

⑥ 绿色建筑节能技术应用增量成本测算应采用"有无对比"原则进行。"有"是指绿色建筑各类技术应用产生的成本；"无"是指基准建筑方案所对应技术应用产生的成本。绿色建筑技术应用增量成本应是"有无对比"的"差别成本"之和。

9.1.1.2 测算步骤

根据上述对绿色建筑增量成本测算原则进行探讨的基础上，本节提出绿色建筑在其全寿命周期发生的增量成本进行计算的步骤。

(1) 先对绿色建筑项目进行分析

绿色建筑的增量成本不断受当地节能标准、建筑节能目标和使用功能的影响，也受技术方案和建设水平的影响，因此在进行绿色建筑增量成本测算之前，需要进行相应的分析。首先分析当地建筑节能要求，然后再依据建设方绿色建筑技术方案、节能目标、技术熟练度等因素，从而给绿色建筑进行定位，明确增量成本测算的范围和相关限制因素。

(2) 明确绿色建筑增量成本项目

通过与《绿色建筑评价标准》的对比，确定能够产生增量成本且能产生节约资源的具体项目，对于确定的增量成本项目，应按计划值和实际值来进行成本数据的收集，从而可以明确增量成本产生的动因。

(3) 绿色建筑增量成本起算点的选择

增量成本项目确定后，可按照绿色建筑增量成本的测算公式来进行计算。起算点项目对增量成本会产生直接的影响，为尽量减少影响因素，因而尽量分给同一开发商，可以防止计算口径的不一致而使误差增大，以开发商当年所在地建造的同种类型建筑或是采取技术手段虚拟同类建筑，以其每平方米的建筑安装成本作为增量成本的计算起点。

(4) 计算绿色建筑增量成本

在增量成本项目和起算点项目都已经确定的基础上，可以根据相应的测算方法来计算绿色建筑增量成本。由于增量成本的项目较多，可能计算过程较为复杂，需要逐项进行计算，然后再对若干个计算结果进行汇总。

9.1.1.3 测算方法

根据拟建绿色建筑项所处的建设阶段、设计深度以及所掌握的相关数据资料不同，绿色建筑技术应用增量成本测算可采用工程量清单测算法，介绍如下。

（1）基本测算方法

在建设项目设计阶段，如果具备了初步设计图纸或更为详细的施工图设计图纸，则关于拟建绿色建筑项目在"四节、环保、运营管理"方面的绿色技术应用措施应该基本明确，根据绿色建筑方案和基准建筑方案在工程量、材料、设备以及价格等方面的差别，运用工程量清单测算法计算拟建绿色建筑的增量成本，即：

$$\Delta C_{拟建} = \sum_{i=1}^{n} Q_i^{GB} P_i^{GB} - \sum_{j=1}^{m} Q_j^{BB} P_j^{BB} \tag{9-1}$$

式中　Q_i^{GB}——绿色建筑方案第 i 个分项工程的工程量；

P_i^{GB}——绿色建筑方案第 i 个分项工程量的单位成本；

Q_j^{BB}——基准建筑方案第 j 个分项工程的工程量；

P_j^{BB}——基准建筑方案第 j 个分项工程量的单位成本。

工程量清单测算法既可用于计算拟建绿色建筑的增量成本，又可计算在建或是已建绿色建筑的增量成本。该方法根据具体工程的施工图进行计算，可以保证得到较为准确的成本数据信息。但是相对而言，计算过程较为复杂，并且还需确定基准建筑方案，方能计算出最终的增量成本。

（2）绿色建筑基准方案进行确定

增量成本是指：两个或两个以上的成本方案做比较决策时，选定某方案为基准方案，然后将基准方案同其他方案相比较所产生的成本的差额。两个方案之间的成本差额是增量成本的一种表现方式。因此，确定基准方案对本计算方法有着重要意义。

我国现行确定绿色建筑基准方案的方法，主要是以前期介入和非前期介入两种来划分的。如果是在设计开始一段时间后才介入，就是设计的非前期介入，则基准方案就是现有的设计方案。增量成本就是在此基准方案的基础上，采用新技术、新产品或新管理手段所增加的成本费用。本书采用现有的设计方案为基准方案。

9.1.2　准备阶段

准备阶段是指建设项目在投入建设前所产生的增量成本。该阶段主要包含决策阶段、设计阶段和认证阶段。

① 决策阶段增量成本　该增量成本是在决策阶段因绿色建筑方案产生的、较基准建筑决策而增加的成本。记该阶段增量成本为 $C_{决策}$。

② 设计增量成本　设计阶段需用相应的节能措施和方法，进行能耗分析，对建筑进行节能优化。设计阶段增量成本主要包括两个部分：较基准建筑设计而增加相应的节能措施方法和能耗分析等实际成本；在绿色设计过程中，因设计人员认识不清或协调配合失误以及人员自身素质等问题而引起的成本增加。记设计增量成本为 $C_{设计}$。

③ 认证增量成本　在绿色建筑准备阶段，需完成绿色方案设计，对设计团队综合素质和业务能力要求较高，且工程设计完成后，需对设计方案进行模拟并进行绿色认证，相对于传统建筑，开发商需投入更多成本，即会产生增量成本：绿色建筑方案设计费用、模拟费用、申报材料费用。其中模拟费用增量成本是指利用计算机软件对设计方案进行风环境、光

环境、热环境、声环境及其他可能对绿色建筑性能造成重要影响的技术进行模拟所需投入；申报费用包括注册费用和评价费用，"注册费用"是申报信息管理及申报材料形式审查所需费用；"评价费用"是指专业评价及专家评价中实际所产生的专家费、劳务费、会务费及材料费，我国对绿色建筑评审认证费用采取统一收费标准，即设计阶段评审认证统一收取万元，运营阶段评价认证收取万元整。为计算方便，运营阶段认证费用一同计入该处费用。

经汇总得，准备阶段增量成本应按式(9-2) 计算：

$$C_{准备} = C_{决策} + C_{设计} + C_{认证} \tag{9-2}$$

9.1.3 施工阶段

施工阶段是对项目投入实施期，本书从节能、节地、节水、节材以及室内环境五个方面对施工阶段的增量成本进行分析。如图 9-1 所示。

9.1.3.1 节能与能源利用增量成本

我国建筑能耗分为建造能耗和使用能耗。本书施工阶段考虑的是建造能耗。建造能耗就是指在建筑物全寿命周期内，通过加强建筑物的用能效率而采用节能技术、材料、设备、工艺及产品、应用新型能源等所产生的资源耗费。现阶段绿色建造能耗主要包括围护结构、空调系统、照明系统以及新能源利用等几个方面。本节分析绿色建筑因节能施工带来的增量成本，只考虑前述的四个方面。见表 9-1。

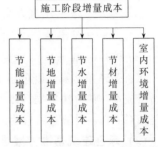

图 9-1 施工阶段增量成本组成

表 9-1 节能增量成本的内容

名称	增量成本内容
围护结构增量成本 $C_{围护}$	围护结构组成部件热工性能的改善，可以减少建筑的能耗，围护建筑内部热环境的稳定的作用。增量成本包括屋面增量成本 $C_{屋面围护}$、墙增量成本 $C_{墙围护}$、门窗增量成本 $C_{门窗围护}$ 等
空调系统增量成本 $C_{空调}$	空调系统能效水平的提高，降低耗电量。增量成本包括空调系统 $C_{空调}$、冷水输送系统 $C_{冷水输送}$ 和新风系统 $C_{新风系统}$
照明系统增量成本 $C_{照明}$	提高照明系统光效，降低能耗需求；进行智能控制，减少不必要灯具的运行。对应产生的增量成本为 $C_{光效}$、$C_{照明智能}$
新能源使用增量成本 $C_{新能}$	采用先进技术手段，利用新能源，给建筑提供能源，降低耗电量而产生的增量成本，如太阳能 $C_{太阳能}$、地热能 $C_{地热}$

施工阶段节能增量成本 $C_{施能}$ 由围护结构增量成本 $C_{围护}$、空调系统增量成本 $C_{空调}$、照明系统增量成本 $C_{照明}$ 及新能源使用培量成本 $C_{新能源}$ 组成，即：

$$C_{施能} = C_{围护} + C_{空调} + C_{照明} + C_{新能源} \tag{9-3}$$

9.1.3.2 节地与室外环境增量成本

节地与室外环境措施可以在节地方面使用废弃地或旧建筑以及充分发挥地下空间的作用，而在室外环境上，多方位多层次的种植植物并增加透水地面。本节只考虑增加土地的利用效率、室外绿化率和透水地面三个方面。见表 9-2。

表 9-2 节地与室外环境增量成本的内容

名称	增量成本内容
节地增量成本 $C_{节地}$	在选址时，优先考虑废弃地或是利用旧建筑，并充分开发地下空间。由此产生的增量成本分别是 $C_{废弃场地}$、$C_{旧建筑}$、$C_{地下空间}$

名称	增量成本内容
室外绿化增量成本 XT绿化	可以种植多层次的植物群落，或运用立体绿化技术（如屋面绿化），增加绿化面积。增量成本分别是种植植物群落增量成本 XT植物群落、立体绿化技术初始成本 XT立体绿建
透水地面增量成本 XT透水地面	在机动道、地面停车场和其他硬质铺地中，增大自然裸露地面面积，增加地面透水能力、改善城市排水状况、改善生态环境。透水地面产生的增量成本为 XT透水地面

施工阶段节地与室外环境增量成本 $C_{施室}$ 为节地增量成本 $C_{节地}$、室外绿化增量成本 $C_{绿化}$ 以及透水地面成本 $C_{透水地面}$ 之和，即：

$$C_{施室} = C_{节地} + C_{绿化} + C_{透水地面} \tag{9-4}$$

9.1.3.3 节水与水资源利用增量成本

节水与水资源利用措施则是从减少用水量的目标出发，通过对生活用水、绿化灌溉采用先进的设备进行节水处理或是综合利用雨水、污水等水资源，提高水源的利用率，实现节约水资源的技术措施。本节在此分析增量成本内容主要考虑节水措施和综合利用新型水源的增量成本。见表9-3。

表 9-3　节水与水资源利用措施增量成本内容

名称	增量成本内容
节水增量成本 $C_{节水设施}$	采用减少管网漏损的节水系统，使用可以减少用水量的新型节水设备以及可以实现高效节水的灌溉技术。由此产生的增量成本为节水系统增量成本 $C_{节水系统}$、节水设备增量成本 $C_{节水设备}$、高效灌溉技术增量成本 $C_{高效灌溉}$
综合利用新型水源增量成本 $C_{新型水源}$	收集雨水、污水等水源，来满足相应的用水需求，有效节省清洁水源。产生的增量成本：雨水收集利用增量成本 $C_{雨水}$、中水再利用增量成本 $C_{中水}$

绿色建筑施工实施阶段新增的项目节水成本 $C_{施水}$ 由节水系统和节水设备以及采取高效节水灌溉技术带来的成本增加 $C_{节水设施}$ 和综合利用新型水源带来的成本增加 $C_{新型水源}$ 组成，即：

$$C_{施水} = C_{节水设施} + C_{新型水源} \tag{9-5}$$

9.1.3.4 节材与材料资源利用增量成本

节材与材料资源利用措施则是从循环经济的角度出发，考虑使用不污染环境的绿色材料，考虑使用建筑材料的回收利用。该技术措施增量成本内容主要是绿色建材和回收利用废弃物的增量成本两个方面。如表9-4所示。

表 9-4　节材与材料资源利用措施增量成本内容

名称	增量成本内容
绿色建材的增量成本 $C_{绿色建材}$	使用可循环、可回收利用的材料，如金属材料、木材、石膏湖块和玻璃等。对应产生的增量成本分别为 $C_{金属材料}$、$C_{木材}$、$C_{石膏切换}$、$C_{玻璃}$ 等
回收利用废弃物的增量成本 $C_{回收利用}$	将废旧材料与设备对其进行改造使用到建设项目中，而产生的增量成本，如使用旧楼地面砖、排水设备、电气设备和暖通空调设备等进行改造增加的成本

综上所述，建筑项目施工阶段节材增量成本 $C_{施材}$ 由使用绿色建材带来的增量成本 $C_{绿色建材}$ 及使用建筑废弃物带来的增量成本 $C_{回收利用}$ 组成，即：

$$C_{施材} = C_{绿色建材} + C_{回收利用} \tag{9-6}$$

9.1.3.5 室内环境措施增量成本

室内环境质量措施是为了在建筑建成后，保证室内环境的舒适度，在施工阶段采用相应的技术措施，从而实现室内的光环境、声环境、热环境、风环境和空气质量稳定，满足使用需要。但在绿色建筑建设过程中，一些结构可以起到双重作用，如围护结构可以保持室内热环境；而促进自然通风既可以改善风环境，也可以对热环境有影响，因而此处考虑增量成本内容的时候不作重复性分析。如表 9-5 所示。

表 9-5 室内环境增量成本内容

名　称	增量成本内容
改善光环境技术措施增量成本 $C_{光环境}$	促进自然采光的技术措施,如中庭采光、增加采光天窗或可调节装置控制自然采光
改善风环境技术措施增量成本 $C_{风环境}$	改善室内通风效果,采用被动式自然通风系统,利用热和风减少能耗
改善声环境技术措施增量成本 $C_{声环境}$	保证建筑物内的舒适性,需要保证室内噪声满足噪声设计规范,采用隔声减震措施,使用相应的材料或是技术手段
改善热环境技术措施增量成本 $C_{热环境}$	维持室内热环境的稳定,对阳光辐射进行控制,采取诸如外遮阳、楼层退台设计等措施,从而控制室内阳光的辐射量,可以有效减少能源消耗
改善空气质量技术措施增量成本 $C_{空气质量}$	确保室内空气洁净度等综合效果良好,而增加空气监测装置和空气净化装置

综上所述可得，为营造舒适的室内环境带来的增量成本 $C_{施室}$，由创建适宜的光环境、热环境、风环境、声环境以及空气质量带来的成本组成。即：

$$C_{施室} = C_{光环境} + C_{热环境} + C_{风环境} + C_{声环境} + C_{空气质量} \tag{9-7}$$

9.1.4 运营使用

运营使用阶段主要是维持建筑物的正常运转，保证建筑物内外环境的稳定。受成本发生时间和周期长短的影响，绿色建筑在此阶段产生的增量成本主要包括重复发生的增量成本和一次性发生的增量成本。

绿色建筑运营使用阶段的管理主体是物业和公众，他们对运营过程的管理，决定着绿色建筑的运行环境及耗能情况。运营阶段采取相关措施可以使居住环境得到很好的保障。如表 9-6 所示。

表 9-6 运营阶段增量成本内容

名称	增量成本内容
重复发生增量成本 $C_{重复}$	保证建筑物正常的运行使用、维护室内外环境的稳定,进行必要的运行维护管理,包括垃圾分类处理、绿化管理以及节能设备设施的日常修理监测工作,将其产生的增量成本分别记为 $C_{垃圾分类}$、$C_{绿化管理}$ 和 $C_{日常修理}$
一次性增量成本 $C_{一次性}$	在运行过程中,发生的时间较长,有时是随机出现的,包括设备大修与替换、分户分类计量设施与智能化系统的配备,分别记其产生的增量成本为 $C_{大修或替换}$、$C_{分户分类}$ 和 $C_{智能化系统}$

综上所述，绿色建筑运营管理的增量成本 $C_{运营}$ 为重复发生增量成本 $C_{重复}$ 和一次性增量成本 $C_{一次性}$ 之和。

$$C_{运营} = C_{重复} + C_{一次性} \tag{9-8}$$

9.1.5 拆除回收

拆除回收阶段是绿色建筑在拆除过程中，采取绿色拆除技术的阶段。由于拆除过程是建设过程的逆过程，是对地理环境的重大改变过程。在拆除过程，主要是对生态环境的保护和对资源的回收利用,所产生的增量成本包括拆除过程环境保护、对现有生态环境的复原以及建筑垃圾的回收处理。见表 9-7。

表 9-7　拆除回收阶段增量成本内容

名称	增量成本内容
拆除过程环境保护 $C_{拆环}$	拆除过程中,对环境造成重要影响,采取适当措施达到绿色拆除。如拆除过程中,为减少粉尘而采取的措施 $C_{粉尘}$
对生态环境的复原 $C_{复原}$	在拆除建筑后,须对地貌进行恢复重建,如进行种草、植树等措施,使其与周围环境一致
建筑垃圾回收处理 $C_{回收处理}$	建筑垃圾的处理分为两类:一是将混凝土块、沥青、木材和钢筋等建筑垃圾进行回收产生的增量成本 $C_{回收废料}$,对于不可回收的建筑垃圾,则进行焚烧和掩埋处理,所产生的增量成本 $C_{处理废料}$

综上所述,绿色建筑拆除回收的增量成本 $C_{拆除}$,为拆除过程环境保护 $C_{拆环}$、对生态环境的复原 $C_{复原}$ 和建筑垃圾回收处理 $C_{回收处理}$ 之和。

$$C_{拆除} = C_{拆环} + C_{复原} + C_{回收处理} \tag{9-9}$$

绿色建筑全寿命周期增量成本的计算公式如下:

$$LCC = C_{决策} + C_{设计} + C_{准备} + C_{实施} + C_{运作} \tag{9-10}$$

9.2　绿色建筑全寿命周期增量效益分析

类比绿色建筑的增量成本定义,结合生态效率的理论,可将绿色建筑的增量效益定义为绿色建筑与普通建筑相比,减少的对资源的消耗和对环境的影响。建筑的效益,要在整个建筑竣工投入使用后才能得到充分的发挥。因而较绿色建筑的增量成本来看,其增量效益更突出地体现在绿色建筑全生命周期中从运营阶段开始的过程中。

9.2.1　构成分析

综合现有文献的研究结果,结合绿色建筑的特点和相关案例,可将绿色建筑的增量效益分为经济效益、环境效益和社会效益三种。

9.2.1.1　经济效益

经济效益是绿色建筑在运营阶段相比普通的建筑而带来对环境影响的减少,这部分减少的影响通常可以带来经济上的效益,即使用成本的节约。

一般来说,绿色建筑经济效益的计算首先要通过能耗的分析,计算出绿色建筑在各个方面比基础建筑方案所减少的能耗,再根据能耗的实际价格,计算出以货币为单位的经济效益。另外,由于绿色建筑使用较为先进的材料和建造技术,更为合理高效的设计形式,以及带来的良好生态环境,使得建筑在其使用年限中受到侵蚀或损害的可能性大大降低,继而运营期间的维护费用可以得到降低,甚至在某些情况下,建筑寿命也会随之延长,从而增加了建筑运营阶段的收益。

9.2.1.2　环境效益

绿色建筑的环境效益体现在对能源、水、材料、土地等资源的节约,对周边环境中空气、噪声、光线等条件的改善,以及生态环境的营造。其中对资源的节约可以通过其经济价值反映在经济效益中，因而将其归并到经济效益中。而抑制噪声污染、光污染等效果相对主观，不易评判。绿色建筑环境效益首先并且最为主要的体现是使用绿色技术带来的 CO_2、SO_2 等主要污染物排放的减少产生的减排效益和对生态环境的营造和改善。

9.2.1.3 社会效益

社会效益是绿色建筑对包括建设方、使用方在内的社会全体成员带来的益处。体现在对居住人员身体健康带来的益处、绿色建筑带来的节约使市政公共事业所得到的相应节约收益，和促进全社会向可持续目标进步的推动力，以及在这个过程中社会整体收益的提高。

绿色建筑的经济效益是一种显性效益，可以通过对建筑性能的评价和相关财务指标的分析而得出。而环境效益和社会效益，则是隐性效益，一般来说无法直接得到，需要基于间接的指标进一步分析得到。

综上所述，绿色建筑的增量效益可表示为：

绿色建筑增量收益＝经济效益＋环境效益＋社会效益

9.2.2 计算规则

绿色建筑带来的环境效益和社会效益，从其模糊程度上来说属于隐性效益，因而其具体的效益值不能够通过直接的计算得出，而需要通过一定的方法和手段，将间接和隐性的效益量化为可计算的数字。根据环境效益和社会效益的构成及特点，本书采用以下的理论和方法将其量化分析。

9.2.2.1 意愿调查法（CVM）

意愿调查法（contingent valuation method，CVM），是一种基于调查研究的评估非市场物品和服务价值的方法，被普遍地用于公共品的定价及相关的研究中。这一方法的核心在于利用调查问卷直接得出被访者心目中对这一物品或服务的价值。而这一价值来源于调查中为物品或服务所给出的描述，以及物品或服务在其自身市场中的特点。对环境物品的经济价值评价是这一方法的一个重要应用。

9.2.2.2 交易价格法

对于许多环境污染物质，许多国家通过采用规定排放量及运行污染无排放交易来控制排放，如碳排放交易等。对于有排放交易价格的污染物，在计算其环境效益时可直接借鉴其交易价格。

9.2.2.3 软件分析法

计算绿色建筑的资源节约量和 CO_2 排放量，可以使用计算机仿真模拟软件进行分析计算。如 eQUEST 能耗模拟软件就是目前常用的一种能耗分析软件。它可以简便地建立建筑模型，并迅速地计算和给出清晰明确的结果。

本书认为可以准确计算出未来各年绿色建筑所节约的水电等指标，即得知了绿色建筑未来各年的增量效益，然后使用当期的经济指标将其转化为经济数字，不对增量效益的分析和对比产生影响。

根据前述绿色建筑增量效益的构成，设绿色建筑增量收益为 IB，经济效益为 BE，环境效益为 BF，社会效益为 BS，则可以列出绿色建筑增量效益的计算公式：

$$IB＝BE＋BF＋BS \tag{9-11}$$

当针对某一种绿色技术进行分析的时候，类似于绿色技术增量成本分析，同样可以单独分析此种绿色技术的经济效益、环境效益和社会效益，加总得出绿色技术的增量效益。

9.2.3 经济效益

从绿色建筑投入使用计起，未来各年份的经济效益 BE 可表示为：

$$BE_{ni} = L_i + E_i + W_i + M_i + I_i + O_i \tag{9-12}$$

式中，L 为绿色建筑在节地方面带来的各年收益；E 为绿色建筑在节能方面带来的各年收益；W 为绿色建筑在节水方面带来的各年收益；M 为绿色建筑在节材方面带来的各年收益；I 为绿色建筑在室内方面带来的各年收益；O 为绿色建筑在运营方面带来的各年收益；i 为年份；n 为使用的各绿色技术。

考虑到全生命周期，则某项绿色技术的经济效益为：

$$BE_n = \sum_{i=1}^{n} BE_{ni} \tag{9-13}$$

绿色建筑全生命周期的经济效益为：

$$BE = \sum_{n=1}^{n} \sum_{i=1}^{n} BE_{ni} \tag{9-14}$$

对于某项具体的绿色技术而言，一般在某一个或某几个方面带来效益，此时这一技术在其他方面带来的效益值为 0。

9.2.3.1 节地方面

绿色建筑在土地的节约方面，能带来两种类型的效益。

(1) 土地购置费的节约

选址是建筑建设过程的第一步，要达到节地的要求，首先要从建筑选址开始着手。在选址时对场地情况做仔细调查，选择合理的位置，避免侵占自然生态系统，并首选受污染、废弃地等低生态效应的地区，可以有效节约土地资源，并带来土地购置费用的节省。合理的选址所带来的经济效益，用 $L_{土地购置}$ 表示。

(2) 土地利用率的提高

绿色建筑提倡旧区改造，延长现有建筑的使用周期。这样一方面可以减少随意扩张对环境造成的多重破坏，另一方面可以节约建设和维护基础设施所需的自然资源和经济资源，减少对环境的影响。

绿色建筑鼓励采用优化设计，因地制宜地充分利用地上地下空间，突出建筑的多样性和协调性，与自然生态环境融为一体。

提高土地利用率，也是绿色建筑在节地方面的核心策略。在这一方面的经济效益，用 $L_{土地利用}$ 表示。

则节地的经济收益，可表示为：

$$L = L_{土地购置} + L_{土地利用} \tag{9-15}$$

一般来说，绿色建筑与土地相关的问题解决于策划和设计阶段，在漫长的运营期间，除非有建筑改造，不会再产生新的经济效益。因而市场力量作用下土地价值的提升，不能算作绿色建筑的经济效益。

9.2.3.2 节能方面

绿色建筑在能源方面的经济效益，体现在提高建筑围护结构的热工性能，提高采暖、空调系统的效率，应用可再生能源，应用绿色照明系统这四个方面，计算节能的经济效益，也要从这四个方面入手分析。

建筑的采暖、空调负荷主要来自建筑外围护结构的传热、室内外的空气交换、室内的热源等三部分。其中前两部分与气候以及建筑的设计、建造密切相关。建筑外围护结构的传热通过外墙、外窗、屋顶和地面发生，室内外空气交换通过外窗发生，而传热的大小正比于室内外温度差、外围护结构的面积和外围护结构的传热系数。绿色建筑从设计层面优化，采用合理的建筑物的形体系数（建筑物的外包面积与所围成的体积之比）和窗墙比，采用室内外自然通风、遮阳等被动技术手段，节能墙体和高性能窗户等主动技术手段，综合改善建筑热工性能，从而降低绿色建筑的采暖、空调负荷，达到节能目的。

科技的发展进步带来采暖、空调设备的更新换代。集中供暖、地热、空气能空调、高性能无污染冷媒等先进设备的应用不断提高着采暖和空调系统的效率。

以上两个方面所带来的经济效益，都从采暖和空调设备上反映出来。绿色建筑的能耗，可以用仿真模拟的计算机软件分析得出。不使用软件模拟时，则可以参考下式进行计算：

$$H_e = C_e S T l \tag{9-16}$$

式中　H_e——采暖或空调设备的耗电量，$kW \cdot h$；

　　　C_e——单位建筑面积采暖或空调设备的日均耗电量，$kW \cdot h/(d \cdot m^2)$；

　　　S——总建筑面积，m^2；

　　　T——采暖或空调设备的年均运行时间，h/a；

　　　l——建筑的生命周期，a。

进一步将绿色建筑与参照建筑的能耗进行对比，则可以得出绿色建筑能耗节约的量。当能耗以电量计算时，单位为 $kW \cdot h$，因而这部分的经济效益可以由式（9-17）计算：

$$E_1 = (\Delta Q_冷 + \Delta Q_暖) P_电 \tag{9-17}$$

式中　$\Delta Q_冷$——制冷期能耗差；

　　　$\Delta Q_暖$——采暖期能耗差；

　　　$P_电$——单位电价。

可再生能源是指在自然界中可以不断再生、永续利用的能源。绿色建筑常用太阳能、地热能、风能等类型的可再生资源。主动的可持续能源利用技术，一般将可持续能源转化为电能，再进行利用；被动的可持续能源利用技术，则是使用可持续能源加热水等媒介，再用于采暖或直接使用。因而这部分的经济效益可以用式（9-18）计算：

$$E_2 = [F_发 + cm(t_末 - t_初)\lambda] P_电 \tag{9-18}$$

式中　$F_发$——利用可再生能源发电量；

　　　c——水的比热容；

　　　m——年产热水质量；

　　　$t_初$——水初始温度；

　　　$t_末$——水加热后温度；

　　　λ——能源换算系数。

照明系统是建筑中又一项能源消耗较大的系统。通常绿色建筑会采用良好的设计充分利用自然光源，此外则使用绿色照明设备，提供高效而又经济舒适、安全可靠、有益身心健康的光照环境。这一方面的经济效益体现在高效绿色的照明系统达到与参照建筑相同或更加优良的光照环境，少使用的那部分电量。可以由式（9-19）计算出来：

$$E_3 = (Q_节 - Q_普) P_电 \tag{9-19}$$

式中　$Q_节$——节能灯具用电量；

　　　$Q_普$——普通灯具用电量。

综上，绿色建筑在节能方面的经济效益可表示为：

$$E = E_1 + E_2 + E_3 \qquad (9\text{-}20)$$

9.2.3.3　节水与水资源利用方面

水是生命之源，我国是缺水的国家。目前，建筑生活用水已占到城市用水的 60%，节水显得特别重要。绿色建筑通过多方面的技术和努力，实现节水与水资源利用方面的效益。

在建筑节水方面，绿色建筑通常使用节水型供水系统，控制管网水压，避免超压出流；使用循环集中供热系统在改善生活条件的同时避免无效冷水的浪费；合理选择植物种类，使用节水灌溉技术创造良好生态环境；使用节水器具杜绝跑冒滴漏的浪费。

此外，绿色建筑加强了中水系统的使用，建设相应分质排水、中水处理和循环使用的设施，以此达到直接增加可供水量、节约大量水资源和减轻城市排水负担、减少污染排放的绿色效果。一般中水来自生活排水，用于冲厕、绿化和景观等场合，而处理时采用物化处理法、生物处理法和膜生物反应器处理法等方法。

雨水是一种有巨大利用潜力的水资源。绿色建筑尽量避免珍贵雨水的白白流失，使用一个复杂的利用系统，达到节水的效果，实现绿色效益。这也是绿色建筑中一项非常重要的内容。常用的雨水利用有屋面雨水集蓄、绿地雨水渗透、地面雨水渗透等方式。屋面雨水集蓄就是将雨水收集起来，用于家庭、公共和工业等方面的杂用水，或深度处理后作为饮用水；绿地雨水渗透是在屋顶或地面设置绿化，承接并收集、过滤雨水；地面雨水渗透是避免采用不透水的地面铺装，使雨水能够进入地下而进入自然的水循环系统，避免流失。

在沿海地区，还可以发展对海水的开发和利用。

绿色建筑使用这些节水的技术，实现了水的"供给-排放-储存-处理-回用"循环使用系统，从而改变了传统建筑中水的供给-使用-排放的简单、低效且浪费巨大的水资源利用模式，实现在水资源方面的效益。节水的经济效益可以用下面的公式计算：

$$W = (Q_{节水} + Q_{中水} + Q_{雨水})P_水 \qquad (9\text{-}21)$$

式中　$Q_{节水}$——水资源节约使用量；

　　　$Q_{中水}$——中水回收利用量；

　　　$Q_{雨水}$——雨水回收利用量；

　　　$P_水$——水价。

9.2.3.4　节材与材料资源利用方面

绿色建筑在建筑材料的生产制造、建筑设计施工、装修和使用维护等各个环节注重建筑材料的高效利用、重复使用和再生利用。

绿色建筑通过采用合理的结构形式以及有效的优化，从设计层面减少主要材料的使用。

通过推广使用高强度混凝土、高强度钢筋等高强度材料和轻质砌块等轻质材料降低承重结构和维护结构的材料用量，通过使用先进的材料实现材料耐久性的提升和建筑寿命的延长。

通过建筑构件、配件的工厂化、标准化、集约化、规模化的生产，提高建筑的工厂预制程度，实现节材、节能、减排的综合效益。

通过遵循循环经济理念，在建筑材料的设计、生产和建筑物建造时就考虑未来建筑部件或材料的可拆卸、可重复使用和可再生利用的问题。并积极使用再生的材料或部件，提高资源利用率。

通过先进的工程管理技术，严格设计、施工、生产等流程的管理规范，强化材料消耗核算管理，在建设阶段最大限度地减少材料浪费，绿色建筑和普通的建筑一样，其建筑材料种类繁多，有些主要的材料在建设中大量被使用，并且材料成本是建筑成本的重要组成部分。因而在考虑绿色建筑在节材方面的经济效益时，应分析具体的材料应用情况，避免与增量成本部分重复测算，而影响结果的准确性。绿色建筑节材的经济效益，可以用下式计算：

$$M = \sum_{i=1}^{n} M_i \tag{9-22}$$

式中　M_i——每种材料的节约收益。

9.2.3.5　运营阶段的效益

绿色建筑的优化设计和先进材料的使用，使其具有了良好的耐久性。而建筑周边有良好的生态环境，在很大程度上减少了建筑受到污染空气等的侵蚀，从而延长了建筑材料及建筑本身的寿命。在这样的情况下，绿色建筑是一种方便维护且维护成本很低的建筑。

其运营阶段的效益，就体现在了维护成本的降低和建筑使用年限的延长上。然而，绿色建筑能够延长使用多少年，还需要不断地评估，且这一数字必定在不断地变化，因而不容易得到准确的分析。此处对绿色建筑寿命的理解依然参照建筑设计使用年限，而不考虑延长的使用年限。所以，绿色建筑运营阶段的效益为：

$$O = C_{参照建筑维护费用} - C_{绿色建筑维护费用} \tag{9-23}$$

9.2.4　环境效益

绿色建筑的全生命周期中，CO_2是无处不在的。绿色建筑的环境效益一方面体现在建设和运营过程中CO_2排放较参照建筑的减少，另一方面则体现在研究范围内生态环境改善，绿色植物起到的CO_2固定作用。

因而环境效益BF可表示为：

$$BF = F_{减排} + F_{生态} \tag{9-24}$$

9.2.4.1　CO_2减排方面

建设中，建材的运输、建设过程都会消耗大量的化石燃料，继而带来CO_2的排放。在绿色建筑建设阶段，CO_2减排主要来自于优先使用本地建材，减少运输过程中的污染排放；使用先进绿色技术节约材料使用减少的材料本身携带的排放量；采用先进施工管理技术，合理安排工期工序，避免浪费而减少的排放量。这一阶段的CO_2减排，是一次性完成的。

$$F_{本n} = \sum_{i=1}^{n} (\Delta Q_{本ni} l \lambda_i) \tag{9-25}$$

式中　$F_{本n}$——第 n 种绿色技术使用本地建材，减少运输带来的减排量；

$\Delta Q_{本ni}$——第 n 种绿色技术使用第 i 种本地建材的数量；

l——非本地材料运输里程；

λ_i——第 i 种材料的CO_2排放因子。

使用 $F_{施}$ 代表采用先进施工管理技术带来的减排量，这一值需要根据工程项目管理的具体情况而分析计算。

因而绿色建筑建设阶段的 CO_2 减排量为：

$$F_{建设减排} = \sum_{n=1}^{n}(F_{本 n} + F_{节 n}) + F_{施} \qquad (9\text{-}26)$$

此外，绿色建筑在运营过程中，也会消耗电、煤、天然气等能源，释放 CO_2 这一部分的排放，依然少于参照建筑的排放。

$$F_{运营减排} = \sum_{n=1}^{n}\sum_{i=1}^{n}(\Delta Q_{ni}\lambda) \qquad (9\text{-}27)$$

式中　ΔQ_{ni}——第 n 种能源每年的减少消耗量；

　　　λ——对应的 CO_2 排放因子；

　　　i——年份。

则有：
$$F_{减排} = F_{建设减排} + F_{运营减排} \qquad (9\text{-}28)$$

9.2.4.2　生态改善方面

绿色建筑注重生态环境的改善，因而其全生命周期内不仅减少了 CO_2 的排放，还通过植物吸收 CO_2 释放 O_2。较参照建筑，绿色建筑有更大的绿化面积、更优美的绿化环境和更合理的植被搭配策略。因而起到了吸收 CO_2、SO_2，阻隔噪声等效益。

绿化植物吸收 CO_2 的质量可以按下式计算：

$$F_{生态} = \sum_{n=1}^{n}(S_{Gn}k_{Cn}T_n l) \qquad (9\text{-}29)$$

式中　S_{Gn}——第 n 种绿色植物多于参照建筑的面积，m^2；

　　　k_{Cn}——第 n 种绿色植物在有效光合作用时，绿化植被年吸收 CO_2 的平均能力，$kg/(m^2 \cdot a)$；

　　　T_n——第 n 种植物全年有效光合作用的天数，d/a；

　　　l——绿色建筑的生命周期，a。

某些情况下，考虑绿色建筑的环境效益时，使用 CO_2 的减排量作为计算和分析的单位，存在不常用、不易与其他效益做对比等问题，因而可以将绿色建筑的环境效益货币化。

对于 CO_2 量的货币化，可以采取将 CO_2 处理为无害物质的处理成本为货币化依据，也可以采取 CO_2 在碳交易市场中的价格作为货币化依据。

考虑环境效益的货币化后，绿色建筑的货币化环境效益可以由式(9-30)计算：

$$BF_{货币} = BF \times p \qquad (9\text{-}30)$$

式中　p——货币化因子，可以是 CO_2 的处理成本，也可以是碳交易的市场价格。

9.2.5　社会效益

绿色建筑的社会效益是一种模糊的隐性效益，比较难做到将其完整而准确的量化。考虑相关的量化方法，本文将绿色建筑的社会效益（BS）总结为对居住人员身体健康带来的益处、绿色建筑带来的节约使市政公共事业所得到的相应节约收益，以及推动全社会向可持续目标进步而使社会整体收益得到的提高这三个部分进行计算和分析。

其中公共事业节约方面，建筑的节水技术可以收集雨水和日常污水回收利用，因而减少了排放废水的需求，也减少了对给水的需求，从而可以减少市政给排水管网和污水处理设施的投资。节能技术带来了用电量的减少，从而可以减少市政电力系统的线路容量和线路级别，减少这些方面的投资。然而，一般情况下市政设施的投资和建设，并非服务于一个绿色建筑项目或者一个绿色建筑社区，因而这部分的社会效益不容易直接给出计算方法，需要考虑绿色建筑具体情况，给出一个合理的效益值，以 $S_{公共}$ 表示。

而居民健康效益、社会整体收益一般情况下也无法用数字进行准确的量化。此时我们使用意愿调查法实现这一量化的过程，调查出居住者对于绿色建筑项目愿意以超出正常建筑的多少价格购入，超出的这部分就是居住者居住绿色建筑所获得的收益的量化表示，进而得出我们需要的社会增量效益。这部分的社会效益，用 $S_{意愿}$ 表达。

则绿色建筑社会效益 BS 为：

$$BS = S_{公共} + S_{意愿} \tag{9-31}$$

综上所述，绿色建筑的增量效益可表达为：

$$IB = BE + BF + BS \tag{9-32}$$

当分析计算某一种绿色技术的增量效益时，会发现不容易将其本身的作用从绿色建筑整体的增量效益中区分出来，此时可考虑为各项绿色技术赋权，将环境效益、社会效益等无法分割的增量效益按比例分配给各项绿色技术。

9.3 绿色建筑全寿命周期增量成本效益的生态效益分析

9.3.1 方法选择

WBCSD 在提出生态效率的概念时，同时给出了生态效率的计算方法：

$$生态效率 = \frac{产品或服务的价值}{环境影响} \tag{9-33}$$

这一公式就是价值-影响比值法的理论源头。价值-影响比值法简洁明了地说明了价值和影响这样的生态效率的两极是如何对生态效率起作用的。价值-影响比值法逻辑清晰、计算简洁、使用方便，却也存在一些问题。如这一计算方法没有考虑价值和影响这两方面之间的作用关系，价值的构成要素和影响的构成要素之间存在正相关、负相关或不相关等多种相关性的可能，因而使这一计算变得不够准确。

本书倾向于将价值-影响比值法用于某个或某些绿色技术的增量成本效益分析，或者某个绿色建筑项目的增量成本效益分析，以发挥这种方法简洁方便的优点。

在下文的分析中，将建立绿色建筑增量成本效益的评价指标 GEE（Green-building Eco-Efficiency），即绿色建筑增量成本效益的生态效率，用于评价绿色建筑的增量成本和增量效益之间的关系，从而体现出绿色建筑的优劣。本研究采用生态效率的相关理论和方法对GEE 进行评价。

9.3.2 模型构建

对绿色建筑来说，价值是对其增量成本的考量，增量成本越低则相对应其实现的价值越高；而影响是对其增量效益的考量，增量效益越大，则对生态的影响越小。按此计算原则，可得出绿色建筑的增量成本效益评价，即绿色建筑的生态效率的计算公式：

$$绿色建筑的生态效率 = \frac{价值}{影响} = \frac{1}{\cfrac{增量成本}{1}} = \frac{增量效益}{增量成本} \tag{9-34}$$

从上述公式可看出绿色建筑的生态效率是绿色建筑增量效益与增量成本的比值。增量效益的增加或者增量成本的减少都可以使生态效率提高，反之亦然。而不同的绿色建筑间，增量成本相同时，增量效益越大则生态效率越高；当增量效益相同时，增量成本越小则生态效率越高。生态效率越高，表示绿色建筑越能有效利用成本，产生较大的综合效益，同时降低对生态的不良影响；生态效率越低，则表示绿色建筑对生态影响较大而产生效益较小。以上的公式及论述同样适用于绿色技术的生态效率的分析和计算。

用字母表示，则绿色建筑的生态效率 GEE 为：

$$GEE = \frac{IB}{IC} \tag{9-35}$$

某一种绿色技术的生态效率为：

$$GEE_n = \frac{IB_n}{IC_n} \tag{9-36}$$

9.3.3　计算规则

考虑某一项绿色技术或者某一项绿色建筑的生态效率。以某一项绿色建筑为例，通过上文介绍的方法，可以分别计算出绿色建筑的增量成本 IC 以及增量效益 IB。此时的 IC 及 IB 都以货币为单位。

将 IC 和 IB 的值做标准化处理：

$$IC_{标准} = \frac{IC}{IC_{参照建筑}} \times 100\% \tag{9-37}$$

$$IB_{标准} = \frac{IB}{IC_{参照建筑}} \times 100\% \tag{9-38}$$

此时 IC 和 IB 的值都以百分数的形式表达。

则绿色建筑生态效率 GEE 为：

$$GEE = \frac{IB_{标准}}{IC_{标准}} \tag{9-39}$$

这是一个以 1 为中心，或大于 1 或等于 1 或小于 1 的值。

9.3.4　结果讨论

GEE 等于 1 时，表示绿色建筑的增量成本和增量效益在相同的水平。GEE 大于 1 时，表示绿色建筑的增量效益相对高过增量成本，即用较少的成本增加，获得了较多的效益；相反地，GEE 小于 1 时，表示绿色建筑的增量成本相对高过增量效益，即付出了较多的成本却没获得相应多的效益。显然，GEE 值越大越好。

得出 GEE 值，可以使用图 9-2 所示的方式进行标注，从而判断绿色建筑的生态效率处于哪一个区间。

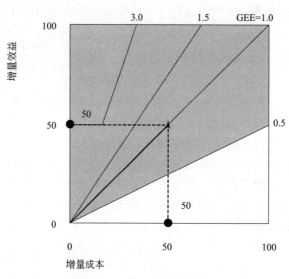

图 9-2　GEE 值的图形表示

　　其中横轴是增量成本的标准化值,纵轴是增量效益的标准化值,通过原点的斜线的斜率,则表示计算出的 GEE 值。GEE 值越大越好,因而图中的斜线斜率越大表示绿色建筑增量成本效益越理想。需要说明的是,本图仅为示例,图中的刻度和级别划分,需要以大量的案例经验做依托,根据项目的实际情况而确定一个合理的方案。

参 考 文 献

[1] 徐悦. 寒冷地区可调节式外遮阳与建筑的一体化设计 [D]. 天津：天津大学，2007.

[2] 张军慧. 合理进行交通组织设计提高场地设计优化率 [J]. 甘肃科技，2007，11：44，217-218.

[3] 张小贝. 绿色住宅建筑节地策略研究 [D]. 太原：太原理工大学，2013.

[4] 建筑环境心理学 [M]. 怀生编译. 北京：中国建筑工业出版社，1990.

[5] 交往与空间 [M]. 何人可译. 北京：中国建筑工业出版社，1992.

[6] 王荣寿. 室内设计论丛 [C]. 北京：中国建筑工业出版社，1985.

[7] 冯浚，徐康明. 哥本哈根 TOD 模式研究 [J]. 城市交通，2006，4（2）：41-45.

[8] Robert Cervero. TOD 与可持续发展 [J]. 城市交通，2011，9（1）：24-27.

[9] 王治，叶霞飞. 国内外典型城市基于轨道交通的交通引导发展模式研究 [J]. 城市轨道交通，2009，(5)：1-5.

[10] 刘凯. 寒冷地区公共覆土建筑绿色设计策略研究 [D]. 天津：河北工业大学，2012.

[11] 叶洲雄. 我国高层公共建筑地下空间利用研究 [D]. 西安：西安建筑科技大学，2010.

[12] 艾星. 建筑改扩建之地下空间设计研究 [D]. 天津：天津大学，2009.

[13] 周奕. 现代高层公共建筑地下空间的利用研究 [D]. 郑州：郑州大学，2012.

[14] 陈继浩，冀志江，王静. 人居环境噪声控制研究进展 [J]. 中国建材科技，2009，03：8-11.

[15] 孙超. 环境噪声监测中应注意的问题以及常用方法 [J]. 黑龙江科技信息，2013，23：33.

[16] 何水清，朱德才，寒冰. 城市建筑物防噪声的方法 [J]. 砖瓦世界，2010，04：44-46.

[17] 杨国良. 香港是怎样遏止环境噪音的 [J]. 科学新闻，1999，16：13.

[18] 徐志远. 城市垂直绿化布局与方法 [J]. 河北林业科技，1997，04：46-48.

[19] 申彩霞，王晋新. 开拓绿色空间的新途径——屋顶绿化、垂直绿色、复层结构的立体绿化 [J]. 国土绿化，2002，10：18.

[20] 刘光立. 垂直绿化及其生态效益研究 [D]. 成都：四川农业大学，2002.

[21] 贺晓波. 垂直绿化技术演变研究及植物幕墙设计实践 [D]. 杭州：浙江农林大学，2013.

[22] 吴玉琼. 垂直绿化新技术在建筑中的应用 [D]. 广州：华南理工大学，2012.

[23] 金玲，孟庆林. 地面透水性对室外热环境影响的实验分析 [A]. //中国建筑学会建筑物理分会. 绿色建筑与建筑物理——第九届全国建筑物理学术会议论文集（一）[C] 中国建筑学会建筑物理分会：，2004：4.

[24] 董志勇，陆佳荣. 城市透水和不透水地面径流分析 [A]. //国际水利工程与研究协会中国分会、中国水利学会水力学专业委员会、中国水力发电工程学会水工水力学专业委员会. 第三届全国水力学与水利信息学大会论文集 [C] 国际水利工程与研究协会中国分会、中国水利学会水力学专业委员会、中国水力发电工程学会水工水力学专业委员会，2007：5.

[25] 杨玉想. 城市节约型园林探索与实践——透水透气性路面生态功能的研究 [J]. 河北林业科技，2009，03：55-56.

[26] 孙飒梅. 透水地面——流域生态良性循环的基础 [J]. 厦门科技，2007，03：23-25.

[27] 赵飞，陈建刚，张书函，苏东斌，龚应安. 透水铺装地面降雨产流模型研究 [J]. 给水排水，2010，05：154-159.

[28] 蔡丽敏，孙大明. 绿色建筑透水铺装技术 [D]. 上海：中国建筑科学研究院上海分院绿色和生态建筑研究中心，2009.

[29] 刘晓晖. 透水砖地面对居住小区热环境影响的研究 [D]. 广州：华南理工大学，2012.

[30] 杨仕超，周荃. 建筑遮阳技术在绿色建筑中的应用研究 [J]. 建设科技，2012，15：30-33.

[31] 孙超法. 当代可调节遮阳设计趋势 [J]. 工业建筑，2007，03：14-16，55.

[32] 王伟男. 当代集装箱装配式建筑设计策略研究 [D]. 广州：华南理工大学，2011.

[33] 徐家麒. 预制装配式建筑精细化设计研究 [D]. 长春：吉林建筑大学，2013.

[34] 李汀蕾，张宇. 废弃采石场地再利用建设措施研究 [A]. //中国城市科学研究会、中国绿色建筑与节能专业委员会、中国生态城市研究专业委员会、中城科绿色建材研究院. 第九届国际绿色建筑与建筑节能大会论文集——S01：绿色建筑设计理论、技术和实践 [C]. 中国城市科学研究会、中国绿色建筑与节能专业委员会、中国生态城市研究专业委员会、中城科绿色建材研究院，2013：8.

[35] 王秀明. 工业废弃地的景观改造与再利用研究 [D]. 北京：北京林业大学，2010.

[36] 成方晔. 煤矿废弃地的景观重建 [D]. 南京：南京林业大学，2013.

[37]　杨柳. 建筑气候学 [M]. 北京：中国建筑工业出版社，2010.

[38]　张瑞娜. 基于气候适应的北方农村住宅节能设计与技术方法研究 [D]. 大连：大连理工大学，2012.

[39]　丁孜政. 绿色建筑增量成本效益分析 [D]. 重庆：重庆大学，2014.

[40]　张大伟. 基于全寿命周期的绿色建筑增量成本研究 [D]. 北京：北京交通大学，2014.

[41]　姜玲玲. 绿色建筑技术增量成本解析 [J]. 工程技术，2015，(33)：16-16.

[42]　赵荣义. 空气调节 [M]. 北京：中国建筑工业出版社出版，2009.

[43]　张宝刚. 新型立式封装板蓄冰设备性能的实验与理论研究 [D]. 天津：天津大学，2007.

[44]　卢艳. 德国住宅设计中的太阳能利用系统. 建筑学报 [J]，2003，(3)：61-64.

[45]　刘家琨. 再生砖 [J]. 新建筑，2008，4：52-56.

[46]　建设部工程质量安全监督与行业发展司，中国建筑标准设计研究院. 全国民用建筑工程设计技术措施：节能专篇：2007. 暖通空调、动力 [M]. 北京：中国计划出版社，2007.

[47]　殷双喜. 附加阳光间式被动太阳房热负荷特性研究 [D]. 西安：建筑科技大学硕士论文，2011.

[48]　刘旭东. 建筑设计中太阳能的利用 [J]. 黑龙江科技信息，2009，27：339-339.

[49]　刘扬. 湖南地区住宅节能设计策略研究 [D]. 长沙：湖南大学硕士论文，2009.

[50]　谢栋. 西部高原低能耗建筑气候营造方法研究 [D]. 西安：西安建筑科技大学博士论文，2014.

[51]　熊丹安，杨冬梅. 建筑结构 [M]. 广州：华南理工大学出版社，2014.

[52]　杨欢欢. 被动式建筑设计策略应用研究 [D]. 武汉：华中科技大学硕士论文，2006.

[53]　刘艳丽. 太阳能利用技术与建筑表皮一体化设计初探 [D]. 西安：西安建筑科技大学硕士论文，2008.

[54]　张金萍，李安桂. 自然通风的研究应用现状与问题探讨 [J]. 暖通空调，2005，35（8）：32-38

[55]　化学工业出版社. 暖通空调常用资料备查手册 [M]. 北京：化学工业出版社，2011.

[56]　柯莹. 空调系统的排风热回收 [D]. 武汉：华中科技大学硕士论文，2006.

[57]　王琳. 蓄冷空调项目的经济因素分析 [D]. 北京：清华大学硕士论文，2010.

[58]　李艳. 地表水源热泵系统应用研究 [D]. 无锡：江南大学硕士论文，2007.

[59]　刘道平，马博等. 分布式供能技术的发展现状与展望 [J]. 能源研究与信息，2002，18（1）：1-9.

[60]　柴旭. 我国城市居住区内部交通问题规划策略初探 [D]. 重庆：重庆大学硕士论文，2005.

[61]　张树玲. 城市环境噪声对居住区声环境的影响及优化方法研究 [D]. 长春：吉林大学硕士论文，2011.

[62]　王鹏. 建筑与小区雨水收集利用系统研究 [D]. 重庆：重庆大学硕士论文，2011.

[63]　周振天. 绿色建筑住区雨水收集与处理工艺集成研究. 合肥：合肥工业大学硕士论文，2013.

[64]　李向军. 节水措施在绿色建筑设计中的应用 [D]. 全国给水排水技术信息网2009年年会论文集，2009.

[65]　卢永钿. 旧建筑资源再利用研究 [D]. 天津：天津大学硕士论文，2009.

[66]　王子云. 长江水源热泵换热器研究 [D]. 重庆：重庆大学博士论文，2008.

[67]　李锐. 范磊等. 活性粉末混凝土仿古砖在天安门地面改造工程中应用的研究 [J]. 新型建筑材料，2014，41（9）：22-24.

[68]　杨昌鸣，张娟. 建筑材料资源的可循环利用 [J]. 哈尔滨工业大学学报（社会科学版），2007，9（6）：27-32.

[69]　陈宇青. 结合气候的设计思路 [D]. 武汉：华中科技大学硕士论文，2005.

[70]　张秀欣，张凤玲等. 城市住宅隔声结构与应用分析 [J]. 平顶山工学院学报，2005，14（5）：7-9.